北大版普通高等教育"十三五"规划教材

21 世纪高校应用人才培养信息技术类规划教材

Web 程序设计基础

李健宏　　左家春　编　著

北京大学出版社

PEKING UNIVERSITY PRESS

图书在版编目（CIP）数据

Web 程序设计基础/李健宏，左家春编著. —北京：北京大学出版社，2018.2
（21 世纪全国高校应用人才培养信息技术类规划教材）
ISBN 978-7-301-29238-9

Ⅰ.①W…　Ⅱ.①李…②左…　Ⅲ.①网页制作工具—程序设计—高等学校—教材
Ⅳ.①TP393.092

中国版本图书馆 CIP 数据核字（2018）第 022660 号

书　　　名	Web 程序设计基础
	Web CHENGXU SHEJI JICHU
著作责任者	李健宏　左家春　编著
责 任 编 辑	温丹丹
标 准 书 号	ISBN 978-7-301-29238-9
出 版 发 行	北京大学出版社
地　　　址	北京市海淀区成府路 205 号　100871
网　　　址	http://www.pup.cn　　新浪微博：@北京大学出版社
电 子 信 箱	zyjy@pup.cn
电　　　话	邮购部 010-62752015　发行部 010-62750672　编辑部 010-62756923
印 刷 者	大厂回族自治县彩虹印刷有限公司
经 销 者	新华书店
	787 毫米×1092 毫米　16 开本　20.25 印张　480 千字
	2018 年 2 月第 1 版　2022 年 1 月第 4 次印刷
定　　　价	48.00 元

前　　言

随着互联网技术的发展和应用，当今世界的生产和生活也随之发生着变革。而互联网应用中最为重要的"马甲"——Web，也正深刻地影响人们获取和发布信息的方式。相对传统的计算机创作软件而言，Web 具有入门比较容易的特点。但这种相对的容易，会让人错误地理解为，Web 创作就是使用可视化软件进行网站和网页的制作。而实际上，这条"捷径"是越走越窄的。

Web 诞生至今也只有二十几年的历史，其行业惯例和国际标准的建立也经历了一个相当长的过程。该如何让广大读者系统地理解互联网和 Web，为其指明一条规范的 Web 程序设计之路，是本书编写的初衷。

从内容上来看，首先，本书为读者简单搭建了庞大的互联网相关概念的理解框架；其次，从最简单的文字编辑开始，逐步展现 Web 前端设计的重要内容——从 HTML 到 CSS，再到 JavaScript；最后，综合前三者并结合 jQuery 程序库，把读者引入 Web 程序设计的高效之路。

本书的鲜明特色是：不罗列纷繁复杂的 Web 程序技术，而是站在初学者的角度，为其精挑细选合适的内容逐步展开。这样做不但可以让读者高效地掌握概念，能够进行上机实操和建立信心，而且可以帮助读者更快地走上 Web 创作之路。

此外，本书亦采用了人们解决问题最简练的方法，即"先动口，再动手"的模式。在解析概念之后，把概念融入案例，可以让读者立刻进行上机实践来验证概念。书中所有的配套案例都是原创的（读者可登录网站查看：http://lijian-hong. top/WebBasic/index. html），其难度从简到难。书中的案例尤其是以读者的需求为核心，不追求表面上大而全的效果，而是立足于让读者通过对技巧的融会贯通和重点概念的理解，以最大限度减少读者在长期学习过程中的挫折。

本书的读者应该具备必要的上网和文字编辑能力。编者建议初涉 Web 程序的读者，把本书的学习合理安排在一到两年内完成。考虑到读者的学习背景不同，建议偏文科、艺术的读者重点学习前面 5 章，偏理工科的读者应重点学习第 6 章。

本书由李健宏教授和左家春高工编著。对本书付出心力的其他教师还有：李广振、谢祥选、何牧泓、陈海涛、章琳。由于编者水平有限，错误之处在所难免，请广大读者能对本书提出宝贵的意见和建议。

编　者

2017 年 12 月

本教材配有教学课件或其他相关教学资源，如有老师需要，可扫描右边的二维码关注北京大学出版社微信公众号"未名创新大学堂"（zyjy-pku）索取。

- 课件申请
- 样书申请
- 教学服务
- 编读往来

目　　录

第1章 Internet 和 Web 基础

本章导读

本章主要介绍了与 Web 程序设计相关的基本概念和基础知识,其中包括 Internet 的起源和发展、基本概念、IP 地址和互联网的域名等重要知识。让读者了解互联网历史的由来,建立 Web 的基本概念,了解网络关键技术的意义和这些技术的相互关系。最后介绍了运用 HTML 编写简单 Web 网页的方法。

1.1 Internet 概述

Internet(全球互联网)的英文全称是 Internetworking,也称为国际互联网,它是一个庞大、全球性的基于 IP 地址的网络信息系统。Internet 可以看成用互联网技术手段和全球基础通信设施为媒介,把地球上的政府、大学、企业、社团等各类社会机构的计算机网络,乃至家庭和个人的终端连接起来的一张信息通信大网。统计数据显示,当今全世界接入 Internet 的计算机(智能手机)数量已达数十亿台(部),2018 年全球互联网用户数已达到 38 亿人,渗透率达到 51%。截至 2019 年 6 月,中国的网民规模达 8.54 亿人;同时,网民使用手机上网的比例达到 99%。也就是说,目前我国的网民大多数使用的是移动互联网。随着移动互联网和各种智能终端的普及,全世界上网人数的准确数字已经无法准确估计。与其他科技应用相比,Internet 和移动互联网技术可算得上是继个人计算机之后,在人类数千年文明史中发展最快、普及最广、对社会影响最为深刻的科技革命。

Internet 的前身是美国的 ARPA Net(阿帕网),是 20 世纪 60 年代后期美国国防部设计的网络试验性模型。这个通信网络体系非常灵活可靠,甚至可以承受核战争的打击而不会被彻底中断。阿帕网在 20 世纪 90 年代开始转为民用,然后快速发展,规模急剧膨胀起来,最终进入普通平民的工作生活,深远地影响了社会经济文化的发展。

今天,全球 Internet 通过各种传输介质把数以十亿计的计算机和通信基础设施连接在一起,由于其规模过于庞大,已经没有哪个国家或公司能完全拥有或控制它。任何规模巨大的组织,其网络只是组成这个庞大体系的一分子,所有网路节点日夜不停地与其他节点交互信息,以达到共享更多数字资源和及时通信的目的。

1.2 Internet 的起源

Internet 实际上源于 20 世纪 50 年代至 90 年代时美国和苏联两国的冷战对抗。当时的美国国防部认为,如果建立一个集中的军事指挥中心,万一这个中心被苏联的核武器摧毁,则全美国的军事指挥将处于瘫痪状态,其后果不堪设想。因此,有必要设计这样一个分散的指挥系统——它必须由一个个分散的指挥点组成,当部分指挥点被摧毁后,其他的指挥点仍能正常工作,而这些分散的点又能自动通过某种形式与其他通信点取得联系。1969 年,美国国防部高级研究计划管理局(Advanced Research Projects Agency, ARPA)建立了一个由 4 台计算机互联而成的试验性的分组交换网络 ARPA Net。当时,ARPA Net 创建的目标是建立一个快速、方便的网络,使美国军方分布广泛、各自独立的计算机之间能够相互传输信息和数据,并且在诸如断电、线路中断,甚至遭受核打击等各种复杂条件下,仍有能力自己处理和恢复故障,保证数据通信稳定和可靠。1976 年,ARPA Net 上的节点计算机已发展到 57 个,连接各种不同的计算机 100 多台,联网用户 2000 多人。这时,ARPA 开始把参与 ARPA Net 研究的科研人员召集起来,举行一些非正式的会议,共同探讨有关的技术问题。1979 年,ARPA 成立了一个非正式的委员会 ICCB(Internet Control and Configuration Board, 网际控制与配置委员会),以协调和指导网际互联协议和体系结构设计。新的网络协议定名为 TCP/IP(Transmission Control Protocol/Internet Protocol,传输控制协议/网际协议)。这时 Internet 一词才正式出现。

1980 年,ARPA 开始把 ARPA Net 上运行的计算机转向新的 TCP/IP 协议。1982 年,美国国防部通过命令方式要求所有连入 ARPA Net 的网络必须采用 IP 协议(即 Internet 协议)互联。而且,在 1983 年完成了这种转换,这也是国际互联网叫 Internet 的原因。ARPA net 网络和 TCP/IP 技术的成功,吸引了美国国家科学基金会(National Science Foundation, NSF)的眼球,NSF 认识到网络将成为科学研究的重要手段。为了使科研人员可以共享之前军方只为少数人提供的超级计算设施,1985 年,NSF 出资在全美建立了五大超级计算中心,并于 1986 年建立了一个称为 NSF Net 的高速信息网络。同时,把 NSF 的所有的超级计算机,都连入了 ARPA Net。后来者数量更大,这样 NSF Net 就取代 ARPA Net 成为 Internet 的主干网。NSF Net 同样采用 TCP/IP 协议,并且 NSF Net 面向全社会开放,使 Internet 进入了以资源共享为中心的实用服务阶段。

随着电信网络和大量商业公司进入 Internet,上网和网上的应用也取得了高速的发展,Internet 能为人们提供更多的服务,这也进一步促使 Internet 迅速普及和发展起来。之后的 Internet 慢慢多元化应用,不仅仅如建设之初那样单纯为科研服务,其逐渐进入到日常商业和生活的各个角落。而且,Internet 在规模和速度上都有了很大的发展,逐渐成为一个名副其实的全球网。

1.3　Internet 关键的历史大事件

技术进步是人类社会进步的核心动力,Internet 关键的历史发展如下文所归纳。

(1)1946 年世界上第一台标准电子计算机问世。

(2)1977—1979 年,ARPA Net 推出了如今形式的 TCP/IP 体系结构和协议。

(3)1980 年前后,ARPA Net 上的所有计算机开始了 TCP/IP 协议的转换工作,并且以 ARPA Net 为主干网建立了初期的 Internet。

(4)1981 年 8 月,IBM 公司正式推出了全球第一台个人计算机——IBM PC,标志着微型机时代的到来,PC 促进了 Internet 的发展。

（5）1983 年，ARPA Net 的全部计算机完成了向 TCP/IP 的转换，并在 UNIX 上实现了 TCP/IP。ARPA Net 在技术上最大的贡献就是 TCP/IP 协议的开发和应用。

（6）1984 年，NSF 规划建立了 13 个国家超级计算中心及国家教育科技网。随后替代了 ARPA Net 的骨干地位。

（7）1988 年 Internet 开始对全世界开放。

（8）1991 年 6 月，在联通 Internet 的计算机中，商业用户首次超过了学术界用户，这是 Internet 发展史上的一个里程碑，从此 Internet 发展速度一发不可收拾。

（9）21 世纪初，Internet 网络应用于电子商务领域，电商成为世界经济的新潮流。

（10）2007 年 1 月苹果公司前首席执行官史蒂夫·乔布斯发布第一代 iPhone，让世界看到了上网终端的力量，标志着移动互联时代的到来。

1.4　TCP 协议和 IP 地址

地球上人类的语言可能有几十万种（加上方言），假如这几十亿人有需要即时对话，那么一定要选一种语言（如英语）作为共同的语言。全世界接入互联网的计算机和智能终端数量巨大，种类繁多，其硬件配置和软件类型也不尽相同，若想联入 Internet 这样的网络大家庭，也就必须都使用一些共同的约定和规则，这些约定和规则就是网络协议（Networking Protocols）。网络协议可以看作所有计算机为了连接到网络，实现相互通信，必须遵守的一套规则。

在 ARPA Net 产生运作之初，大部分计算机相互之间不兼容，即在一台计算机上完成的工作，很难拿到另一台计算机上去用。当时美国的状况是，陆军用的计算机是 DEC 系列产品，海军用的中标计算机是 Honeywell 机器，空军用的是 IBM 公司的计算机，每一个军种的计算机在各自的体系里都运行良好，但却有一个很大的弊病——不能共享信息和资源。

为了让这些计算机之间能够实现"资源共享"，就得在这些系统的标准之上，建立一种大家都必须共同遵守的标准，这样才能让不同的计算机按照一定的规则进行"谈判"，并且在谈判之后能"握手"，实现"交流"。

数字通信的"包切换"理论为网络之间的信息传递方式提供了理论基础。科学家卡恩和瑟夫在深入理解各种计算机操作系统的细节后，建立了一种各种计算机操作系统都普遍适合的协议，即在开放网络系统下的能接入所有计算机的传输控制协议（Transmission- Control Protocol，TCP）和因特网协议（Internet Protocol，IP）即 TCP/IP 协议。

具体来看，TCP 负责发现传输的问题，一旦有出错问题就发出信号，要求重新传输，直到所有数据安全正确地传输到目的地。而 IP 是给入网的每一台计算机规定一个地址。当时美国国防部与 3 个科学家小组签订了完成 TCP/IP 的协议，结果由瑟夫领衔的小组首先制定出了通过详细定义的 TCP/IP 协议标准。1974 年 12 月，卡恩和瑟夫的第一份 TCP 协议的详细说明正式发表。当时做了一个试验，先将信息包通过点对点的卫星网络，再通过陆地电缆和卫星网络，然后由地面传输，贯串欧洲和美国，经过各种计算机系统，全程 9.4 万公里竟然没有丢失一个数据位，远距离可靠数据传输实验证明了 TCP/IP 协议的成功。1983 年 1 月 1 日，TCP/IP 协议成为因特网上所有主机间的共同协议，从此以后被作为一种必须遵守的规则被世界肯定和应用。

从信息数据传递的角度看，Internet 的 IP 技术是一种遍布全球范围的基于分组交换原理的计算机网络。它将信息进行分组，即分割为许多小数据包，以数据包为单位进行传输。数据包也是分组交换的一种形式,就是把所传送的数据分段打成"包",再传送出去。但是,与传统的电话模式的连接型分组交换不同,它属于无连接型,IP 技术是把打成的每个包(分组)都作为一个独立的报文传送出去,所以叫作数据报(包)。这样,在开始通信之前就不需要先连接好一条电路,各个数据报(包)不一定都通过同一条路径传输,所以叫作无连接型。

图 1.1 网络的本地连接属性

这一特点非常重要,它大大提高了网络的坚固性和安全性。每个数据报(包)都有报头和报文两个部分,报头中有目的地址等必要内容,使每个数据报(包)不经过同样的路径也能准确地到达目的地。在目的地重新组合还原成原来发送的数据。这就要求 IP 具有分组打包和集合组装的功能。Internet 在进行信息传输时要完成的任务主要有三项:一是正确分割源文件,二是将数据报(包)准确地送往目的地,三是组装源文件,即在目的地将同一源文件的数据报(包)准确地重组起来。

如今的计算机都有 TCP/IP 协议,主要包括 TCP 协议和 IP 协议。可以查看网络的【本地连接属性】,如图 1.1 所示。这个操作也可以为自己的计算机设置 IP 地址。

万维网提供的 Web 服务使用的超文本传送协议(Hyper Text Transfer Protocol,HTTP)也是基于 Internet 协议的。HTTP 是 Web 的通信协议,上网浏览网页时,Web 客户端浏览器会发出请求读取数据的信息,这个信息通过 HTTP 协议传递到 Web 服务器,然后这些服务器根据请求找到相应的 Web 网页,再通过 HTTP 协议把数据发回的客户端浏览器。

1.5 IP 地址的管理

在电话通信中,不同的电话用户是靠电话号码来识别的。同样,在网络中为了区别不同的计算机,也需要给计算机指定一个联网专用号码,这个号码就是 IP 地址(Internet Protocol Address),也称为互联网协议地址或网际协议地址。接入互联网的计算机必须有全球唯一的 IP 地址,IP 地址可以看作计算机入网的"身份证号",用于在网络通信时准确定位和标识计算机。例如,IP 地址就像是我们的家庭住址一样,如果你要给一个人写信,你就要知道他(她)的地址,这样邮递员才能把信送到。计算机发送信息就好比邮递员送信一样,它必须知道唯一的"家庭地址",才能不至于把信送错人家。只不过我们生活的地址使用数字和文字结合来表示的,而计算机的地址必须用二进制数字表示而已。

在 Internet 上,每一台主机分配的地址必须符合全球的网络规划,不能随意设定。可以把连接互联网络的计算机看成程控电话机,类似于分配给电话的电话号码就是计算机的 IP 地址。从低层的网络信息传送层看,网络协议通过获取信息包上的地址,不断地将信息包发送给地址所指定的计算机,各类网络设备也能准确根据 IP 地址相互传递信息包,实现信息在不同地址的设备之间自动地交换和传递。传统的电话网其实也正在与 IP 网走向融合,以 IP 为基础的实时通话技术越来越成熟。

Internet 上的每台主机(Host)都必须有唯一的 IP 地址。IP 协议使用这个地址在主机之间传递信息,地址的唯一性是 Internet 上计算机能够通信的基础。IP 地址分为 IPv4 与 IPv6 两大类。常用的 IPv4 地址,其实质由一组数字组成,该数字长度为四个字节组成,整个 IPv4 地址共计 32 位二进制,由此可知 IPv4 地址理论上共有 2^{32} 个。从表达方式上看,IPv4 每个字节分为一段,共计 4 段,每段 8 位二进制。若用十进制数字表示,每段数字范围为 0～255,段与段之间用句点隔开,即用常用的"点分十进制",表示成(a.b.c.d)的形式。其中,a、b、c、d 都是 0～255 之间的十进制整数。例如,某个 IPv4 地址为 192.168.0.2。通过查看【本地连接属性】的【Internet 协议(TCP/IP)属性】,还可以查看和更改计算机的 IP 地址,如图 1.2 所示。

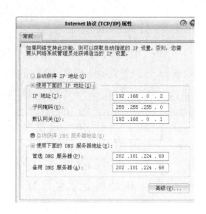

图 1.2　Windows 系统
IP 地址的设置

实际上,图 1.2 显示的地址并不是真实地接入互联网的 IP 地址,而是用于自己设计的局域网的地址。一般的个人计算机访问互联网时,会通过网络管理部门的一个设备,这个设备会将互联网真实的 IP 地址与你的局域网的自定义的 IP 地址对应起来。这也是我们上网前拨号或登录时要完成的工作,用以实现自己局域网内的计算机和互联网真实 IP 地址的对应。

通过查看邻近局域网计算机的 IP 地址,可以发现 IP 地址与电话号码类似,像电话的区号一样,同一区域计算机的 IP 地址前面的数字基本不变,最后一个字节的数字发生着规律变化。

每一个 IP 地址都由网络 ID 和主机 ID 两部分组成,网络 ID 表示某处整个网络计算机的共同特征,对于一个网络中所有计算机而言,网络 ID 是不变的。处于该网络的每台计算机都必须有不同的主机 ID 以确保和其他入网的计算机区分开来。因此,在一个小范围的局域网范围内(如在一间大办公室内),经常简单地用计算机的 IP 地址 4 个字节中的最后一个字节的数字表示该计算机的 IP。

真实的互联网 IP 地址分为以下三类。

1. A 类地址

A 类地址的网络 ID 仅用一个字节(第一位必须是 0)表示,因此全球仅仅有 $2^8 - 1 = 255$ 个此类地址的网络,此类地址的每个网络内主机数量可达约 $2 \sim 2^{24}$ 台,也即 1677 万多台,此 A 类地址目前基本在美国使用,A 类地址格式如下所示。

网络 ID(第 1 个字节)	主机 ID(第 2、3、4 个字节)

2. B 类地址

B 类地址的网络 ID 用两个字节(第 1、2 位必须是 10)表示,因此全球有 $2^{14} - 2 = 16382$ 个此类地址的网络,此类地址的每个网络内主机数量可达约 $2 \sim 2^{16}$ 台,也即 65 534 台,B 类地址格式如下所示。

网络 ID(第 1、2 个字节)	主机 ID(第 3、4 个字节)

3. C 类地址

C 类地址的网络 ID 用两个字节(第 1、2 位必须是 10)表示,因此全球有多达 $2^{22}-2\approx$ 419 万个此类地址,此类地址的每个网络内主机数量仅可达约 $2\sim2^{8}$ 台,也即 254 台,此类地址基本被分配在全世界各地使用。

网络 ID(第 1、2、3 个字节)	主机 ID(第 4 个字节)

由于互联网的蓬勃发展,IP 地址的需求量越来越大,使得 IPv4 匮乏严重,该地址发放愈趋严格,各项资料显示全球 IPv4 位址可能在 2011 年已经全部发完。地址空间的不足必将妨碍互联网的进一步发展,为了扩大地址空间,拟通过 IPv6 重新定义地址空间。IPv6 采用 128 位地址长度。在 IPv6 的设计过程中除了一劳永逸地解决了地址短缺问题以外,还考虑了在 IPv4 中解决不好的其他问题。

理论上 IPv6 已经很成熟,但实际上,全世界各地的网络基础设施全面升级支持 IPv6 还有很长的路要走。在网络连接的行业实践中,由于实际在线的计算机总比联网的计算机要少,网络行业早在已使用临时分配动态地址的方式,临时为登录网络的计算机分配一个 IP 地址。也就是说,很多计算机上网时实际在共享同一个地址,这样就节约了大量 IPv4 的地址资源;否则,新增的计算机和智能终端的数量早已无法便捷地接入互联网了。

1.6　主机域名和国际对 IP 及域名的管理

用 IP 地址这种数字表示网络地址方法对于计算机是非常方便的,但对普通人而言,在大规模的网络中记忆和使用 IP 地址是非常麻烦的。为解决人们使用的需要,为互联网上提供服务的主机(服务器)设计方便记忆的名称是非常必要的,这个名称就是互联网的计算机的域名或主机域名。通过特别域名管理服务器把主机的域名和其 IP 地址对应起来,让全世界共享,这样上网者就可以通过域名访问网上的主机。由于互联网起源于美国,域名是由英文字母和数字组成的,因此负责管理域名的服务器上也被控制在美国和欧洲境内,中文或其他文字的域名还不能算真正的域名。

ICANN(The Internet Corporation for Assigned Names and Numbers,互联网 IP 地址和域名管理机构),它是一个非营利性的国际组织(www.icann.org),成立于 1998 年 10 月,主要负责 IP 地址的分配管理、域名系统的管理和根服务器系统的管理等职能。但是,长期以来,美国政府与 ICANN 通过协商,由美国政府保留了对域名根服务器的监控权,从而保留了最终控制权。ICANN 集合了全球网络界商业、技术及学术各领域专家的非营利性国际组织,负责 IP 地址的分配、协议标识符的指派、通用顶级域名、国家和地区顶级域名的管理、根服务器系统的管理等。尽管主流观念认为互联网是全世界共同的财富,但部分美国人认为 ICANN 的下属机构 IANA(Internet Assigned Numbers Authority,互联网数字分配机构)是联邦财产,美国国会应该拥有处置联邦财产的唯一权利。

相对数字而言,由于人们更容易理解和记住有内涵的文字,因此对于某些主机的 IP 地址人们可以设定一个(或多个)域名与之对应。网络中联网的计算机在通过域名访问主机时,首先要通过访问域名服务器查找到该域名主机的 IP 地址,然后通过 IP 地址方可访问该主机。与 IP 地址类似,一个完整的主机域名也是由许多层次组成的,各个层次之间用“.”号隔开。例如,北京大学的域名为 pku. edu. cn,pku 是指 Peking University,它属于 edu(教育类域名),而 edu 属于 cn(中国的域名)。因此北京大学主机的域名相对于整个网络的根为 pku. edu. cn,进而可知该校的 3W 或 Web 服务器地址是 www. pku. edu. cn。通过这种形式,很快就可以记住许多标准的(如大学和政府)的域名网址。

域名系统的结构类似倒过来的“树”,树根在美国,其他国家可以看成从根上长出的“树枝”,而每个国家内部又可以有很多“分支”,网络域名结构如图 1.3 所示。

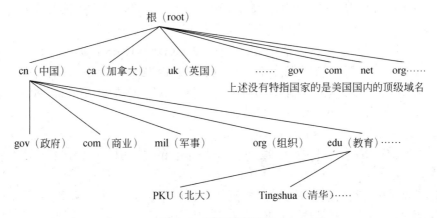

图 1.3　网络域名结构

从层次上看域名,域名可分为不同级别,包括顶级域名、二级域名、三级域名等。

顶级域名又分为两类:一是国家和地区顶级域名(Country code Top-Level Domain names,ccTLD),200 多个国家都按照 ISO 3166 国家代码分配了顶级域名。例如,中国是 cn,英国是 uk,日本是 jp 等。二是国际顶级域名(Generic Top-Level Domain names,简称 gTLD),例如,表示工商企业的. com,表示网络提供商的. net,表示非营利组织的. org 等。按照英语的习惯,顶级域名在完整域名的最后。

二级域名是指顶级域名之下的域名,在国际顶级域名下,它是指域名注册人的网上名称,例如,ibm、yahoo、microsoft 等;在国家和地区顶级域名下,它是表示注册企业类别的符号,例如,com、edu、gov、net 等。

中国国际互联网络信息中心(Inter NIC)正式注册并运行的顶级域名是 CN,在顶级域名之下,中国的二级域名又分为类别域名和行政区域名两类。类别域名共 6 个,包括用于科研机构的 ac,用于工商金融企业的 com,用于教育机构的 edu,用于政府部门的 gov,用于互联网络信息中心和运行中心的 net,用于非营利组织的 org。而行政区域名有 34 个,分别对应于中国各省、自治区和直辖市。

三级域名归属于二级域名之下,以区别具体机构的网络名称。三级域名用字母(A～Z,a～z,大小写等)、数字(0～9)和连接符(－)组成,各级域名之间用实点(.)连接,三级域名的长度不能超过 20 个字符。如果无特殊原因,则建议采用申请人的英文名(或者缩写)或者汉语拼音名(或者缩写)作为三级域名,以保持域名的清晰性和简洁性。

我们一般讨论的注册域名是指三级域名的申请和注册,注册域名要遵循先申请再注册的原则。域名是一种有价值的资源,在新的经济环境下,域名所具有的商业意义已远远大于其技术意义,而成为企业在新的科学技术条件下参与国际市场竞争的重要手段,它不仅代表了企业在网络上的独有的位置,也是企业的产品、服务范围、形象、商誉等的综合体现,是企业无形资产的一部分。同时,域名也可看成一种智力成果,它是有文字含义的商业性标记,与商标、商号类似,体现了相当的创造性。在域名的选择构思过程中,也需要一定的创新性,使得代表自己公司的域名简洁并具有吸引力,以便使公众熟知,并方便对其访问。可以说,域名不是简单的标识性符号,而是企业商誉的凝结和知名度的表现。域名也成为知识产权保护的客体。因此,不论学术界还是实际部门,大都倾向于将域名视为企业知识产权客体的一种。而且,从世界范围来看,尽管各国立法尚未把域名作为专有权加以保护,但国际域名协调制度是通过世界知识产权组织来制定,这足以说明人们已经把域名看成知识产权的一部分。

某一个域名注册后就被其申请者所有,可以通过查询 WHOIS 数据库找到该域名的所有者。除了 240 多个国家的代码顶级域名由权威注册机构 ICANN 维护,其他下级域名和相关的 WHOIS 数据库的细节则由控制那个域的注册机构维护。例如,中国互联网络信息中心负责顶级域名 CN 下的国内域名管理和维护。

1.7 基于 Internet 的应用

互联网是计算机网络的一种,也是人们日常接触最多的计算机网络,本书中涉及的网络,若不加特别说明的话都是指互联网。互联网作为一种长距离、高速的通信媒体,可通过硬件线路把各种各样的计算机连接在一起;通过软件的控制实现各种类型的计算机之间快速、可靠的信息交换,最终形成人们交流和共享信息的集软硬件于一体的互动平台。基于这个互动平台,各行业的人们创造力正被无限激发,各种基于互联网的应用不断推陈出新。

反过来看,网络应用同时也推动互联网自身的发展,国内在 1994 年接入国际互联网,结合我国改革开放 30 多年来的发展机遇,互联网成为在中国最快速普及的事物,没有之一。据中国互联网络信息中心发布的报告,截至 2016 年 6 月,中国网民规模达到 7.1 亿,网络购物用户达到 4.48 亿。中国至少在数量上已经跃升为"网络应用大国",中国普通人参与网络应用的热情较西方人更高,从某种角度看既与中国大陆体制有关,更与中国的人均占有自然资源较少有关。

在互联网络这个巨大的平台之上可以提供各种应用,如传统的电子邮件(Email)、文件传送(FTP)、流媒体点播(VOD)、远程登录(Telnet)、新闻讨论组(BBS)、博客(Blog)、即时通信(IM),其他应用还包括电子商务和网络游戏等。当然,最为普遍的还是万维网的应用。本书将要介绍的 Web 程序基础,就是了解和开发万维网应用必须具备的基本知识和技术。

万维网(World Wide Web,WWW),又称 Web,直译为"世界范围的网站"。万维网也是在 Internet 上运行的,覆盖全球的多媒体信息系统,与传统的广播、报纸、电视并列为当今四大传媒。它提供了在 Internet 上的一种非常有效的浏览、检索及信息查询的方式,在 Internet 这个由 Web 网页组成的大海中,文字、图片、动画、声音等多种媒体组成的信息资源应有尽有,加上获取信息不受地域限制,因此在网上浏览新闻、检索信息已经成为许多人获取信息的重要途径。

万维网作为 Internet 的重要应用,促进了 Internet 的快速发展;反之,Internet 的普及又将万维网应用延伸到世界的各个角落。基于万维网的应用很多,当前较为常见的如下几种。

1. 网站

世界上第一个网站由蒂姆·伯纳斯·李创建于 1991 年。网站(Website)是指在互联网上根据一定的规则,使用 HTML 等技术制作,用于展示特定内容的相关网页的集合。网站也是一种宣传和服务的工具,人们可以通过网站来发布自己想要公开的信息,或者利用网站来提供相关的网络服务。上网的人则可以通过网页浏览器来访问网站,获取自己需要的信息或者享受网络服务。现在许多单位或实体都拥有自己的网站,利用网站来进行宣传、发布产品信息、招聘人员等。随着网页制作技术的流行和简易化,很多人也开始制作个人主页,制作者用此来自我介绍、展现个性。当然,更多的是以提供网络信息为盈利手段的网络公司(一般属于.com 域名),通常这些公司的网站在为人们提供生活各个方面的信息,如新闻、旅游、娱乐、经济的同时开展商业经营活动。

2. 搜索引擎

搜索引擎是指根据一定的策略、运用特定的计算机程序从互联网上搜集信息,在对信息进行组织和处理后,为用户提供信息检索服务,将用户需要的信息展示给用户的网络系统。搜索引擎的机器人(Robot)程序对万维网有特殊的意义。搜索引擎的 Robot 是指能以人类无法达到的速度不断重复执行某项任务的自动程序,专门用于检索广阔的万维网信息,这些 Robot 程序像蜘蛛(Spider)一样在网络间爬来爬去。因此,搜索引擎的 Robot 程序也被称为 Spider 程序。

搜索引擎包括全文索引、目录索引、元搜索引擎、垂直搜索引擎、集合式搜索引擎、门户搜索引擎与免费链接列表等。目前,最为我们熟悉的搜索引擎的代表是,国内的百度(Baidu)和美国的谷歌(Google)。

在万维网发展早期,以雅虎为代表的网站分类目录查询非常流行。网站分类目录由人工整理维护,精选互联网上的优秀网站,并简要描述,分类放置到不同目录下。用户查询时,通过一层层的点击来查找自己想找的网站。也有人把这种基于目录的检索服务网站称为搜索引擎,但这只是搜索引擎的早期雏形。

1998 年之前,Google 只是斯坦福大学(Stanford University)的一个小项目。其创始人是博士生拉里·佩奇(Larry Page),他于 1995 年开始学习搜索引擎设计,于 1997 年 9 月 15 日注册了域名。Google 公司于 1998 年在互联网正式上线。Google 以网页级别为基础判断网页的重要性,使得搜索结果的相关性大大增强。Google 强大的搜索能力,为其赢得了极高的品牌美誉。2006 年,Google 进入中国,宣布其中文名称为"谷歌",这也是 Google 第一个在非英语国家起的名字。

2000 年 1 月,两位北大校友,超链分析专利发明人、前 Infoseek 资深工程师李彦宏在北京中关村创立了百度公司。开始百度只为其他门户网站(搜狐、新浪、Tom 等)提供搜索引擎,直到 2001 年 10 月正式发布百度搜索引擎后,李彦宏才独立门户,从此专注了中文搜索。

3. 网络社交媒体

互联网最为根本的作用还是为人们提供了不受空间、时间限制的通信。这种信息沟通的特点应用到人际虚拟交往或者辅助实际交往,可以极大地拓展人们的信息沟通效率和体验。网站的留言、BBS 论坛社区交流,IM(如国内的 QQ 群、微信群等),专门的社交网络应用系统都在不断改变网络社交的体验。在应用 2013 年美国知名科技博客网站 Business insider 根据互联网流量监测机构 comScore 的数据,列出全球最大网站前 20 名榜单,名列榜首的是网络社交系统 Facebook。

Facebook 是创办于美国的一个社交网络服务网站,于 2004 年 2 月 4 日上线。2012 年 2 月 1 日,Facebook 正式向美国证券交易委员会(SEC)提出首次公开发行(IPO)申请,这是硅谷有史以来规模最大的 IPO。2012 年 5 月 18 日,Facebook 正式在美国纳斯达克证券交易所上市。

Facebook 的创办人是马克·扎克伯格(Mark Zuckerberg),创办软件之初他还只是哈佛大学的学生。最初,Facebook 网站的注册用户仅限于哈佛大学的学生。在之后的两个月内,注册扩展到波士顿地区的其他高校,包括波士顿学院(Boston College)、波士顿大学(Boston University)、麻省理工学院、特福茨大学(Tufts)、罗切斯特大学(Rochester)、斯坦福(Stanford)、纽约大学 NYU、西北大学和所有的常春藤名校。之后,很多其他学校也加入进来。最终,在全球范围内拥有大学后缀电子邮箱的人(如.edu、.ac、.uk 等)都可以注册。

4. 网络购物

2003 年,SARS 病毒在中国肆虐。面对"非典"的袭击,多数人被困在屋内,而要想不出门就买到自己所需的东西只能依赖网络。至此,有越来越多的人认识到"网上订货,送货上门"的方便,也有越来越多的人也开始接受网上购物。2003 年"非典"过后,越来越多的人开始参与网络购物。以当当和卓越为代表的中国 B2C 的早期拓荒者,从图书作为网络购物的切入点,借助快递配送和货到付款的交易流程,开始逐步建立自己的市场基础,在度过互联网的寒冬之后获得了快速的成长。随着经济的发展,网络购物逐渐重放异彩。

从消费者角度来看,网络购物给用户提供方便的购买途径,只要简单的网络操作,足不出户,即可送货上门,并具有完善的售后服务。同时,在有些网店购买商品,还能实现送货上门,货到付款,使网络购物的安全性得到了保障。网络购物也能让产品的价格更加透明化,减少了很多不必要的中间环节。

从产业融合角度看,网络购物也是互联网、银行、现代物流业发展的产物,通过互联网的购物网站购买自己需要的商品或者服务。从交易双方类型来分,有下述四种形式:

第一种是 B2C(Business-to-Customer),即商家对顾客的形式(如京东商城)。第二种是 C2C(Consumer To Consumer),即顾客对顾客的形式(如淘宝网)。第三种是 B2B(Business to Business),即商家对商家、企业对企业(如阿里巴巴)。B2B 的影响不如 C2C 大,但是交易额要比 C2C 大,其实是网络购物的主体,能为双方节约巨大的交易成本。第四种是 C2B(Customer To Business),即个人以劳务方式向企业提供产品,一般是智慧产品(如策划、创意等),网上也称为威客。此外,还有 G2G、G2B、G2C、B2G、C2G 等,分别表示政府对政府、政府对企业、政府对个人、企业对政府和个人对政府等,但都没有 C2C 和 B2C 发展得快和完善。

5. 电子商务

当前,中国传统的许多实体销售行业面临网店的巨大冲击,转型电子商务已是企业生存的必由之路。近年来,电子商务正逐渐发展成为商务电子化,美国的 eBay 就是率先开启一个时代的企业。现在 eBay 已经是全球最大的电子商务公司,中国著名的阿里巴巴、京东商城等电商企业的灵感都来源于此。

eBay 是一个可让全球民众上网买卖物品的线上拍卖及购物网站。eBay 于 1995 年 9 月 4 日由 Pierre Omidyar 创立于加利福尼亚州的圣荷西。人们可以通过网络在 eBay 上出售商品。

交易成功后,电商最终要完成买卖双方的转账,因此必须解决好网络交易的在线支付问题。2002 年 10 月,eBay 以 15 亿美元收购 PayPal,PayPal 便成了 eBay 的主要付款途径之一。目前,PayPal 服务通行全球,覆盖 202 个国家和地区,注册用户数量早已超过数亿。PayPal 目前是全球最大的在线支付提供商。

马云的淘宝网和支付宝成功地复制了 eBay 和 PayPal 的网络应用技术体系和模式,用淘宝网和支付宝,结合中国国情成功解决了网络诚信的问题,一举成为中国网络电商应用的开拓者和龙头。

1.8　Web 的概念

Internet 在 20 世纪 60 年代就诞生了,为什么在当时没有迅速流传开来呢? 很重要的原因是,连接到 Internet 需要经过一系列复杂的操作,网络的权限也很分明,而且网上内容的表现形式只是文本,对普通人来说显得单调而枯燥。而 Web 却创造了一种超文本方式,把网络上不同计算机内的信息有机地结合在一起,并且上网者可以通过超文本传输协议(HTTP)从其他 Web 服务器上获取信息。美国著名的信息专家、《数字化生存》一书的作者尼葛洛庞帝教授认为:1989 年是 Internet 历史上划时代的分水岭。WWW 技术给 Internet 赋予了强大的生命力,Web 浏览的方式给了 Internet 靓丽的青春。通过 Web 技术,老人和小孩都能轻易地运用计算机浏览网络信息。自此,由 Web 揭开了 Internet 应用大众化的序幕,越来越多的人通过 Web 网页这个窗口开始认识和使用 Internet,从而 Web 也成为推动 Internet 软硬件发展的最主要动力之一,甚至今天还有许多人认为 Web 和 Internet 就是一回事。

目前,Web 可以看作基于 Internet 的分布式信息系统,它没有中央控制或管理,是由遍布全球的不同计算机和其上的大量文档集合而成的,每天都有成百万的 Web 网页增加到信息的海洋中。每台连接 Internet 的计算机,现在都可简单单击鼠标,通过域名和 IP 地址,轻松快捷地实现信息传递、查询与沟通。如果把 Web 看作一个巨大的图书馆,Web 站点就像其中的一本书,而 Web 网页好比书中特定的页面。网页中可以包含新闻、图像、动画、声音以及其他各类媒体信息,而且组成这些信息的文件能随便存放在全球任意地方的任何主机上。

我们可以访问全球任何地方的 Web 信息,理论上不会受任何限制(实际上,可能有些国家在互联网国际出口位置,会有信息过滤和站点封锁)。每一个可在互联网上被访问的 Web 站点,都拥有固定的 IP 地址或唯一域名,但不一定拥有域名。

主页(Home Page)是为上网用户设定的,是某一个 Web 站点的首页。作为上网的起始点,它可以像一本书的封面或者索引目录(Index)那样,上网用户可以通过这个类似电话本黄页的"目录索引",就可链接到想看到的网页。

1.9　Web 的由来

Web 之父——伯纳斯·李爵士(Tim Berners-Lee)，是英国计算机科学家，麻省理工学院教授。

20世纪80年代后期超文本技术已经出现，但当时没有人能想到把超文本技术应用到计算机网络信息传播上，超文本只是一种新型的文本而已。有一次，蒂姆端着一杯咖啡走在实验室走廊上，经过怒放的紫丁香花丛，盛夏幽雅的花香伴随着醇香的咖啡味飘入实验室。刹那间，蒂姆脑中灵感迸发——人脑可以透过互相连贯的神经传递信息(咖啡香和紫丁香)，为什么不可以经由计算机中的文件相互链接形成"超文本"呢？

1989年3月，伯纳斯·李撰写了《关于信息化管理的建议》一文，文中描述了一个更加精巧的管理模型。1990年他和同事合作提出了一个更加正式的关于万维网的建议。在1990年11月他在一台 NeXT 工作站上写了第一个网页，用以实现他文中的想法。

1990年，伯纳斯·李制作了一个最原始的 Web 环境，他的第一个 Web 浏览器名为 Enguire，这个浏览器同时也是编辑器，又是第一个网页服务器。伯纳斯·李还发明了一个全球网络资源唯一认证的系统——统一资源标识符(URL)。1991年，他公开了 Web 项目简介的文章。这一天也标志着 Internet 上 Web 公共服务的首次亮相。伯纳斯·李把这个发明介绍给了给欧洲核子研究组织(CERN 源于法语缩写，英文全称为 European Particle Physics Laboratory CERN)。从那时起，CERN 也对 Web 的发展起到了重大影响，从此 Web 的发展和网络的发展联系在一起。

1993年4月，CERN 宣布 Web 对所有人不收取任何费用，免费开放所有技术标准。1994年10月，万维网联盟(World Wide Web Consortium, W3C)，又称 W3C 理事会，在麻省理工学院计算机科学实验室成立，其创立者也是伯纳斯·李。

目前，Web 已经成为继报纸、广播、电视之后第一个具有交互性的著名媒体。Web 相关的各种技术标准都由 W3C 管理和创新，该组织现在由美国麻省理工学院(MIT)和法国国家计算机科学与控制研究所(INRIA)联合控制。二十多年来，W3C 指导业界的各种国际标准。在微软(Microsoft)、Sun、甲骨文(Oracle)等 IT 龙头大企业的支持下，Web 的标准获得业界的认可，并有了蓬勃的发展。

1.10　Web 浏览器的起源

以前的 Web 浏览器还只是在科学家群体中被使用，而且 Web 浏览器仅仅被视为能够处理 CERN 庞大电话簿的实用工具。后来，由于 Web 浏览器的与用户互动性，以及允许所有用户轻易地浏览他人所编写的网页的特点而迅速流行起来。

之后，美国国家超级计算机应用中心(National Center for Supercomputer Applications)也推出浏览器 NCSA Mosaic，其在民间流行更广，也使得 Web 为更多人所知，浏览器本身也得以迅速发展。Mosaic 最初是一个只在 Unix 运行的图像浏览器，但很快便发展到在 Apple

Macintosh 和 Microsoft Windows 都能运行。Mosaic 在 1993 年 9 月发布了 1.0 版本。商业天才们初窥到 Web 的巨大商机后,NCSA 中 Mosaic 项目的负责人 Marc Andreesen 辞职并建立了网景通信(Netscape)。1994 年 10 月网景公司发布了他们的浏览器旗舰产品——网景导航者(Netscape Navigator)。20 世纪最后十年,Web 与 Internet 相互影响给 IT 界带来了深远的影响,成千上万人把 Web 应用与 Internet 当作创富源泉,人们开始疯狂追捧以 .com 为域名结尾的公司,直接造就了 2000 年左右的互联网公司的泡沫以及后来的泡沫爆裂崩盘。但无论如何,Web 和浏览器在这个大的背景下,已经成为这个世界的重要事物之一。

1.11　Web 浏览器

在 20 世纪 90 年代以前,互联网还没有普及,普通人面对互联网不友好的用户界面,只能一筹莫展。随着 Web 时代的来临,Web 浏览器的出现让人们很容易在网上获取信息。如果把计算机的软件分成系统软件和应用软件两类,那么从软件种类来看,Web 浏览器就像一个专门用于访问 Web 网页和网站的应用软件,即它把用户想要的各类信息文件从分布在 Internet 上的全球各地的主机上读取过来,通过 Web 浏览器"运行整合"网页,最终把整合结果展现在用户的计算机屏幕上。简而言之,我们可以把浏览器看作是一种利用互联网获取全球网上资源的终端软件或应用程序(APP)。

客户端的 Web 浏览器主要通过 HTTP 协议与 Web 服务器(主机)交互并获取网页文件和其他资源文件,这些网页文件所在的位置由 URL 地址指定,可以分布在不同主机上。而一个网页中还可以引用多个计算机文件,每个计算机文件都可以从不同的 URL 地址获得。

通常,互联网主机对浏览器的响应都是由 HTTP 协议传送的计算机文件,这些计算机文件除了浏览器最擅长解读的网页文本类型之外,还支持图片、声音、视频等媒体格式,例如 JPEG、PNG、GIF 等图像文件格式,MP3 和 MP4 的音频和视频文件格式等。此外,Web 浏览器还能够扩展支持众多的插件(plug-ins),用来播放非标准的音频和视频文件。HTTP 协议是浏览器与互联网的接口,但许多浏览器还支持其他的协议,如 FTP、Gopher、HTTPS(HTTP 协议的加密版本),这又让浏览器不仅仅只具有"浏览"Web 的功能。

从 20 世纪 90 年代开始,在个人计算机上,由于当时处于垄断地位 Windows 操作系统开始内置免费浏览器。因此,直到今天,许多个人计算机用户都还在使用 Microsoft 的 Web 浏览器——Internet Explorer(IE)。其实,IE 的内核不是 Microsoft 自己的产品,而是在 NCSA Mosaic 的基础上继续完善和发展的。近十几年来,随着开源软件和移动互联网时代的到来,一些优秀的企业和团体,如谷歌(Google)和 Mozilla,开始致力于新时代浏览器的开发,不仅逐渐打破了 Microsoft 的 IE 在 Windows 系统上对浏览器的垄断,而且其在移动操作系统 Android 平台的浏览器已经大大超越微软的浏览器技术。现在个人计算机上常见的网页浏览器还包括 Mozilla Firefox、Chrome、Opera 和 Apple Safari 等。本书的案例虽然大都多数是在 IE 中测试的,但基本上可以用于所有类型的浏览器。

近年来,全球移动互联网发展势头迅猛,手机浏览器的性能也不弱于个人计算机平台的浏览器。我国众多的实力雄厚的互联网企业纷纷加大在手机浏览器市场的布局,投入大量的资金和人力,抢占手机浏览器市场。当前,用手机上网的用户规模已经远远超过个人计算机上网的用户,多数手机浏览器厂商为了吸引用户,已经把浏览器改造成为一个功能强大的

APP。国内常见的手机浏览器有猎豹浏览器、UCWeb、百度手机浏览器、QQ 手机浏览器,国外常见的手机浏览器有 Firefox、Chrome、Opera,iPhone 和 IPad 上的浏览器是 safari。手机浏览器和个人计算机端浏览器相比,除了展示的网页区域较小之外,功能上几乎没有区别。在设计 Web 网页时,除了考虑传统的个人计算机屏幕的宽屏外,还可以考虑为手机屏幕增加适合窄屏的页面,配合识别用户终端浏览器分辨率的 JavaScript 程序,依据终端用户的屏幕尺寸智能地响应合适的网页。

1.12 Web 服务器和 Web 服务

服务器一般是比较专业的计算机,具有性能好、稳定性高等优点,不过在理论上也只是普通的计算机,甚至是物美价廉的个人计算机。全球每天都有数以亿计新增的网页,这些网页都分布在全球各地的 Web 服务器中。全球任何联网的计算机终端都可以通过域名或者 IP 地址访问 Web 服务器,当然这些 Web 服务器也享受着比普通计算机更高的"待遇",比如不间断地供电,专业技术人员的维护,处于更加安全高速的网络环境中等。Web 服务器以前总被认为是巨人、昂贵的计算机硬件,如今,随着计算机硬件技术的发展,普通的个人计算机也可以被设定为 Web 服务器。麻省理工学院的研究生甚至搭建了世界上最小的 Web 服务器,它仅有绿豆大小,成本不到 1 美元。相对而言,访问量大的 Web 服务器需要更高性能的硬件,该服务器的体积和功耗也会提高。因此,搭建 Web 服务器时需要大致确定最高的访问人数,方可确定 Web 服务器的软件和硬件的配置。

从网站管理者的角度来看,还必须管理 Web 服务器上的文件,由于网站管理者和 Web 服务器通常不在同一地点,因此网站管理者不能像管理个人计算机上的文件那么方便。一般在 Web 服务器内还必须安装特定 FTP 软件,以提供账号和密码设定权限,这样可以规范大家仅仅对属于自己的那些网页进行操作。同时,人们也可以通过各种工具(如 Dreamweaver、EditPlus、FrontPage 等)远程维护和更新属于自己的网页文件。一个性能较好的 Web 服务器硬件平台可以支持成百上千的小型网站,因此对于更多想低成本地把自己网站发布在互联网上的人来说,可以做出以下选择:寻找专门出租 Web 服务器的商业公司,或者仅仅租用某个 Web 服务器内的一小部分存储空间。在很多大学或者政府机构,都有自己专门的 Web 服务器群,有条件的学校也可以为教师、学生提供免费的个人"Web 网站空间"账号服务。

综上所述,Web 服务器是由符合以下 3 个特点的软件和硬件综合组成的:首先,必须基于可独立运行的计算机系统;其次,该计算机部署在互联网上,在接入互联网时拥有 IP 地址,为方便访问,甚至还拥有域名的计算机;最后,在该服务器的计算机系统中安装和运行着"特殊软件",这些"特殊软件"可以为互联网中的计算机终端的浏览器提供 Web 服务。

有的时候,人们将这些提供 Web 服务的"特殊软件"特指为 Web 服务器,因为这种称呼没有区分硬件和软件,所以在概念理解上给许多初学者带来了困扰。因为作为服务器的计算机硬件和联网条件几乎完全相同,提供 Web 服务的软件却差异很大,人们为了简化差异性大的概念,就直接把提供 Web 服务的软件称为 Web 服务器。

从互联网的信息传送层次来看,Web 服务是一种较高层次的网络信息服务,服务器可以通过该服务向发出请求的上网终端的浏览器提供文档。Web 服务器的英文名称也可以称为 Web Hosting(Web 宿主),字面意思是指在 Web 上的资源都寄存在计算机的主机内部,等待被终端访问。当 Web 客户端的浏览器连到 Web 服务器上并请求文件时,Web 服务器上的服务软件将处理该请求,并将文件通过网络协议传送到客户端的 Web 浏览器上。Web 服务器端的服务软件和 Web 客户端的浏览器使用的都是 HTTP(超文本传输协议),它是互联网的 TCP/IP 协议的一个部分,所以人们也喜欢称 Web 服务器软件为 HTTP 服务器。

Web 服务器不仅能够存储和提供文件服务,还能够在服务器内运行程序和脚本,并把运行结果反馈给 Web 客户端浏览器。Web 客户端浏览器访问 Web 服务器如图 1.4 所示。

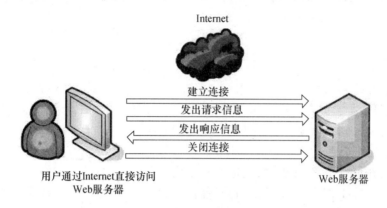

图 1.4　**Web 客户端浏览器访问 Web 服务器**

提供 Web 服务的软件是一种特殊的在网络环境运行的软件,它不断地在"监听"是否有来自网络外部的"请求"。Web 服务是一种被动系统,只有在其他计算机中的浏览器对其发出请求时,Web 服务软件才会响应,建立连接,提供服务,服务结束后立刻关闭连接。最常见的 Web 服务软件有:Microsoft 经典的 IIS、源代码开放 Apache、强大后台的 Tomcat、与 JavaScript 语言完美融合的新贵 Node. js。

1. IIS

Microsoft 的 Web 服务软件产品为 Internet Information Services(IIS),IIS 是允许在公共 Intranet 或 Internet 上发布信息的 Web 服务。IIS 是目前最流行的 Web 服务软件产品之一,很多著名的网站都是建立在 IIS 的平台上。IIS 提供了一个图形界面的管理工具,称为 Internet 服务管理器,可用于监视配置和控制 Internet 服务。

IIS 是一种 Web 服务组件,其中包括 Web 服务器、FTP 服务器、NNTP 服务器和 SMTP 服务器,分别用于网页浏览、文件传输、新闻服务和邮件发送等方面,它使得在网络(包括互联网和局域网)上发布信息成了一件很容易的事。IIS 提供 ISAPI(Intranet Server API)作为扩展 Web 服务器功能的编程接口;同时,它还提供一个 Internet 数据库连接器,可以实现对数据库的查询和更新。

2. Apache

Apache 仍然是世界上用得最多的 Web 服务软件,市场占有率达 60% 左右。Apache 源于 NCSA 的 Web 服务软件,当 NCSA WWW Server 项目停止后,那些使用 NCSA WWW Server 的人们开始交换用于此服务软件的补丁,这也是 Apache 名称的由来,"pache"是补丁的意思。世界上很多著名的网站都是 Apache 的产物,它的成功之处主要在于它的源代码开放、支持跨平台的应用(可以运行在几乎所有的 Unix、Windows、Linux 系统平台上)以及它的可移植性等方面。Apache 音译为阿帕奇,恰巧也是美国一种著名的武装直升机的名字。

3. Tomcat

Tomcat 是一个开放源代码、运行 Servlet 和 JSP Web 的解释 Java 的 Web 应用的服务软件。Tomcat Server 也是基于 Apache 许可下开发的自由软件。近几年随着 Tomcat 的新引擎 Catalina Servlet 的出现,Tomcat 的性能得到提升,使得它成为一个专业运行 Java 语言后台的 Servlet/JSP 标准的 Web 服务的软件,因此许多使用 Java/JSP 编写的服务端 Web 脚本,大都会倾向于采用 Tomcat 来提供解析服务。

4. Node. js

Node. js 源于 Google Chrome 的项目,是一个基于 GoogleChromeV8 引擎的 JavaScript 运行时。在 Node. js 出现之前,人们无法想象 Web 程序的前端语言的核心——JavaScript,竟然也可以完美地在服务器端实现开发,Node. js 就提供了一个这样的平台。同时,Node. js 也是一个高效率的 Web 服务软件,服务器端的程序编写就是用 JavaScript 来完成的。

Node. js 还是一个为了实时 Web 应用开发而诞生的平台,它摈弃了传统的 Web 服务依靠多线程来实现高并发的设计思路,创造性地采用了单线程、异步式 I/O、事件驱动式的程序设计模型,这给 Web 服务带来了巨大的性能提升,减少了传统多线程程序设计的复杂性,提高了 Web 程序开发的效率。

1.13 Web 的不变特征

从信息分布和构架情况看,Web 是一种典型的分布式应用架构。Web 应用中的每一次信息交换都要涉及客户端和服务器端两个层面。因此,Web 开发技术大体上也可以被分为客户端技术和服务器端技术两大类。Web 技术快速发展,每过几年都有新的技术热点出现,这些技术从两个不同角度出发:一是从前端(客户端)页面的表现效果出发,不断改善发展客户端的文字、图形、动画等多媒体效果;二是从信息的后台(服务器端)查询处理能力出发,不断改善页面的服务器端动态生成技术。尽管 Web 技术日新月异,但支持 Web 技术发展的最初目标一直没有改变,Web 之父——伯纳斯·李早在 Web 诞生时就指出:"Web 是一个抽象的(假想的)信息空间。"也就是说,作为 Internet 上的一种应用架构,Web 的首要任务就是向人们提供信息和信息服务。

几十年来,Web 的基本架构也坚持了最创设之初的精神,包括以下 3 个特征。

(1)用超文本标记语言(HTML)实现信息与信息的连接;

(2)用统一资源定位技术(URL)实现全球信息的精确定位;

(3)用应用层协议(HTTP)实现分布式的信息共享。

几十年来,Web 立足于 Internet,朝着互联网信息共享的目标,W3C 不断创新标准并付诸实践,对于 Web 的基本功能,主要有以下几种。

1. Web 是图形化的和易于导航(Navigate)的

Web 能够流行的一个很重要的原因,就在于它可以在一个网页上同时显示色彩丰富的图形和文本的能力。Web 可以提供将图形、音频、视频信息集合于一体的特性,Web 是非常易于导航的,只需要从一个链接单击后跳到另一个链接,人们就可以在各网页、各站点之间进行浏览。

2. Web 与平台无关

无论系统平台是什么,你都可以通过 Internet 访问 Web。浏览 Web 对使用的计算机系统平台没有什么限制,无论从 Windows、UNIX、Macintosh 还是其他的手机平台都可以访问 Web。

3. Web 是分布式的

每天产生的大量数字化图形、音频和视频信息会占用相当大的磁盘空间,无法预知信息的多少。对于 Web,没有必要把所有信息都放在一起,信息可以放在不同地点的不同主机上。

4. Web 是动态的

由于各 Web 站点的信息包含时效性的信息,信息的提供者可以经常对网站上的信息进行更新。如新闻、发展状况、公司的广告、数据变更等。一般为保持吸引力,各信息站点都会尽量保证信息的时间性,导致 Web 站点上的信息是经常更新的、动态的。这一点是由信息的提供者的自身利益保证的。

5. Web 是交互的

首先,Web 的交互性表现在它的超级链接上,用户的浏览顺序和所到站点完全由用户自己决定;其次,用户可以从服务器方获得处理过的信息或数据;最后,用户还可通过填写网页表单可以向服务器提交信息,服务器可以根据用户的请求返回相应信息。

1.14　Web 程序设计概述

Web 程序设计相对传统的计算机程序设计是一门较为新颖的课程,入门既容易,却又难以把握课程全貌。对于传统计算机程序的初学者而言,相对比较特殊,传统的计算机语言一般可以从 Basic 开始学习,之后可以选择一门结构化程序设计语言(如 C 语言等),熟悉后,再逐步了解一些面向对象的语言(如 C++语言、Java 语言),配合一些软件工程方法论,就可不断提升编写复杂程序和开发的能力。

Web 程序设计的入门学习,更加简单而又丰富多彩,Web 技术的入门语言是 HTML(HyperText Markup Larlguage,超文本标记语言),这种语言几乎没有复杂的语法,初学者只要学会利用简单的英文单词标记,就可以让浏览器解释执行自己对网页的创意和设计。HTML 的标记对文字、图片、声音,甚至动画的直接控制,可以快速让初学者上手实践。在编写的同时,还可进一步让拓展初学者使用计算机经验和了解计算机网络的一些概念。Web 技术的进阶语言是 CSS——一种将网页的显示和内容分开的国际标准技术,它的语言风格更加类似自然语言——英语。Web 技术的国际标准高级语言是 JavaScript。JavaScript 具备传统高级语言的许多特征(语法与 C 语言几乎类似),也具备面向对象的开发手段,JavaScript 与国标的 DOM 可以直接和前面的 HTML 和 CSS 关联,即可结合实际网页编写应用程序。即使初学者没有计算机传统编程的经验,也可以综合以上三大语言,系统地、完整地提高程序编写能力和计算机应用能力。

1.14.1 前端 Web 网页技术

前端 Web 开发也称为客户端网页开发,或者静态网页开发。由 HTML 和 CSS 编写的网页都是静态页。所谓"静态",并非是指网页内容都是不动的,静态页内也可以有动画或视频等多媒体元素;这种静态是指,每次打开该网页,该网页内本质的内容程序设置好的,都是固定不变的内容。相对而言,服务器端的网页因为要读取数据库的信息,方可确认网页输出的内容,因此从这个角度看是"动态"的。

当然;静态 Web 网页既可以用在本地,也可以用在服务器端。在计算机本地磁盘中也可找到很多这样的文件,这些文件都以 HTM 或 HTML 作为文件的后缀名,文件内容由页面编辑者将各类信息组合在一起,可以脱离服务器,独立完整地展现在有浏览器的计算机屏幕上。

目前常见 Web 前端技术标准有以下几种。

1. HTML 和 XHTML

静态 Web 网页是通过 HTML 和 CSS 语言展现信息内容,HTML 的第一个国际标准是在 1997 年公布的 HTML 3.2,1999 年 W3C 再次公布 HTML 4.01(也可简称为 HTML 4),该版本明确了网页的文档结构和文档表示应该划分为两个方面,并明确了 HTML 与 JavaScript 之间的关系。

2000 年,W3C 联盟再次发布 XHTML 1.0 标准,引入了先进的 XML 标记定义方法。为了 Internet 未来信息的结构化、标准化,XHTML 1.0 建议使 Web 网页创建遵循更加严格的标准。我们今天书写的 HTML 严格上应该遵守 XHTML 规则,页面的结构优于页面的表示。

XHTML 不建议专业前端 Web 开发人员使用一些旧的方法,但实际上我们的网络世界还有大量的信息是早期技术,因此至今多数浏览器还是有很强的兼容甚至容错能力,并没有强制网页必须按 XHTML 标准实现方可显示。而我们在起步学习 Web 程序的时候,有时候为了书写方便、简单快捷,也可以不按照 XHTML 的严格标准写代码。但我们应该清楚,这只是为了学习实践的效率。若要真正编写网页作品的时候,应该按照严格标准来实施;否则,会造成你的网站无法做到专业和较大规模。

2. HTML 5

W3C 的 HTML 的最新标准版本是 HTML 5,该标准内新增了一些功能和语言属性,增加了对 CSS 最新版的支持,增加了页面 2D、3D 的绘图能力,也对互联网音频和视频进行规范,增加了页面本地存储规范、本地 SQL 数据库和 Web 应用程序的实现规范。新的标准发布后,业界的浏览器会根据自身实际需要,支持对这个新标准并选择性地部分实现新功能。

3. CSS

CSS(Cascading Style Sheets,层叠样式表单),是一种用来表现 HTML 或 XML 等文件外观样式的计算机语言。它是能够真正做到网页表现与内容分离的一种样式设计语言。相对于传统 HTML 的表现而言,CSS 能够对网页中的对象的位置排版进行像素级的精确控制,支持几乎所有的字体、字号样式,拥有对网页对象和模型样式编辑的能力,可以让各个网页共享 CSS 的强大排版表现能力,并能够进行初步交互设计,是目前基于文本展示最优秀的表现设计语言。CSS 能够根据不同使用者的理解能力,简化或者优化写法,针对各类人群,使用其编写的代码有较强的易读性。

作为 W3C 推荐的国际标准,CSS 1.0 发布于 1996 年 12 月,1999 年 1 月被重新修订。

CSS 2.0 发布于 1999 年 1 月,它添加了对媒介(打印机和听觉设备)和可下载字体的支持。现在 W3C 推荐的最新版本为 CSS 3.0,这个版本在原有基础上,将网页元素按其功能模块进行了更为详细的整理和细分。对于初学者而言,其实无须过早在意各个版本的区别,仅需要关注 CSS 的功能以及与 Web 网页结合即可。

4. JavaScript

JavaScript 一种直译式脚本语言,是一种动态类型、弱类型、基于原型的语言,内置支持类型。它的解释器被称为 JavaScript 引擎,作为浏览器的一部分,广泛用于客户端的脚本语言。Java Script 最早是在 HTML(标准通用标记语言下的一个应用)网页上使用,用来给 HTML 网页增加动态功能,现在 JavaScript 也可用服务器端程序编写。1997 年欧洲标准组织 ECMA 为了统一标准,推荐标准 ECMA Script 兼容于 JavaScript,1998 年获得了 ISO 的批准。因此可以认为 JavaScript 是当前最为标准的浏览器脚本语言,适合初学者完成 HTML 和 CSS 的学习后,进入 Web 程序设计的中高级学习阶段。

5. Web 网页内的多媒体

为了在 HTML 页面中实现音频、视频等更为复杂的多媒体应用,各大厂商争相开发自己的产品。早在 1996 年的 Netscape 2.0 成功地引入了对 QuickTime 插件的支持,此后插件这种多媒体嵌入方式在浏览器世界流行。在 Windows 平台上,IE 3.0 正式支持在 HTML 页面中插入 ActiveX 控件的功能,这为其他厂商扩展 Web 客户端的信息展现方式开辟了一条自由之路。1999 年,RealPlayer 插件先后在 Netscape 和 IE 浏览器中取得了成功。与此同时,Microsoft 自己的媒体播放插件 Media Player 也被预装到了各种 Windows 版本之中。诸多厂商插件中值得一提的是 Flash 插件的面世。1996 年,Macromedia 公司收购了一家小公司的二维矢量动画展示工具——FutureWave,并将其改名为大家熟悉的 Flash。十多年来,Flash 动画成了 Web 开发者表现自我、展示个性的较好方式之一,这种利用浏览器插件播放视频的方式也让 Web 的视频标准难以统一,视频在 Web 内播放还未找到公认的标准解决之道。

6. XML 技术

如果说 HTML 语言给 Web 世界赋予了无限生机的话,那么,XML 语言的出现就可以说是 Web 的一次新生。HTML 语言具有较强的表现力,但也存在结构过于灵活、语法不规范的弱点。当信息都以 HTML 语言的面貌出现时,Web 这个信息空间是杂乱无章、没有秩序的。为了让 Web 世界里的所有信息都有章可循、有法可依,我们需要一种更为规范、更能够体现信息特点的语言。在这样的背景下,W3C 于 1996 年提出了 XML(Extensible Markup Language)语言草案,并于 1998 年正式发布了 XML 1.0 标准。XML 语言对信息的格式和表达方法做了最大程度的规范,应用软件可以按照统一的方式处理所有 XML 信息。HTML 语言关心的是信息的表现形式,而 XML 语言关心的是信息本身的格式和数据内容。XML 语言不但可以将客户端的信息展现技术提高到一个新的层次,而且可以显著提高服务器端的信息获取、生成、发布和共享能力。目前,XML 已成为 Web 信息共享和交换的重要标准。

1.14.2　Web 服务器端技术

早期的 Web 服务器只是简单地响应浏览器发来的 HTTP 请求,并将存储在服务器上的 HTML 文件返回给浏览器。为了存储来自用户端的信息,结合服务器内的数据动态生成网页,目前的手段是必须使用服务器端的技术,包括结合服务器端的 Web 数据库技术。对有一定编程经验的人而言,学会 Web 服务器端技术和编程方式也要经历一个非常艰辛的过程。本书介绍的 Web 前端技术和知识,也是 Web 程序设计初学者将来学习服务器端的基础,本节仅让读者对该技术的概况和发展有一个简单概念和了解。

至今,常用的 Web 服务端技术主要有 CGI、PHP、ASP、ASP. NET、Servlet、JSP 和 Node. js 等技术。实现这些技术的厂商或研发团队不仅开发了用于服务端的软件,还按照计算机高级语言的普遍规则,又发明一套适用与该服务器端软件的程序设计语言,不过这些语言形态迥异,是人们学习服务端开发的瓶颈。

1. CGI(Common Gateway Interface)技术,即公共网关接口技术

CGI 是 Web 业界第一个能让服务器能根据运行时的具体情况,动态生成网页的技术,在 20 世纪 90 年代开始流行。具体的实现过程是:HTTP 服务器接到请求后调用 Perl 或其他高级语言编写的程序,由 Perl 类程序动态生成 HTML 页面,然后 HTTP 服务器再将结果返回客户端浏览器。1993 年,NCSA(National Center for Supercomputing Applications)提出 CGI 1.0 的标准草案,之后分别在 1995 年和 1997 年,制定了 CGI 1.1 和 1.2 标准。CGI 技术允许服务器端的应用程序根据客户端的请求,动态生成 HTML 页面,这使客户端和服务器端的动态信息交换成为可能。随着 CGI 技术的普及,聊天室、论坛、电子商务、信息查询、全文检索等各式各样的基于数据库的 Web 应用蓬勃兴起,人们可以基于互联网享受到信息检索、信息交换、信息处理等更为便捷的信息服务。

2. PHP(Personal Home Page Tools)技术

为了更符合个人网站的短平快开发需求,1994 年,Rasmus Lerdorf 发明了专用于 Web 服务器端编程的 PHP 语言。与以往的 CGI 程序不同,PHP 语言将 HTML 代码和 PHP 指令合成为完整的服务端动态页面,Web 应用的开发者可以用一种更加简便、快捷的方式实现动态 Web 功能。通常,PHP 的 HTTP 服务器是 Apache。

3. ASP(Active Server Pages)技术,即活动服务器页面技术

1996 年,Microsoft 借鉴 PHP 的思想,在 Web 服务器 IIS 3.0 中引入 ASP 技术。ASP 使用的脚本语言是 JavaScript。借助 Microsoft Visual Studio 等开发工具在市场上的成功,ASP 迅速成为 Windows 系统下 Web 服务端的主流开发技术。

4. ASP. NET 技术

ASP. NET 是 Microsoft 面向下一代企业级网络计算的 Web 平台,是对传统 ASP 技术的重大升级和更新。ASP. NET 是建立 . NET Framework 的公共语言运行库上的编程框架,可用于在服务器上生成功能强大的 Web 应用程序。

5. Servlet 和 JSP 技术

为了进军服务器端技术领域,以 Sun 公司为首的 Java 语言阵营于 1997 年和 1998 年分别推出了 Servlet 和 JSP 技术。Servlet 和 JSP 的组合让 Java 开发者同时拥有了类似 CGI 程序的集中处理功能和类似 PHP 的 HTML 嵌入功能,此外,Java 的运行时编译技术也大大提高了 Servlet 和 JSP 的执行效率。Servlet 和 JSP 被后来的 J2EE 平台吸纳为核心技术。

6. Node. js 技术

近几年来,人们开始认为 Node. js 是一个划时代的技术,它堪称人们十多年 Web 开发经验的集大成者。Node. js 不仅使用了 javaScript 语言统一了 Web 前端和服务端的开发语言,还总结和提炼出许多新的概念和方法,与前面的服务端技术相比,它跳过了 Apache 等 http 服务器,直接面向前端开发,Node. js 的许多设计理念与经典架构不同,可提供强大的伸缩能力和很高的并发访问效率,很适合正在变得越来越大的互联网环境。

7. Web 数据库

数据库是一个按数据结构来存储和管理数据的计算机软件,其应用的历史比互联网的年龄长得多。目前,数据库的种类很多,现在最为广泛应用的类型是关系型数据库系统(Relational Database Management System,RDBMS)。Web 服务器端开发都需要使用 Web 数据库才能具备强大的动态数据能力,Web 数据库就是为了服务器端的 Web 网页能够访问数据库而设计的。常见的 Web 数据库软件有 MySQL、SQL Server、Access、Oracle、Sybase 和 DB2 等。实际上,在 Web 服务器端开发中为了简化数据库的操作,把所有的数据操作抽象出来,形成结构化查询语言(Structured Query Language,SQL)。可以说,SQL 语言已经成为国际标准的 Web 数据库存取语言。

SQL 不仅让我们能够简单方便地存取各种类型数据库信息系统,而且也能管理数据库。在关系型数据库中,数据都是用数据表表示的,数据表可以看作一个相关数据的集合,表的每行就是一条数据记录,每行数据由多个列组成,每列都是属性一样的数据。总之,SQL 能够针对一个数据库执行以下操作:查询信息,检索信息,插入标准的数据记录,修改数据记录,删除数据记录,建立新的数据库,在数据库中建立数据表,为复杂的数据库操作建立程序过程等。

1.15　HTML 标记语言

标记语言可以分为通用标记语言(Generalized Markup Language)和特定标记语言(Specialized Markup Language)。通用标记语言为国际相关组织规划设计,作为特定标记语言的参考,绝大多数软件都应该能够支持和解释。特定标记语言是在通用标记语言的框架内,为某些应用软件特别设计的,HTML 语言就是基于 SGML 制定出来的一种为了方便地在 Internet 的 Web 网络上开展应用而简化出来的标记语言。

学习 HTML 语言是进入 Web 程序设计的第一步。HTML 语言是一种简洁的标记语言(Markup Language),它是由标记(Tags)代码和相关的属性数据组成,比如告诉浏览器在当前位置插入图片的 HTML 语句: < img src = "logo. jpg" alt = "the logo" >。在这个例子中,img 是标记,src = "logo. jpg" 和 alt = "the logo" 是属性数据。

像传统程序设计语言一样,用 HTML 标记语言编写的内容属于纯文本,以网页文件的形式存储。其实在计算机中 HTML 类型的文件本质上也是文本文件,可用常用的文本编辑软件对它们进行创建、修改和编辑。

与传统程序设计语言不同的是,用 HTML 标记语言编写的网页文件由浏览器打开即可查看结果。HTML 是一种描述性标记语言,严格来说不是一种编程语言,传统语言编写的程序文件需要相应的翻译程序方可打开运行。

　　HTML 文档也是通过 Web 浏览器打开和解释的,读者可以选择手机端的浏览器(因手机占无编写网页代码的工具,这可能比较难做到)或个人计算机端的浏览器(如微软公司的IE)。各种浏览器都可以直接打开运行 HTML 文档。若 HTML 文档在网上的服务器内,则也只需在浏览器地址栏中输入文件的 URL 即可。

　　如果只使用 HTML 语言来编写 Web 网页,则该网页的效果和功能将受到很大局限,通过结合 CSS 和 Script,可以极大改进 HTML 不能很好解决动态和交互功能的局限性。例如,对 Web 网页中一的系列图形加以控制,让图片循环地输出就可以实现动画的效果,还可以实现对许多 Web 网页外观元素进行控制的功能。

1.15.1　了解 HTML 标记

　　HTML 语言的多数标记都是成对出现的,开始标记若是 < tag >,那么结束标记就是</tag >。在开始和结束标记之间的内容就是这个 < tag > 标记修饰的内容或管理的范围。用户可以在 < tag > 和 </tag > 之间增加很多内容和其他的标记。还有些标记仅仅有开始标记,没有结束标记,一般这些标记用于插入和执行一个功能,不用于修饰文件中其他的内容。

　　下面可通过一个简单的 HTML 文件了解标记的作用。

【示例 1.15-1】

```
< html >
< head >
< title >Title of page </title >
</head >
< body >
This is my first homepage.
< b >This text is bold </b >
</body >
</html >
```

　　上面文件的第一个标记是 < html >,这样浏览器就知道这是 HTML 文件的开头。文件的最后一个标记是 </html >,表示 HTML 文件到此结束。

　　在 < head > 和 </head > 之间的内容,是头部信息。头部信息不会显示出来,因此在网页中看不见头部信息。但是这些头部信息有很多功能,例如,你可以在 head 信息里加上一些关键词,有助于搜索引擎搜索到你的网页,上例中头部包含了设定浏览器标题的标记——< title >。

　　在 < title > 和 </title > 之间的内容,设定了浏览器的标题。可以在浏览器最顶端的标题栏看到这个标题。

　　在 < body > 和 </body > 之间的信息,第一行"This is my first homepage.",这行内容将输出在浏览器中。

　　在 < b > 和 </b > 之间的文字——"This text is bold"将以粗体显示。< b > 标记的作用是将修饰的文件用粗体显示。

1.15.2　创建你的第一个 HTML 文件

　　创建 HTML 文件的方法很多,利用网页制作软件或文字处理软件都可以较容易实现。

常见的网页制作软件有微软的 FrontPage 或者 Macromedia 的 Dreamweaver,这些软件存盘产生的文件都是网页文件。文字处理软件有很多种,甚至可以使用最简单的记事本来创建和修改网页文件。在学习 Web 程序设计时,建议使用记事本来编写 HTML 文件,这样可以避免操作复杂软件,简化操作步骤。

打开 Windows 下的记事本(Notepad)软件,新建一个文本文件,然后输入示例 1.15-2 中的代码,注意输入时确保所有标记都是在英文输入模式下输入,因为在汉字输入状态有可能误把中文的符号、标点当作英文输入,很难察觉。如果发生这样的情况,则浏览器将拒绝该标记的执行。

【示例 1.15-2】

```
<html>
<head>
<title>这是网页的标题</title>
</head>
<body bgcolor ="pink">
欢迎来到我的主页!
<b>这句文字是粗体</b>
</body>
</html>
```

最后将这个文件存盘,注意选择"保存类型"为所有文件,为文件命名,如 abc. html,HTML 文件的后缀名是 htm 或者是 html,如图 1.5 所示。

图 1.5　文件的保存

找到刚编写的 abc. html 文件,双击它,在缺省状态下,计算机会用浏览器(如 IE)把它打开,就可以看见该文件在浏览器中的效果。

当然也可以先打开浏览器,在文件菜单选择打开,然后找到并选择 abc. html 文件,也可以打开浏览这个网页文件。

1.15.3　HTML 文件编辑过程

学习编写 HTML 文件不需要安装特殊的软件,Windows 系统的 IE 和记事本就可以胜任这项工作。初学者要明确一点,IE 可以打开本地磁盘和网上的 HTML 文件,仅仅能编辑存放在本地磁盘的 HTML 文件,但网上的这类文件是不可能直接编辑的。

新建 HTML 文件可以快速地新建"空"的 HTML 文件(也即文件内容为空),在要求新建较多文件时非常方便。

本操作要求打开【文件夹选项】,路径为【我的电脑】→【工具】菜单→【文件夹选项】,把【隐藏已知文件类型的扩展名】选项关闭。

1. 文本文件更改扩展名

在本地磁盘上,利用鼠标右键快捷菜单【新建】→【文本文件】,将文件名的扩展名改为

html 或 htm 即可。

2. 进入源文件编辑模式

用浏览器(例如 IE)打开 HTML 文件,选择 IE 主菜单的【查看】→【源文件】,系统将直接用记事本打开该 HTML 文件,这样就可以直接进行该 HTML 文件的代码输入编写。

3. HTML 文件存盘及刷新

利用记事本将修改完成的 HTML 文件存盘,然后选择打开该 HTML 的浏览器,使用浏览器的刷新功能,即可观看修改后的 HTML 文件的效果。

4. 建立 HTML 文件

反复利用步骤 2~4 就可以建立许多 HTML 文件和编辑内容。

1.15.4 网页的编辑软件

记事本是一种简洁的文本编辑软件,在学习 Web 程序设计时可以方便地使用它,但它不能胜任管理 Web 站点的编辑大量网页的工作。"工欲善其事,必利其器",在实际网站、网页编写工作中,使用专门的软件工具可以为网页编写创造事半功倍的环境。Web 程序的开发工具种类非常多,各有特色,下面简单介绍几种。

许多公司推出的商业化的网页开发编辑工具,如 Macromedia 公司的 Home Site、Dreamweaver 是从事 Web 网页开发工作人们常用的大型软件工具,Microsoft 公司的 FrontPage 也在网页开发中比较普及。以上这些软件工具在创建和管理网站的功能比较强大,使用起来"所见即所得",但其操作比较繁杂,仅熟悉软件便需要较长时间。但由于这些软件入门无须了解本质的标记代码,因此不适合 Web 程序编写的初学者使用,读者可以在网页制作类课程中学习此类软件。

W3C 联盟的 Amaya 是比较全面的 Web 浏览与开发软件,该软件也具备可视化风格的界面,利用 Amaya 创建 HTML 与 CSS 文件,读者可以在 www. w3. org/amaya/中免费下载该软件。在互联网上还免费提供许多精炼的 Web 编程工具软件共享,例如,通用的程序代码编写器 Edit Plus,可以在 www. editplus. com 中免费下载,试用 30 天。这是一个 Windows 平台的 32 位编辑器,软件很小,安装使用方便,用来编写 HTML 与 CSS 代码功能比较全面,在学习 Web 程序编写中可以完美地替代记事本。该软件在编写常见的 Web 程序设计中,如 HTML、CSS、PHP、ASP、Per、JavaScript 具备自动显示不同代码颜色,提醒编程者注意书写错误或语法错误。

在编辑 HTML 文件时,一般采用纯文本文档编辑器,如记事本或者专门的程序编写工具就属此列,并在保存时将其存为后缀名为. htm 或. html 的文档即可。不建议使用 Word、WPS 等专门的字处理软件来编辑 HTML 文档,因为这样会导致出现难以察觉的字符及格式,致使程序出错。

第 2 章　HTML 常用标记

本章导读

　　本章指导读者迈出了基本的网页编写的第一步,通过介绍部分经典 HTML 的常用标记,使读者了解网页的初步编写和理解网页标记的简单功能。这些标记包括 HTML 的基本结构标记、文字标记、嵌入图像以及其他的常用标记。每个知识点都配有实例验证,并且给出代码或演示,让读者能够直观地学习用标记编写网页。

　　HTML 通过常用的标记可以在网页中组织文本、图形、声音、视频和其他常见媒体内容,这些 HTML 标记由浏览器格式化后处理显示在浏览者面前。W3C 在 XHTML 标准中建议 HTML 主要用来组织数据、描述文件结构,因此 HTML 显示内容的效果功能从未加强。在实际应用中,一般使用 HTML 结合 CSS 来表现效果,仅仅使用 HTML 常见标记的网页是很难设计出效果的,本书将在第 4 章中详细介绍此项内容。从学习的角度看,初学者通过学习相对简单的 HTML 标记,可以较快起步,从而快速而又容易地跨入 Web 程序设计的门槛。

　　从内容上看,HTML 语言编写的页面,可以分为标记和内容:标记是放在一对尖括号"＜＞"中,标记虽然作用很大,但是不会出现在浏览器中;而内容出现在浏览器中,也包含在一对标记符号之中。

2.1　了解 HTML 的结构

　　不管 HTML 文件内部多么复杂,每个 HTML 文件由一些可显示的 HTML 元素组成,这些元素包括标题、段落、表格、列表以及各种嵌入对象。这些元素由 HTML 语言的结构标签隔开,使得每个网页文件基本结构保持清晰。一个简单的 HTML 文件的内容标记的基本结构如下:

```
<html >文件开始标记
<head >文件头开始标记
……文件头部的内容……
</head >文件头结束标记
<body >文件主体内容开始标记
……文件主体内容……
</body >文件主体内容结束标记
</html >
```

【示例 2.1-1】

```
<html>
<head>
<title>欢迎</title>
</head>
<body>
Hello world!
</body>
</html>
```

本例演示了所有传统程序的第一个案例,即输出"Hello world!"。在浏览器中打开本例文件可以看见效果,浏览器按本身默认的颜色和字体显示文字"Hello world!"

2.1.1 <html>标记

每个 HTML 文件都是以 <html> 开始,并且以 </html> 结束。如果不写这个标记,常见的浏览器(如 IE)也不会报错,但随着 XHTML 和 HTML 5 的国际标准被广泛采纳,这种不规范的网页文件未来也许不能正常在网上运行。

<html> 和 </html> 之间主要包括两个部分:一个是 HTML 文件的头部,由 <head> 和 </head> 标记之间确定头部的范围,在本章最后一节将详细讲述常用的头部标签;另一个是主体,由 <body> 和 </body> 标记之间设定网页的主体范围。

2.1.2 <body>标记

在 <body>……</body> 标记之间的内容是整个网页的主体,也将是直接展现在浏览者面前的内容。在本标记中间,可以包含所有的标题、段落、表格、列表以及各种嵌入图形、视频、音频标记等。在 <body> 标记中可以设置许多属性,其中包括网页的背景颜色、文字颜色、背景图、超级链接的颜色等。

1. 背景颜色属性 bgcolor

网页默认的背景颜色是白色,可以通过 <body> 标记中的 bgcolor 属性为网页重新定义新的背景颜色。

语法

```
<body bgcolor ="背景颜色">
```

说明

bgcolor 属性必须要放在标记中,不能放在尖括号之外,否则浏览器将视其为文字内容在页面中输出。在严格的 HTML 中,属性值应使用引号括住,但实际上常用的浏览器(如 IE)可以省略引号。

属性 bgcolor 的值可以是 HTML 已知的颜色名称,也可以是用十六进制表示的颜色值。

【示例 2.1-2】

```
<html >
<head >
<title >这个网页使用黑色背景 </title >
</head >
<body bgcolor ="black" >
Hello world!
</body >
</html >
```

本例中,由于设置了背景颜色为黑色,在浏览器中打开本例文件可以看见黑色的背景效果,但文字"Hello world!"无法被看到,这是因为在不指定文字颜色的前提下,文字的颜色默认是黑色的,因为本例文字颜色和背景颜色相同,所以导致文字无法分辨了;但读者可以用鼠标在浏览器正文内容左上角附近拖动,选择的文本则以反显的方式显示出来。

2. 页面文字颜色属性 text

为简单解决上例的问题,将设定页面背景色为黑色,为了让文字能正常显示,可以改变页面中文字的颜色,通过使用 <body >标记中的 text 属性可以把页面中的文字颜色重新设定。如果页面中的文字还需要设定其他颜色,则可以通过其他标记对文字颜色单独定义。具体内容将在后面讲述。

语法

```
<body text ="文字颜色" >
```

说明

text 属性与 bgcolor 属性类似,仅仅是设定的颜色对象不同,因此语法书写基本一致。text 属性值同样可以是 HTML 已知的颜色名称,也可以用十六进制表示的颜色值。

【示例 2.1-3】

```
<html >
<head >
<title >这个网页使用黑色背景色,白色文字色 </title >
</head >
<body bgcolor ="black"text ="white" >
与白纸黑字相反
</body >
</html >
```

本例中, <body >内的属性代码完成了两个设置:第一设置了背景颜色为黑色,第二设置了文字颜色为白色。在浏览器中打开本例文件可以看到"黑底白字"的效果。在网页设计编写中,文字颜色和背景颜色需要有鲜明的对比,这样浏览者方可轻松地阅读网页中的内容。

3. 页面边距属性 margin

为了加强页面的美观,网页如同打印页面那样也可以设置边距。边距是页面内容和浏览器边框的距离,包括上边距和左边距两种。

语法

```
<body leftmargin ="左边距"topmargin ="上边距">
```

说明

这两个属性值都是用数字表达,单位是像素。

【示例 2.1-4】

```
<html >
<head >
<title >设定了页边距</title >
</head >
<body leftmargin ="50"topmargin ="100" >
Hello
</body >
</html >
```

本例中,<body >内的属性代码完成了两个设置:第一设置了左边距设为 50 个像素,第二设置了上边距设为 100 个像素。在浏览器中打开本例文件可以看到效果,读者也可以初步了解像素这个单位的大小。

2.2 常用文字标记

在 HTML 页面中,文字信息是重要内容也是最基本的内容,在整个页面制作排版中,文字的排版和表现风格很重要。对于浏览器而言,如果页面中的文字不使用任何标记来修饰,浏览器也将使用自身默认的方式显示这些文字。我们通过选择合适的文字标记可以改变文字显示的属性,如字体大小、颜色、字体外观等,这样做将使得文字在 HTML 页面更加美观,并更便于浏览者阅读。

2.2.1 正文标题的标记

HTML 语言提供了 6 个级别的标题标记,分别是 < h1 > < h2 > < h3 > < h4 > < h5 > < h6 >,这 6 个标记用来定义网页内正文标题,序号从小到大,而文字效果却是从大到小。每对正文标题包含的文字自成一段,加粗显示,并使得标题文字上下产生空行,以突出标题的效果。

语法

```
<hx align ="对齐方式" >
```

说明

字母"h"为单词"headline"的简写,表示正文的标题,标题文字一般采用加粗的样式。

x 的范围为数字 1 至 6,表示标题文字的级别,其中 h1 为最大标题,h6 为最小标题。

属性 align 用来控制标题文字的对齐方式,该属性默认情况下,标题文字都采用左对齐(left)的方式,还可以设定居中对齐(center)和右对齐(right)方式。

标题标记有开始和结束,要配对使用。

【示例 2.2-1】

```
<html >
<head >
<title >这个网页列出 6 种标题文字 </title >
</head >
<body >
   <h1 >这是 1 号标题文字 </h1 >
   <h2 >这是 2 号标题文字 </h2 >
   <h3 >这是 3 号标题文字 </h3 >
   <h4 >这是 4 号标题文字 </h4 >
   <h5 >这是 5 号标题文字 </h5 >
   <h6 >这是 6 号标题文字 </h6 >
</body >
</html >
```

本例中, <body >内的属性代码列出了 HTML 提供的 6 种标题文字。在浏览器中打开本例,运行效果如图 2.1 所示。

图 2.1　示例 2.2-1 的运行效果

【示例 2.2-2】

```
<html >
<head >
<title >这个网页表现标题文字的对齐方式 </title >
</head >
<body >
   <h1 align = "right" >1 号标题文字右对齐 </h1 >
   <h2 align = "center" >2 号标题文字居中对齐 </h2 >
   <h3 align = "left" >3 号标题左对齐 </h3 >
   <h4 >4 号标题文字采用默认对齐方式 </h4 >
</body >
</html >
```

本例中, <body >内的属性代码列出了 HTML 标题文字的三种对齐方式。在浏览器中打开本例,运行效果如图 2.2 所示。

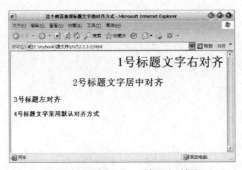

图 2.2　示例 2.2-2 的运行效果

注意

仅仅使用这类标题标记不能更改文字的字体、颜色的特征,必须配合其他标记才可以达到目的。

2.2.2　段落标记

网页内若含有较多文字,最好使用分段的方式表达,这样使得文字信息条理更为清晰。在 HTML 里,通过使用段落标记 <p> 实现文字段落的开始设定,使用 </p> 标明本段落结束。

语法

```
<p align ="对齐方式">
```

说明

字母"p"为单词"paragraph"的简写,表示段落的意思,段落标记可以只有开始标记 <p> 而没有结束标记 </p>,可以理解为每一个段落的开始就是上一个段落的结束。段落开始将产生空行,使得段落之间有间距。

属性 align 用来控制段落中文字的对齐方式,该属性在默认情况下,段落中的文字都采用左对齐(left)的方式,还可以设定居中对齐(center)和右对齐(right)方式。

【示例 2.2-3】

```
<html>
<head>
<title>这个网页表现了段落</title>
</head>
<body>
<p align ="center">
  段落的知识
</p>
<p>
这是第一个段落,在浏览器中显示时,段落中的文字均匀分布在每一行中。当一行显示不下了,文字就会自动地换行到下一行,段落中可以设置对齐方式,这一点与标题标签类似。
</p>
<p align ="right">
这是第二个段落,段落之间会自动产生空行,通过这样,有大量文字的页面通过段落划分后,文字不显得拥挤,也可以大大增加了文档的可阅读性。
</body>
</html>
```

本例中,<body>内的属性代码列举了段落的使用。用浏览器中打开本例,运行效果如图 2.3 所示。

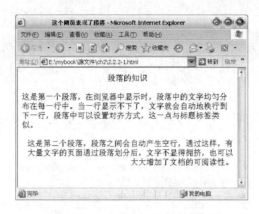

图 2.3　示例 2.2-3 的运行效果

注意

示例中的文字阐述了段落标记的用途和基本特征。在 HTML 中,段落的开始标记和结束标记仅仅用来划分文字的段落区域,并不对文字进行任何其他修饰,如果还要对段落中的文字颜色、字体、大小等特征进行修改,则必须在段落中使用其他相关标记进行修饰。

初学者可能会在文字编辑软件中利用空格或回车排好段落,但这种排版方式在网页浏览器中是无法显示的,浏览器只能接受段落标记来完成文字段落的显示。

2.2.3　换行标记

通过使用
标记,可以直接实现文字换行。请注意,换行标记是一个单独使用的标记,不存在结束标记。

使用<p>标记换行是个坏习惯,正确的方式是使用
标记,因为<p>标记会在段落之间会产生空行,不适合仅仅需要换行的场合。

语法

```
<br>
```

说明

标记 br 是英文 break 的缩写,含义是指将直接将其后文字打断,使后面的文字重新在新的一行开始。

【示例 2.2-4】

```
<html>
<head>
<title>这个网页演示换行和段落</title>
</head>
<body>
<p align="center">三国演义开篇
<p>
滚滚长江东逝水,浪花淘尽英雄。<br>
```

```
是非成败转头空。<br>
青山依旧在,几度夕阳红。<br>
白发渔樵江渚上,惯看秋月春风。<br>
一壶浊酒喜相逢。<br>
古今多少事,都付笑谈中。
<p align="right">
——调寄《临江仙》
</body>
</html>
```

本例中,<body>内的属性代码列举了换行标记的使用。用浏览器打开本例,运行效果如图 2.4 所示。

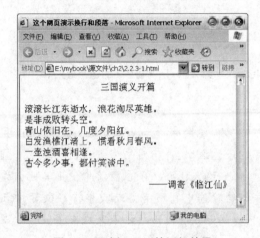

图 2.4　示例 2.2-4 的运行效果

注意

换行标记
和段落标记<p>都可以使文字转到下一行,段落标记<p>还将产生空行作为段间距,而换行标记
不会产生空行。

2.2.4　字体设置

在 HTML 语言中,<font>标记是最基本的修饰文字的标记,可以用来控制文字的字号、颜色和字体三种属性。

1. 字号属性

在前面,介绍了使用标题标记设置文字大小,但在正文中不宜使用标题标记设置文字大小。现在使用 HTML 提供的<font>标记,配合 size 属性可以方便地设定正文中文字的大小。

语法

```
<font size="字号">……</font>
```

说明

<font>标记既有开始标记,又有结束标记,需要配对使用。中间的省略号表示的内容就是<font>标记修饰的范围。font 的含义是指文字,size 的含义是指文字大小。size 的取值范围是从 1 到 7 的整数,默认值为 3。

size 的取值还可以是从 −2 到 4 的整数,表示字号相对 3 号的增减。

【示例 2.2-5】

```
<html>
<head>
<title>演示 font 标记 size 属性</title>
</head>
<body>
<p align = "center">
<font size = "7">三国演义开篇</font>
</p>
<font size = "6">滚滚长江东逝水,浪花淘尽英雄。</font><br>
<font size = "5">是非成败转头空。</font><br>
<font size = "4">青山依旧在,几度夕阳红。</font><br>
<font size = "3">白发渔樵江渚上,惯看秋月春风。</font><br>
<font size = "2">一壶浊酒喜相逢。</font><br>
<font size = "1">古今多少事,都付笑谈中。</font>
<p align = "right">
——调寄《临江仙》
</body>
</html>
```

本例中,列举了字体标记的字号大小使用,在浏览器中打开本例文件可以查看效果。通过观察可以发现,在 HTML 中,若不设定正文的 size 大小,浏览器将默认使用 size = 3 来显示文字,如图 2.5 所示。

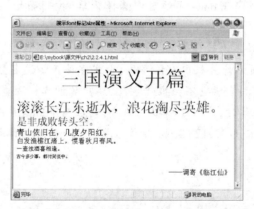

图 2.5　示例 2.2-5 的运行效果

【示例 2.2-6】

```
<html>
<head>
<title>演示 font 标记 size 属性</title>
</head>
<body>
<p align = "center">
<font size = " +4">三国演义开篇</font>
<p>
```

```
< font size = " + 3" >滚滚长江东逝水,浪花淘尽英雄。</ font > < br >
< font size = " + 2" >是非成败转头空。</ font > < br >
< font size = " + 1" >青山依旧在,几度夕阳红。</ font > < br >
< font >白发渔樵江渚上,惯看秋月春风。</ font > < br >
< font size = " - 1" >一壶浊酒喜相逢。</ font > < br >
< font size = " - 2" >古今多少事,都付笑谈中。</ font >
< p align = "right" >
——调寄《临江仙》
</ body >
</ html >
```

本例中,列举了字体标记的字号大小相对值的使用,在浏览器中打开本例文件可以查看效果。本例与上例效果是一致的,以没有设定 size 大小的诗句"白发渔樵江渚上,惯看秋月春风。"为基准,相对设定了其他诗句文字的大小。效果如图 2.5 所示。

2. 字体风格

字体是文字信息的重要特征,通过 < font > 标记的 face 属性可以设定文字的字体效果。而标题标记本身不可以设置文字的字体,需要结合 < font > 标记才可更改标题文字的字体。

语法

```
< font face = "字体名称" >……</ font >
```

说明

计算机中有很多字体,大致分为中文字体和英文字体两种,通常称之为客户端字体。字体名称可以在系统中查询,Windows 系统可以选择菜单【控制面板】→【字体】了解本机已经安装好的字体。

若在网页代码中设置了比较少见的字体,其他计算机在显示该网页时,有可能会发生两种情况:① 如果访问网页的计算机内有该字体,则文字按正常设定显示;② 如果访问网页的计算机未安装该字体,则浏览器也不会报错,将按客户端计算机浏览器默认的字体显现。

因此,设计网页的字体时,最好选择常见的字体,在 Windows 系统中,至少都安装了以下四种中文字体:宋体、仿宋_GB2312、黑体、楷体_GB2312。英文字体至少有一百余种,在此不一一列举。

【示例 2.2-7】

```
< html >
< head >
< title >演示 font 标记 face 属性 </ title >
</ head >
< body >
< p align = "center" >
< font size = " + 2" face = "黑体" >三国演义开篇 </ font >
< p >
< font face = "楷体_GB2312" >滚滚长江东逝水,浪花淘尽英雄。</ font > < br >
< font face = "楷体_GB2312" >是非成败转头空。</ font > < br >
< font face = "楷体_GB2312" >青山依旧在,几度夕阳红。</ font > < br >
< font face = "楷体_GB2312" >白发渔樵江渚上,惯看秋月春风。</ font > < br >
< font face = "楷体_GB2312" >一壶浊酒喜相逢。</ font > < br >
< font face = "楷体_GB2312" >古今多少事,都付笑谈中。</ font >
< p align = "right" >
```

```
——调寄《临江仙》
</body >
</html >
```

本例中,列举了字体标记的字体设置的使用,在浏览器中打开本例文件可以查看效果。如图 2.6 所示,在 HTML 中如果不设定正文的 face 属性,则中文浏览器将默认使用"宋体"来显示文字。

【示例 2.2-8】

```
<html >
<head >
<title >演示 font 标记 face 属性</title >
</head >
<body >
<p align ="center" >
<font size =" +2"face ="黑体" >三国演义开篇</font >
<p >
<font face ="楷体_GB2312" >
滚滚长江东逝水,浪花淘尽英雄。<br >
是非成败转头空。<br >
青山依旧在,几度夕阳红。<br >
白发渔樵江渚上,惯看秋月春风。<br >
一壶浊酒喜相逢。<br >
古今多少事,都付笑谈中。
</font >
<p align ="right" >
——调寄《临江仙》
</body >
</html >
```

在本例中,把上例冗余的 <font > 标记删除,这个 HTML 文档就更清晰了,网页在浏览器中的表现效果与例 2.2-7 是一致的,运行效果如图 2.6 所示。

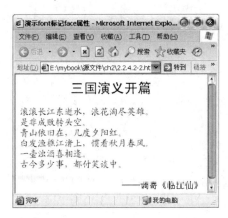

图 2.6　示例 2.2-7 和 2.2-8 的运行效果

3. 字体颜色

<font > 标记的 color 属性可以来设定网页文字的颜色。

语法

```
< font color = "颜色的值" >……</font >
```

说明

如果 < font > 不设置 color 属性，则浏览器默认使用黑色显示文字。color 属性的"颜色的值"最直观的书写方法是使用表示颜色的英文单词，现在的浏览器几乎支持所有的表达各种颜色的英文单词。如：红色(red)、绿色(green)、蓝色(blue)、棕色(brown)、青色(cyan)、金色(gold)、灰色(gray)、紫色(purple)、海蓝色(navy)、橙黄色(orange)、粉红色(pink)等。

另外，还可以使用十六进制的字体颜色代码，这样表达更加精确。

计算机等电子屏幕的颜色体系是以红、绿、蓝三原色为基础，每种颜色都是由这三种颜色搭配而成的，在数据信息中每个原色用一个字节表达。这样每个原色也可以用数字表达颜色值了。用十进制表达是 0 ~ 255，用十六进制表达更为方便，即#00 ~ #FF。数字越小，表示颜色值越小，同时颜色越暗；反之，数字越大，表示颜色值越大，同时颜色越亮。从排列组合的角度看，这种颜色体系可以表达的颜色数达到 $256 \times 256 \times 256 = 16\,777\,216$，即超过了 1600 万种颜色编码。

其实实际上，大自然的颜色远不止 1600 万种。通过了解光谱的知识我们知道，大自然的颜色是人眼对可见光的主观感受。可见光的频率从低到高变化，我们人眼就看到从红色到紫色的变化，其频率可以用数字表示。计算机中的 1600 万种颜色实际上是对可见光的一种数字化的表示而已。

其实，在 Web 网页设计中，虽然能轻松地用数字构成颜色，但实际上这个数字范围太庞大了，以至于非专业人士难以用数字编码颜色。最简单的方式，就是使用英文单词的颜色，例如，red、green、blue、yellow、pink、purple、black、silver、gold、navy、brown 等。在网上，大家可以查到 HTML 的颜色列表和英文名称。在 Web 网页设计中，不仅需要掌握很多颜色单词，更需要会搭配颜色。

【示例 2.2-9】

```
< html >
< head >
< title >演示 font 标记 color 属性</title >
</head >
< body bgcolor = "black" >
< p align = "center" >
< font size = " +2" color = "white" >三国演义开篇</font >
< p >
< font size = " +1" face = "楷体_GB2312" color = "#FFFF00" >
    滚滚长江东逝水,浪花淘尽英雄。< br >
    是非成败转头空。< br >
    青山依旧在,几度夕阳红。< br >
    白发渔樵江渚上,惯看秋月春风。< br >
    一壶浊酒喜相逢。< br >
    古今多少事,都付笑谈中。
</font >
    < p align = "right" >
        < font color = "#FFFFFF" >——调寄《临江仙》</font >
</body >
</html >
```

本例中,在设置文字大小和字体的基础上,进一步演示字体标记的颜色设置,在浏览器中打开本例文件可以查看效果。与颜色单词 white 的等同十六进制表达是"#FFFFFF",与"#FFFF00"等同的颜色单词是 yellow,运行效果如图 2.7 所示。

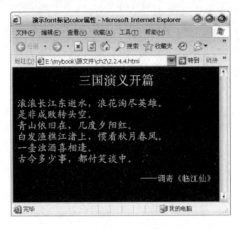

图 2.7　示例 2.2-9 的运行效果

2.3　浏览器解释源文件的默认规则

通过前面介绍的常用文字标记可以编写代码,修饰网页的文字方面的内容。浏览器可以通过"解释"处理源文件(即 HTML 语言的标记和文字内容),向观看网页的浏览者展示网页效果。不同浏览器在处理这些工作时,效果不会完全一样,但所有的浏览器都会默认以下规则。

(1)浏览器会自动截去源文件中多余的空格,即不管你在源文件某处增加多少空格,都被处理为一个空格。

(2)浏览器会自动截去源文件中多余的回车(换行),即不管源文件某处增加多少换行,网页显示的时候都自动被全部清除。

(3)在源文件中,即使将文字编排成段落,浏览器并不把这些文字按段落显示,设置段落一定要使用段落标记 <p> 来分段。

(4)标题标记 <h> 和段落标记 <p> 既会产生换行效果,又会自动为文字产生空行,使得文字段落层次更加清晰,但换行标记
 不会产生空行。

(5)对于相同的文字,不同文字标记可以同时嵌套使用,以对文字产生多重复杂的效果。

下面用两个示例来介绍浏览器如何处理 HTML 源文件多余的空格和换行以及 font 标记、h 标记嵌套的使用。

【示例 2.3-1】

```
<html>
<head>
<title>浏览器如何处理 HTML 源文件多余的空格和换行</title>
</head>
<body>
```

```
<p>
这一段
在源文件里
包含 5 行文字,
但是浏览器忽略
这些分行。
</p>
<p>
这一段        在浏览器里包含        很多        空格,但是        浏览器忽略多余空格。
</p>
<p>
文字的大小多少以及你使用的浏览器的窗口这些因素,决定了每段文字的行数。如果浏览者改变浏
览器窗口的大小,段落的行数会因此马上发生改变。
</p>
</body>
</html>
```

本例中,在设置三段文字,第一段文字在源文件中分为 5 行,浏览器会自动清除这些分行,文字仍然按标记 <p> 的设置来换行分段。第二段源文件文字中多个空格编写在一起,浏览器显示网页时将仅仅留下一个。由第二段文字叮知,通常情况下,网页文字占用的行数由多种因素决定,效果如图 2.8 所示。

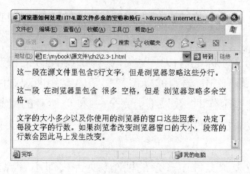

图 2.8　示例 2.3-1 的运行效果

【示例 2.3-2】

```
<html>
<head>
<title>演示 font 标记和 h 标记嵌套使用</title>
</head>
<body bgcolor ="black">
<h1 align ="center">
  <font color ="blue">三国演义开篇</font>
</h1>
<font color ="#FFFF00">
  <h2>滚滚长江东逝水,浪花淘尽英雄。</h2>
  <h2>是非成败转头空。</h2>
  <h2>青山依旧在,几度夕阳红。</h2>
</font>
<font color ="#00FFFF">
  <h2>白发渔樵江渚上,惯看秋月春风。</h2>
```

```
  <h2>一壶浊酒喜相逢。</h2>
  <h2>古今多少事,都付笑谈中。</h2>
</font>
<h3 align="right">
  <font color="#FFFFFF">——调寄《临江仙》</font>
</h3>
</body>
</html>
```

本例是标题标记和字体标记的综合应用。利用标题 h 标记来实现文字的换行和大小的设定,利用字体 font 标记来实现文字颜色的变化。效果如图 2.9 所示。

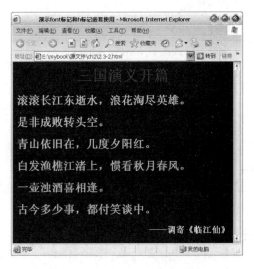

图 2.9　示例 2.3-2 的运行效果

注意

嵌套标记正确的书写为:

　<h1><font color=red>被修饰的文字内容</font></h1>

或者

　<font color=red><h1>被修饰的文字内容</h1></font>

嵌套标记错误的书写为:

　<h1><font color=red>被修饰的文字内容</h1></font>

或者

　<font color=red><h1>被修饰的文字内容</font></h1>

为了更加清晰地表达层次关系,良好的书写代码如下,请注意标记开始和结束在垂直方向的对齐:

```
<h1>
  <font color=red>
  被修饰的文字内容
  </font>
</h1>
```

2.4　其他文字格式标记

HTML 语言还定义了一些简单的文本格式标记,这些标记基本没有属性参数,直接修饰文字使用,相对简单。利用标记,可以完成对文字的其他常用的格式设置。例如,设置字体变成粗体或者斜体等。常见标记说明如表 2.1 所示。

表 2.1　标记列表

标　　记	说　　明
< b > 或 < strong >	粗体(bold)
< i >	斜体(italic)
< del >	文字当中画线表示删除(delete)
< ins > 或 < u >	文字下画线表示插入(insert、underline)
< small >	把文字大小设定为比普通文字小一级
< big >	把文字大小设定为比普通文字大一级
< sub >	下标(subscript)
< sup >	上标(superscript)
< blockquote >	块缩进,表示引用,block 含义为块,quote 含义为引用
< pre >	预设(preformatted)文本,保留空格和换行
< code >	表示计算机代码,等宽字体
< nobr >	强制某些文字仅用一行显示,不管文字有多长,浏览器都不得强制换行

语法

```
<tag>被修饰的文字</tag>
```

说明

< tag > 标记代表上面列出的所有简单文字格式化标记,这些标记既有开始标记,也有结束标记,需要配对使用。中间"被修饰的文字"将被标记格式化。

这些标记没有属性参数。

从下面的示例可以了解各种文本格式标记如何改变 HTML 文本的显示。

【示例 2.4-1】

```
<html >
<head >
<title >演示文字常用的格式化标记</title >
<body >
<p > <b >粗体用 b 表示。</b >
<p > <i >斜体用 i 表示。</i >
<p > <del >本句当中画线表示删除。</del >
<p > <ins >本句下画线插入。</ins >
<p >
</head >
  <small >
```

```
  <small>这段</small>
   文字
  </small>
 将
 <big>
 逐渐
 <big>增大</big>
 </big>
</p>
</body>
</html>
```

本例中,列举了常用的文字格式化标记,代码中的每一个 <p> 仅仅为了实现每一个标记演示的换行和空一行。在浏览器中打开本例,运行效果如图 2.10 所示。

图 2.10　示例 2.4-1 的运行效果

【示例 2.4-2】

```
<html>
<head>
<title>演示文字常用的格式化标记</title>
</head>
<body>
<p>
这段文字使用 p 标记修饰,表示一般段落没有缩进。一般的段落标记也没有首行缩进的功能,我们需结合后面章节介绍的 CSS 方可实现首行缩进、调节行间距等细节。
</p>
<p>
  <blockquote>
这段文字用 blockquote 标记修饰,会产生缩进表示引用。本段文字不管多少行都全部左缩进,这和段落的首行缩进不同。
  </blockquote>
</p>
</body>
</html>
```

本例中,对比了段标记 <p> 和块缩进标记 <blockquote> 的使用,演示这两种文字格式化标记的区别,在浏览器中打开本例文件可以查看效果,如图 2.11 所示。

图 2.11　示例 2.4-2 的运行效果

【示例 2.4-3】

```
<html >
<head >
<title >演示文字常用的格式化标记</title >
</head >
<body >
  <p >
  化学方程式<br >
   <font size ="7" >
   2H <sub >2</sub > +O <sub >2 </sub > =2H <sub >2</sub >O
   </font >
  <p >
  数学方程式<br >
   <font size ="7" >
   X <sup >2 </sup > +Y <sup >2 </sup > = Z <sup >2 </sup >
   </font >
</body >
</html >
```

在浏览器中打开本例文件可以查看效果，如图 2.12 所示。

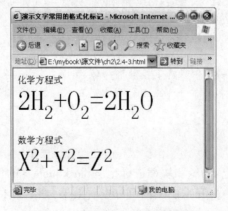

图 2.12　示例 2.4-3 的运行效果

【示例 2.4-4】

```
<html >
<head >
<title >演示文字常用的格式化标记 </title >
</head >
<body >
  <h2 >段落标记: </h2 >
  <p >
  ☆★☆     ☆★☆     ☆★☆     ☆★☆
  ☆ 祝 ☆  ☆ 你 ☆  ☆ 幸 ☆  ☆ 福 ☆
  ☆★☆     ☆★☆     ☆★☆     ☆★☆
  <h2 >预格式化标记: </h2 >
  <pre >
  ☆★☆     ☆★☆     ☆★☆     ☆★☆
  ☆ 祝 ☆  ☆ 你 ☆  ☆ 幸 ☆  ☆ 福 ☆
  ☆★☆     ☆★☆     ☆★☆     ★★☆
  </pre >
</body >
</html >
```

本例中,通过预格式化标记 < pre > 的编排文字,对比和段落标记 < p > 的区别,演示预设标记 < pre > 的实际应用,在浏览器中打开本例文件可以查看效果,如图 2.13 所示。

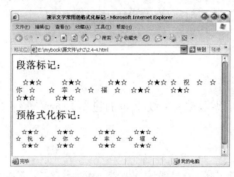

图 2.13　示例 2.4-4 的运行效果

【示例 2.4-5】

```
<html >
<head >
<title >演示文字常用的格式化标记 </title >
</head >
<body >
  <h3 >下面用 code 标记显示计算机代码 </h3 >
  <code >
    此行字体等宽 if(a >b)document.write(a)
  </code >
  <h3 >下面用 p 标记显示段落文字 </h3 >
  <p >此行字体不等宽
  if(a >b)document.write(a)
  </p >
</body >
</html >
```

本例中,对比了标记 <code> 和普通文字的区别,在浏览器中打开本例,效果如图 2.14 所示。

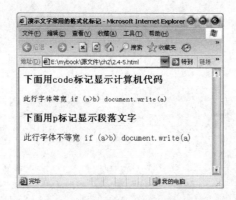

图 2.14 示例 2.4-5 的运行效果

2.5 其他常用标记

为了完善页面排版细节和其他需要,HTML 语言还定义了一些常用标记和特殊字符,这些标记包括绘制水平线、注释、各类列表以及特殊字符的表达。

2.5.1 水平线

在 Web 网页设计中,可以插入水平线把页面进行划分。水平线的长度、颜色、粗细等属性均可进行设置。

语法

```
<hr  color ="颜色" width ="宽度"  size ="粗细"  noshade >
```

说明

HTML 用 hr 表示水平线标记,取自单词"水平的"(horizontal)缩写,<hr> 标记是一个独立的标记,没有开始标记和结束标记,可以实现在 Web 网页中绘制一条水平线。

<hr> 标记包含的 4 个属性都是可选的。在设置时,根据需要既可以都不选择,这样将采用默认的属性,也可以仅选择其中几个进行个性化设置。

color 属性颜色属性取值请参看 2.2.4 节中的内容。

width 属性可以设定水平线的宽度,取值可以是线的绝对长度(像素值),也可以是占宽度窗口的百分比。

size 属性可以改变水平线的粗细,也可以看作线的高度,这个数值必须用像素值表示。

noshade 属性可以设定该水平线没有立方体形状的阴影。

size 的取值还可以是从 −2 到 4 的整数,表示字号相对 3 号的增减。

【示例 2.5-1】

```
<html>
<head>
<title>演示插入水平线标记</title>
</head>
<body>
<h1 align="center">唐诗欣赏</h1>
<hr color="red" size="5">
<p align="center"><font size="+1">《春思》</font>
<p align="center"><font size="-1">李白</font>
<p align="center">燕草如碧丝,秦桑低绿枝。
<p align="center">当君怀归日,是妾断肠时。
<p align="center">春风不相识,何事入罗纬?
<hr color="red" size="5">
</body>
</html>
```

本例演示了插入水平线标记使用,在浏览器中打开本例文件可以查看效果。在 HTML 中如果能合理利用水平线,可以高效地规划 Web 网页布局,这种方式比插入类似的线型图像更佳,如图 2.15 所示。

图 2.15　示例 2.5-1 的运行效果

2.5.2　注释

在 HTML 文件里,可以像传统计算机程序语言,为代码编写注释。这些注释用来解释说明代码,这样有助于编写者和他人能够更好地理解语言代码。

注释要写在 <!-- 和 --> 之间。浏览器显示 HTML 代码时将忽略注释,不会在 Web 网页中显示。注释还常用于 JavaScript 等语言的嵌入,以便让不支持 JavaScript 语言的浏览器忽略不认识的代码,当然现在几乎没有浏览器不支持 JavaScript 语言。

语法

```
<!--    ……    -->
```

说明

省略号代表被注释的内容,这些内容将不会被浏览器显示,仅仅方便编写者对源文件某些地方进行注释。

【示例 2.5-2】

```
<html >
<head >
<title >演示注释标记</title >
</head >
<body >
<hr color ="red" size ="5" width ="30%" >
<! -- 插入了占页面30%宽度的一条红色线 -->
<hr color ="red" size ="5" width ="60%" >
<! -- 插入了占页面60%宽度的一条红色线 -->
<hr color ="red" size ="5" width ="90%" >
<! -- 插入了占页面90%宽度的一条红色线 -->
浏览器不会显示以上注释!!
</body >
</html >
```

本例演示了如何插入注释的使用,在浏览器中打开本例文件可以查看效果。在专业的 Web 程序开发中,适当地在 HTML 中编写注释是一种好习惯,可以高效地管理复杂的 Web 网页,如图 2.16 所示。

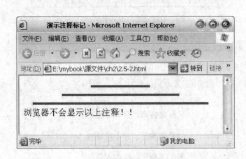

图 2.16　示例 2.5-2 的运行效果

2.5.3　列表

为了方便地排列数据,列表的功能显得格外重要。HTML 提供了三种列表形式:有序列表(Ordered List)、无序列表(Unordered List)、定义列表(Definition List)。有序列表的所有列表项目之间有先后顺序,无序列表的所有列表项目没有先后次序之分。定义列表一般对于初学者意义不大,在此不做介绍。

1. 有序列表

有序列表每个列表项前标有数字或字母,表示列表项目有先后顺序。标记 ol 是指有序列表。HTML 中有序列表由 <ol> 开始,表示定义列表,以 </ol> 结束该有序列表。在有序列表之间的项目用 <li> 定义开始,</li> 表示结束。

语法

```
<ol  type ="有序类型" >
  <li>列表项目1  </li>
  <li>列表项目2  </li>
  <li>列表项目3  </li>
  ……
</ol>
```

说明

列表项目的数量没有限制,用省略号表示。

属性 type 可以设定序号的类型,该标记提供了 5 种类型,具体如表 2.2 所示。

表 2.2　属性 type 有序类型取值表

type 取值	列表项目显示的序号
1	1、2、3、4 等数字
a	a、b、c、d 等小写字母
A	A、B、C、D 等大写字母
i	i、ii、iii、iv 等小写罗马数字
I	Ⅰ、Ⅱ、Ⅲ、Ⅳ等大写罗马数字

【示例 2.5-3】

```
<html >
<head >
<title >演示列表标记 </title >
</head >
<body >
<big >地球生命种类 </big >
<hr color ="blue" size ="2" >
<ol >
  <li >微生物 </li >
  <li >植物 </li >
  <li >动物 </li >
  <li >其他 </li >
</ol >
</body >
```

本例演示了有序标记的使用,列举了 4 个列表项目,在浏览器中打开本例文件可以看见,在没有设定类型时,浏览器自动添加了数字编号,如图 2.17 所示。

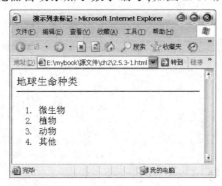

图 2.17　示例 2.5-3 的运行效果

【示例 2.5-4】

```
<html >
<head >
<title >演示列表标记</title >
</head >
<body >
<big >地球生命种类</big >
<hr color ="blue" size ="2" >
<ol  type ="I" >
   <li >微生物</li >
   <li >植物</li >
   <li >动物</li >
   <li >其他</li >
</ol >
</body >
</html >
```

本例演示了有序标记,列举了 4 个列表项目,设定 type 属性时选择了大写罗马数字类型。在浏览器中打开本例,运行效果如图 2.18 所示。

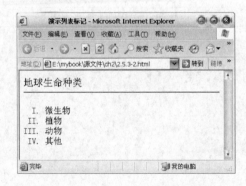

图 2.18　示例 2.5-4 的运行效果

2. 无序列表

无序列表每个列表项之间没有先后顺序之分,列表项前没有表达顺序的数字或字母,取而代之而采用一个符号标志每个列表项,比如圆黑点。

标记 ul 是指无序列表。HTML 中无序列表由 < ul > 开始, </ul > 结束。每个列表项也由 < li > 开始, </li > 结束。

语法

```
<ul  type ="无序类型" >
    <li >列表项目1   </li >
    <li >列表项目2   </li >
    <li >列表项目3   </li >
    ……
</ul >
```

说明

列表项目的数量没有限制,用省略号表示。

属性 type 可以设定列表项符号的类型,该标记提供了 3 种类型,具体见表 2.3。

表 2.3 属性 type 有序类型取值表

type 取值	列表项目显示的序号
disc	圆黑点
circle	空心圆
square	黑方块

【示例 2.5-5】

```
<html>
<head>
<title>演示列表标记</title>
</head>
<body>
<big>地球动物种类</big>
<hr color="blue" size="2">
    <ul>
      <li>鱼类</li>
      <li>两栖类</li>
      <li>鸟类</li>
      <li>哺乳类</li>
    </ul>
</body>
</html>
```

本例演示了如何使用无序列表,在浏览器中打开本例,在没有设定类型时,浏览器自动添加了圆黑点,如图 2.19 所示。

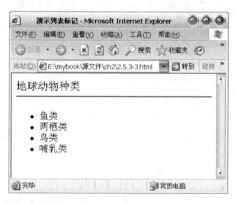

图 2.19 示例 2.5-5 的运行效果

【示例 2.5-6】

```
<html>
<head>
<title>演示列表标记</title>
</head>
```

```
<body >
<big >地球生命 </big >
<hr color ="blue" size ="2" >
    <ul type ="disc" >
        <li >流感病毒 </li >
        <li >大肠杆菌 </li >
    </ul >
    <ul type ="circle" >
        <li >草 </li >
        <li >树 </li >
    </ul >
    <ul type ="square" >
        <li >鱼类 </li >
        <li >两栖类 </li >
        <li >鸟类 </li >
        <li >哺乳类 </li >
    </ul >
</body >
</html >
```

本例演示了无序列表的 3 种属性的使用情况,在浏览器中打开本例,运行效果如图 2.20 所示。

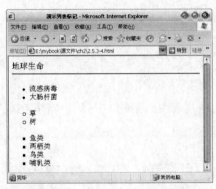

图 2.20　示例 2.5-6 的运行效果

3. 有序和无序列表的结合

　　HTML 列表可以嵌套 2 层甚至更多层次,有序和无序列表可以相互嵌套。列表里包含的列表可以称为子列表。通常用这种嵌套的列表,可清晰表现层次较多的内容。

【示例 2.5-7】

```
<html >
<head >
<title >演示列表标记 </title >
</head >
<body >
<big >地球生命种类 </big >
<hr color ="blue" size ="2" >
<ol >
    <li >微生物 </li >
```

```
        <ul type = "circle" >
          <li >流感病毒 </li >
          <li >大肠杆菌 </li >
        </ul >
      <li >植物 </li >
        <ul type = "circle" >
          <li >草 </li >
          <li >树 </li >
        </ul >
      <li >动物 </li >
        <ul type = "circle" >
          <li >鱼类 </li >
          <li >两栖类 </li >
          <li >鸟类 </li >
          <li >哺乳类 </li >
        </ul >
  </ol >
  </body >
  </html >
```

本例演示了嵌套 2 层的列表,第一层次的列表是有序列表,分别用数字表现列表项,子列表包括 3 个无序列表。在浏览器中打开本例,运行效果如图 2.21 所示。

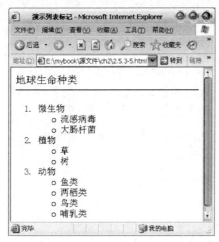

图 2.21　示例 2.5-7 的运行效果

【示例 2.5-8】

```
<html >
<head >
<title >演示列表标记 </title >
</head >
<body >
<big >地球生命种类 </big >
<hr color = "blue" size = "2" >
<ol >
  <li >微生物 </li >
    <ul type = "circle" >
    <small >
```

```
        <li>流感病毒</li>
        <li>大肠杆菌</li>
      </small>
      </ul>
    <li>植物</li>
      <ul type = "circle">
      <small>
        <li>草</li>
        <li>树</li>
      </small>
      </ul>
    <li>动物</li>
      <ol type = "a">
        <small>
        <li>鱼类</li>
        <li>两栖类</li>
        <li>鸟类</li>
        <li>哺乳类</li>
        </small>
      </ol>
  </ol>
  </body>
  </html>
```

本例在示例 2.5-7 的基础上，进行了部分修改。通过 <small> 标记把第二层次的列表文字缩小，使得视觉层次更加清晰。对"动物"列表下属中的子列表进行了修改，将子列表修改为有序列表。在浏览器中打开本例，运行效果如图 2.22 所示。

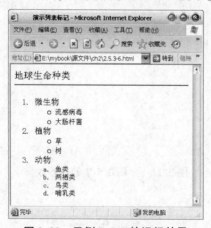

图 2.22　示例 2.5-8 的运行效果

【示例 2.5-9】

```
<html>
<head>
<title>演示列表标记</title>
</head>
<body>
<big>地球生命种类</big>
<hr color = "blue" size = "2">
```

```
<ol>
    <li >微生物 </li >
        <ul type ="disc" >
        <small >
         <li >流感病毒 </li >
         <li >大肠杆菌 </li >
        </small >
        </ul >
    <li >植物 </li >
        <ul type ="circle" >
        <small >
         <li >草 </li >
         <li >树 </li >
        </small >
        </ul >
    <li >动物 </li >
        <ul type ="square" >
        <small >
         <li >鱼类 </li >
         <li >两栖类 </li >
         <li >鸟类 </li >
         <li >哺乳类 </li >
        </small >
    </ul >
</ol >
</body >
</html >
```

本例继续在示例 2.5-8 的基础上，更合理地按内容进行了部分修改。对第一层次列表下属中的子列表进行了修改，将子列表都修改为无序列表，并演示了 3 种不同类型的设置。对于初学者而言，请注意标记代码在垂直方向对齐，表示该标记的开始和结束，做好匹配，更方便地了解标记的作用范围，加强对不同标记嵌套使用的理解。在浏览器中打开本例，运行效果如图 2.23 所示。

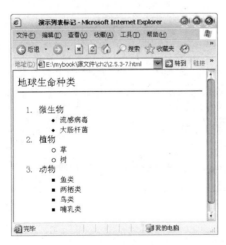

图 2.23　示例 2.5-9 的运行效果

2.5.4　特殊字符的表达

在用 HTML 语言编写网页时,除了可以输入中英文、数字外,还可以输入某些特殊字符。这些特殊字符包括两种,一种是不能在键盘上找到的,如"©""×""÷"等;还有一种字符已经被 HTML 语言本身设定了特殊意义,无法作为文字字符在页面中输入,如"<""&"""(英文的引号)"等。

本小节讲述如何在网页中表达这些特殊字符。

语法

```
& 字符实体名称;
或者
&#字符实体编号;
```

说明

HTML 语言利用字符实体名称(Character Entities)可以方便地表示这些特殊字符。一个字符实体名称分成三部分书写:第一部分是一个 & 符号;第二部分是实体(Entity)名字或者是#加上实体(Entity)编号;第三部分是一个分号。

用实体(Entity)名称的好处是比较好理解记忆,比如 lt,是英文"less than"的缩写,但可能有些版本比较老的浏览器不支持最新的实体名字。对于实体编号,各种浏览器都能正确显示。

实体名称是区分大小写的。

常用的字符实体(Character Entities)如表 2.4 所示。

表 2.4　常用字符实体表

显示结果	说　明	实体名称	实体十六进制码
	显示一个空格		
<	小于	&lt;	&#60;
>	大于	&gt;	&#62;
&	& 符号	&amp;	&#38;
"	双引号	&quot;	&#34;
©	版权	&copy;	&#169;
®	注册商标	&reg;	&#174;
×	乘号	&times;	&#215;
÷	除号	&divide;	&#247;

【示例 2.5-10】

```
<html>
<head>
<title>演示空格标记使用</title>
</head>
```

```
<body >
  <p >
通常情况下,HTML 会自动截去多余的空格。不管你加多少空格,都被看成一个空格。比如你在两个
字之间加了 10 个空格,HTML 会截去 9 个空格,只保留一个。为了在网页中增加空格,你可以使用空格字
符实体表示空格。
  </p >
  <p >
   通常情况下,HTML 会自动截去多余的空格。不管你加多少空格,都被看作一
个空格。比如你在两个字之间加了 10 个空格,HTML 会截去 9 个空格,只保留一个。为了在网页中增加
空格,你可以使用空格字符实体表示空格。
  </p >
  </body >
  </html >
```

本例演示了如何在页面中增加连续的空格,在浏览器中打开本例,运行效果如图 2.24
所示。通过 HTML 的空格字符实体名称" ",可以很方便地表示空格这个特殊字符。
需要注意的是,不要遗漏分号。

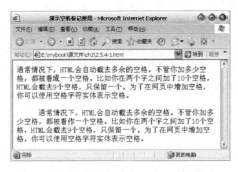

图 2.24　示例 2.5-10 的运行效果

【示例 2.5-11】

```
<html >
<head >
<title >演示特殊字符的使用 </title >
</head >
<body >
<font size =" +2" >
  2 &times;3 &gt;2 &divide;3
</font >
<p align ="center" >
版权 &copy;2007—2008 注册商标 &reg;
</body >
</html >
```

本例演示了如何在页面中用字符实体表示特殊字符,在浏览器中打开本例,运行效果如
图 2.25 所示。通过 HTML 语言的空格字符实体名称,还可以方便在网页中输出其他许多键
盘无法直接输入的特殊字符。

图 2.25　示例 2.5-11 的运行效果

2.6　在 HTML 中嵌入图像

图像(Images)也称为图片,是传播信息的最有效的方式之一,它有着文字无法取代的优势。现代的数字化技术使得数字化图像越来越多,也越来越清晰,通过互联网获取也越来越方便。

使用在中国最为流行的搜索引擎——百度(http://www.baidu.com),可以通过文字表达的关键字直接搜索并获取大量的图片。因此即使你没有本节案例引用的图片也无妨,大家可以随意到网络上搜索下载类似的图片。

2.6.1　关于图像

通过把图 2.26 局部放大,可以看到计算机图像实际上是由许多素点组成。这些像素点形成一个矩形区域,每张图像都是由有限的像素点组成的。因此可以把像素点的总数看作该图像的分辨率。例如,若一个图像横向是 800 个像素,纵向是 600 个像素,那么该图像的分辨率便是 800×600,计算出来就是 48 万像素。图像分辨率的大小和视觉的尺寸没有固定的关系,比如把一张百万像素的图打印成 B5 大小也可打印成 A3 大小。低分辨率的图被放大到可以看出"马赛克"的效果,如图 2.26 所示。

局部放大 8 倍

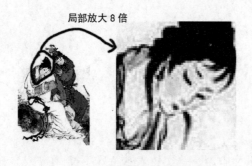

图 2.26　局部放大效果

为了存储数字图像,需要保存它的每一个像素点的色彩信息,通常一张百万像素(分辨率大约为 1000×1000)需要 1MB 的存储空间,因此图像的存储和传递需要花费巨大的金钱和时间。JPEG 图像压缩标准的出现,比较完美地解决了图像文件的太大问题,一般采用

JPEG 格式存储的图像可以缩小至原图像的十分之一到二十分之一。

　　尽管有了好的压缩格式,压缩后的图像文件仍然比文字占用多得多的空间,因此尽管较大分辨率的图像效果更好,但实际应用时必须综合考虑图像文件的访问速度,以免浏览者等待图像下载较久而失去耐心,在图像传递完成前就关闭网页。

　　可嵌入网页的图像是标准格式,基本上被绝大多数软件系统支持。常见的包括上面提到的 JPEG 和另一种常见图像格式 GIF。

　　JPEG(Joint Photographic Experts Group 专业的照片图像专家小组),在计算机中的文件扩展名为 jpg,由于该图像格式能够表达真彩色的图像,所以可以完美地表现数字照片信息。在制作 JPEG 文件时,一般要选择质量参数或压缩比,高质量的文件必然导致低压缩比,进而导致图像文件较大。所以通常选择适中的压缩比,以获得满意的质量和效率。

　　GIF(Graphic Interchange Format,图像交换格式),该图像格式最多只能表达 256 种颜色,因此这种格式的图像无法较好地表现照片,GIF 图像文件在计算机中的文件扩展名为 gif。另外,在一个 GIF 文件中,可以表现动画,这些 GIF 动画一般由专门的动画软件将许多静态位图串联起来完成。

2.6.2　在网页文件中嵌入图片

　　要将图像嵌入网页,首先必须找到该图像文件,若是网上的图像必须了解的文件具体位置和名称。最直接的做法是将该图像文件与 HTML 文件放在同一个文件夹中。

语法

```
<img src = "图像文件地址">
```

说明

　　"img"是"image"(图像)的简写,表示嵌入图像。"src"是"source"(来源)的简写,表示图像文件的来源地址。

　　<img>标记是单独使用的,作用是在 HTML 中嵌入图像,不用于修饰 HTML 页面的其他文字。

　　src 是 img 标记的必须说明的属性,必须准确无误地表达图像的位置和文件名,若 HT-ML 网页和它的嵌入图像在同一个文件夹中,属性 src 仅需设定该图像文件的名称。若图像在互联网上,则必须在属性 src 中设定该图像的 URL,关于 URL 的概念将在第 3 章讲述。

【示例 2.6-1】

```
<html>
<head>
<title>演示 img 标记</title>
</head>
<body>
<h1>两只小鸟</h1>
<img src = "birds.jpg">
</body>
</html>
```

本例演示了如何在 HTML 页面中嵌入图像, < img > 标记将在其所在相应的页面位置，将图像嵌入,嵌入的图像保持原图像的分辨率的大小。在浏览器中打开本例,运行效果如图2.27 所示。若要嵌入网上图片,可以把本例的图片名 bird. jpg 更换为任意的网上图片的 URL 地址即可。

图 2.27 示例 2.6-1 的运行效果

2.6.3 img 标记的常用属性

为了将嵌入图像和网页其他内容较好排版,HTML 提供了一些属性用于调整图像的显示和修饰,常用的属性包括 alt、border、width、height、align 等。

语法

```
< img src ="图像文件地址" alt ="提示文字"  border ="图像边框线"
width ="图像宽度"  height = "图像宽度"  align ="图像的对齐方式" >
```

说明

使用 alt 属性可以有两个作用:一是浏览者把鼠标指针放在该图像上后,可以给出该图的文字提示或描述;二是当浏览网页时,由于在没有完成下载图像的时候,网页嵌入图像的位置会显示 alt 设定的文字,可以提前给浏览者一些信息。

通过 border 属性可以给图像设置边框,边框线的宽度可以像素为单位在此设定,但边框的颜色不可自行设定,默认为黑色。若该图像成为超级链接对象,则边框颜色将与默认的链接文字颜色一致。

width 属性用来定义图像宽度,height 属性用来定义图像高度,这两个参数都是使用像素作为单位,如果不设定这两个参数,图像文件将按原始分辨率嵌入网页。使用这两个参数可以使嵌入图像的大小更加适合网页排版。

通过设定 align 属性,可以把图像和周围的文字进行简单的排版,align 属性的取值及其作用如表 2.5 所示。

表 2.5　图像的 align 属性的取值表

属性值	作　　用
left	图片靠左对齐
right	图片靠右对齐
center	图片中间与当前文字中间水平对齐
bottom	图片底部与当前文字底部水平对齐
middle	图片底部与当前文字中间水平对齐

【示例 2.6-2】

```
<html>
<head>
<title>演示 img 标记</title>
</head>
<body>
<img src="bird.jpg"  alt="鸟的画面" border="1">
</body>
</html>
```

本例演示了如何对 HTML 页面中嵌入图像进行文字描述,本例引用的图片名称为 birds. jpg,但再本例中把图片文件名故意错写为 bird. jpg,导致 img 标记无法在网页中引入该图在浏览器中打开本例,运行效果如图 2.28 所示。本例为 img 标记增加属性 border = "1",为图片设置了 1 个像素粗细的边框,引入的图片本该在方框所在的位置。

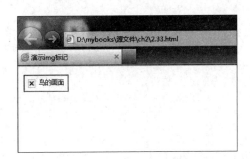

图 2.28　示例 2.6-2 的运行效果

注意

设定 alt 属性除了可以给浏览者提前提示外,还有一个重要作用,即当该图像文件已经不存在时(因为 img 标记是引用其他来源的文件,由于某些原因该图片已经不存在。),通过这个属性配上图像的说明,浏览者还是可以浏览图片的一些文字信息,以保全网页意义的完整性。而且对于视觉有障碍的残疾人来说,alt 属性内的文字通常是他们了解图像内容的唯一方式。

【示例 2.6-3】

```
<html>
<head>
<title>演示 img 标记</title>
```

```
</head>
<body>
<img src ="birds.jpg"  border ="1" width ="100" >
<img src ="birds.jpg"  border ="2" width ="200" >
<img src ="birds.jpg"  border ="3" width ="300" height ="100" >
<img src ="birds.jpg"  border ="4"  alt ="图像原始大小" >
</body>
</html>
```

本例演示了如何对 HTML 页面中嵌入图像进行大小的设定,同一个图像共在页面中嵌入了 4 次。可以看出,仅仅设定宽或高其中一个属性,浏览器就会按比例调整图像的大小;反之,如果同时设定 width 和 height 属性,若计算比例有误,则会导致图像比例失调。例如,图 2.29 中的第三个图比例失调。

图 2.29   示例 2.6-3 的运行效果

【示例 2.6-4】

```
<html >
<head >
<title >演示 img 标记 align 属性 </title >
</head >
<body >
<p >
<img src ="bill.jpg" height ="200" >
极有个性不仅是盖茨父亲的评价,也是盖茨大学同学的评价。在哈佛,他在谈话、阅读或沉思时,总习惯把头置于双手之间,身体前后猛烈地摇摆。有时为了表达自己的观点,他甚至还会疯狂地挥舞手臂。独立的个性让盖茨在大学期间获得了数学与计算机天才称号的同时也惹下了颇多的麻烦。
<p >
<img src ="bill.jpg" height ="200" align ="left" >
比尔·盖茨年轻的外表掩饰了他那残酷的竞争天性。他看起来比实际上要年轻许多。他的头发平直又不加梳理,头皮屑走到哪儿掉到哪儿。他个子小,人又瘦,声音很尖。因为是个左撇子,于是他成了那些没有什么意义的技能方面的高手,比如单脚跳越过垃圾箱,或立定跳过长凳等。
<p >
<img src ="bill.jpg" height ="200" align ="right" >
盖茨从小孤僻、自闭、独来独往,12 岁时他就因不爱和其他小孩交往,并且常常一连发呆几个小时而让父母担心。当年的一个同学回忆道:"他很讨人厌,总是很自信,特别好斗,而且聪明得可怕。人们一想到比尔就觉得他有可能会拿诺贝尔奖,但他一点也不懂礼貌。"
<p >
<img src ="bill.jpg" height ="200" align ="center" >
在哈佛,盖茨依然不算好孩子,他仍旧无法抵抗电脑的诱惑,于是就经常逃课,一连几天待在艾肯计算机中心的电脑实验室里整晚整晚地写程序、打游戏,因为那时使用计算机的人还不多。有时疲惫不堪的他会趴在电脑上酣然入睡。盖茨的同学说,他常在清晨时发现盖茨在机房里熟睡。
</body >
</html >
```

本例演示了如何对嵌入图像和周围的文字进行对齐的设定,用 4 段文字分别演示了 4 种常见图文对齐情况。第一段没有设定对齐方式,第二段是设定左对齐方式,第三段是设定右对齐方式,第四段是设定中间对齐方式。在浏览器中打开本例,运行效果如图 2.30 所示。

可以发现,利用属性 align = "left" 或 align = "right" 可以实现常见的图文混排效果,而属性 align = "center" 导致网页效果很糟,不建议大家使用。

注意

被设定了属性 align = "left" 或 align = "right" 的图片,从横向看,图片与段落不同,其本身不再占据一个独立的横块空间,即图片左右已被其他文字或后面引入的图片环绕。

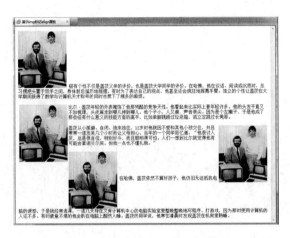

图 2.30　示例 2.6-4 的运行效果

2.6.4　网页的背景图像

通过前面对 body 标记的 bgcolor 属性介绍,读者已了解网页可以设定背景颜色。如果网页使用合适的图像作为背景,可以让网页更加美观并富有个性。在本节对图像有一定了解后,就可以通过 body 标记的 background 属性为网页设置背景图。

语法

```
<body background = "背景图像文件地址"  bgproperties = FIXED >
```

说明

通过 background 属性可以给网页的设置背景图像,需要指定准确的背景图片的地址和文件名,如果仅仅指定图像文件的名字,则该背景图像文件必须和网页文件放在同一个文件夹中。

如果背景图像分辨率较小,则会像瓷砖一样平铺在网页中,因此背景图像文件必须与网页中其他文字颜色有鲜明反差;否则,文字会很难辨认。对于较大分辨率的背景图,可以结合后面章节中的表格排版后,可以使得背景图和文字分开排版,形成较好的效果。

通过设定 bgproperties = FIXED 属性,对于有较多内容需要翻页的网页,可以让背景图像保持固定。如果不设定本参数,网页中的背景图将和文字一齐滚动。

【示例 2.6-5】

```
< html >
< head >
< title >演示背景图标记</title >
</head >
< body background ="birds - bg.jpg" >
< font color ="green" size =" +3" >
< p >
盖茨从小孤僻、自闭、独来独往,……
< p >
在哈佛,盖茨依然不算好孩子,……
</font >
</body >
</html >
```

【示例 2.6-6】

```
< html >
< head >
< title >演示背景图标记</title >
</head >
< body background ="birds - bg.jpg" bgproperties =FIXED >
< font color ="blue" size =" +3" >
< p >
盖茨从小孤僻、自闭、独来独往……
< p >
在哈佛,盖茨依然不算好孩子,……
</font >
</body >
</html >
```

为让浏览器滚动条工作,示例 2.6-5 和示例 2.6-6 故意把浏览器窗口设定的很小,仅仅显示第二段文字,让网页上下滚动,可以更好地看到示例 2.6-5 的非固定背景和示例 2.6-6 的固定背景的对比。上面两个例子的运行效果分别如图 2.31 和图 2.32 所示。

图 2.31　示例 2.6-5 的运行效果

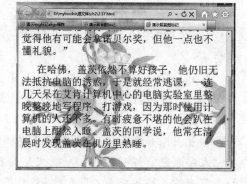
图 2.32　示例 2.6-6 的运行效果

2.7　结构标记的高级特性

在前面示例中,虽然已经多次使用 head 头部信息中的 title 网页标题标记,但一直未对 head 标记做讲解,其原因是该标记内涵比较复杂,初学者在没有总体的网页代码经验前不好理解。有了前面对 HTML 基本标记的了解,本节将学习 head 头部信息的常用标记,以及 body 标记的其他比较难理解的属性。

2.7.1　head 头部信息和 title 标题

在网页中的头部信息 head 标记用来包含其他标记,单独使用该标记并不能起到任何作用。

语法

```
<head>
  <title>网页的标题</title>
</head>
```

说明

网页头部信息 head 里可以包含网页标题、元信息以及其他信息。所有写在网页头部的信息,主要用于特殊的功能设置,这些信息绝对不会显示在网页的正文内容里。

标题 title 是最常用的 head 信息。它不是显示在 HTML 网页正文里,而是显示在浏览器窗口的标题栏里,在网络速度较慢的场合,浏览者第一时间看到的就是该标题。上述两个标记都有开始标记和结束标记。若有书写错误,则可能会导致整个网页都无法显示。

【示例 2.7-1】

```
<html>
<head>
<title>演示头部信息标记</title>
写在头部内的文字不会出现在网页中
</head>
<body>
写在身体内的文字一定会出现在网页中
</body>
</html>
```

示例 2.7-1～2.7-6 没有可打印的明显效果,故不给出图示,读者可自行试验。

2.7.2　链接 link 标记

网页头部信息 head 里可以创建 link(链接)标记,link 标记可以建立对外部文件的链接。该标记经常用来对 CSS 外部样式表(External Style Sheet)进行链接。

语法

```
<head>
  <link rel="stylesheet" href="css 外部样式表文件名" type="text/css">
</head>
```

说明

link 标记无须结束标记,具体内容将在后面章节讲述。

【示例 2.7-2】

```
<html>
<head>
<title>演示头部信息标记</title>
<link rel="stylesheet" href="name.css" type="text/css">
</head>
<body>
……
</body>
</html>
```

2.7.3 样式 style 标记

网页头部信息"head"里可以创建 style(样式)标记, style 标记可以建立本网页内部文件的样式表(internal style sheet)。

语法

```
<head>
  <style>
    标记{标记属性1:值1;标记属性2:值2;……}
  </style>
</head>
```

说明

style 标记将在第 5 章开启一个新的时代,具体内容将在后面章节讲述,特别提醒读者,一旦写了开始标记,就必须在合理的位置写结束标记;否则,整个页面将会一片空白。

【示例 2.7-3】

```
<html>
<head>
  <title>演示头部信息标记</title>
  <style>
    body{background-color:black;color:white;}
  </style>
</head>
<body>
……
</body>
</html>
```

2.7.4 网页元信息 meta

meta 标记可以用来定义本网页的许多元信息,比如,本网页的作者、网页涉及的关键字、网页内容的简述等,让互联网搜索引擎(google,baidu 等)更准确地分类你的网页。当然,网页中使用哪个国家的语言字符也可以在元信息中定义。例如,< meta http-equiv="content-language" content="ja" > ,表示本网页使用的是日语。

1. 设定网页关键字

由于互联网上的网页数量太多,许多浏览者都习惯使用搜索引擎查找网页。因为搜索引擎一般都是通过关键字查找网页的,因此为网页设置恰当的关键字有利于更多的人浏览到你的网页。

语法

```
<head>
    <meta name="keywords" content="关键字">
</head>
```

说明

给 meta 元标记的 name 属性设置 keywords 值，在 content 属性中输入希望让搜索引擎发现的关键字。

【示例 2.7-4】

```
<html>
<head>
<title>演示头部信息标记</title>
<meta name="keywords" content="饮食健康">
</head>
<body>
……
</body>
</html>
```

2. 设定网页内容简单描述

由于互联网上通过搜索引擎查找网页后，就会发现搜索结果包含简单的网页"快照"——网页的简单文字内容。这些内容就是通过在 head 标记中设定的网页简单描述内容。因此为了让浏览者进一步单击打开你的网页，请设置恰当的用简略文字描述你的网页。

语法

```
<head>
    <meta name="description" content="网页简述内容">
</head>
```

说明

给 meta 元标记的 name 属性设置 description 值，在 content 属性中输入希望让搜索引擎最初展现给浏览者的文字介绍。

【示例 2.7-5】

```
<html>
<head>
<title>演示头部信息标记</title>
<meta name="keywords" content="饮食健康">
<meta name="description" content="中国人的饮食重视感受,轻视营养,西方人则相反,如何取长补短,结合二者优点呢?……">
</head>
<body>
……
</body>
</html>
```

通过在元信息中设定"饮食健康"为关键字，明确告知搜索引擎，或其他搜索 Web 信息的各种爬虫程序，本页信息与"饮食健康"高度相关。

3. 设定网页作者

语法

```
<head>
    <meta name = "author" content = "作者的姓名">
</head>
```

说明

给 meta 元标记的 name 属性设置 author 值,在 content 属性中输入网页的作者名字,这样也可让搜索引擎通过作者名字发现网页。

【示例 2.7-6】

```
<html>
<head>
<title>演示头部信息标记</title>
<meta name = "author" content = "菜鸟">
</head>
<body>
……
</body>
</html>
```

4. 设定网页字符集

计算机内的信息包括网页上的所有信息本质上是 0,1 二进制的,但存盘在磁盘上文件有文本、图片、声音等各种类型。这些文件类型其实就是科学家对 0,1 二进制信息的特定编码,当我们访问这些文件时,计算机会根据编码规则把信息又复原为文字、图片、声音等反馈给我们。

我们知道 HTML 网页文件可以由文本编辑工具生成,因此我们也可以把 HTML 网页当成文本文件。按前面所述的原理,文本文件内的所有字符必须符合 0,1 二进制的特定编码。但麻烦的是,由于语言不同,因此每个说着不同语言的人需要输入的字符也不一样。

为了让世界上不同语言的网页都能在浏览器上正常显示,因此在网页中必须解决全球语言字符不同的问题。首先,解决了在美国、英国等英语体系国家可以通用的字符集问题,称为 ANSI 字符集。其次,为了在一个字符集中,同时表示其他非英语体系国家的语言字符问题,在 HTML 5 标准下,产生了 UTF-8 扩展字符集。

以前的网页还有很多类似 < meta http-equiv = content-type content = "text/html;charset = GBK"> < meta http-equiv = content-type content = "text/html;charset = GB2312"> 等声明不同字符集的语句。

在新的标准中可以简化为 < meta charset = "UTF-8">

语法

```
<head>
……
<meta charset = "字符集">
……
</head>
```

说明

其中, charset 就是字符集 (Character Set) 的简写。该语句向访问本网页的浏览器声明, 本网页是由哪个字符集编写的。

我国大陆地区的中文网页, 其 charset 属性可以设置为 gb2312; 我国台湾省的中文网页, 其 charset 属性可以设置为 big5; 英语语系国家, 其 charset 属性可以设置为 ANSI; 在新的 HTML 5 标准中, 其 charset 属性统一设置为 UTF-8。

而在存盘操作上, 我们必须保证存盘文件的字符集设置与网页上的声明一致; 否则, 尽管在文本和代码编辑时可以正常显示, 但可能造成字符无法在浏览器中正常显示。

【示例 2.7-7】

```html
<html >
<head >
  <meta charset ="UTF-8" >
  <title >演示设置不同内码语言</title >
</head >
<body >
< font size =" +2" >
1234abcd多国语言
</font >
</body >
</html >
```

以上代码的文件, 若选择 ANSI 字符集存盘, 则与源代码中的声明不一致, 如图 2.33 所示。

图 2.33　存盘选择与源文件声明背离

用浏览器打开上述存盘网页, 则出现如图 2.34 所示的乱码现象。

图 2.34　出现乱码现象

以上代码的文件, 只能选择 UTF-8 字符集存盘, 如图 2.35 所示。

图 2.35　存盘选择与源文件声明一致

用浏览器打开上面用 UTF-8 字符集存盘的网页,没有出现乱码现象,如图 2.36 所示。

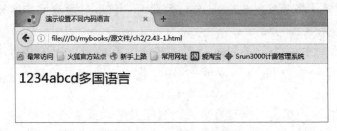

图 2.36　显示内容正常

为了简便,本书中多数案例都忽略以下这条语句:

> `<meta charset ="字符集" >`

即本书默认大家存盘时采用 ANSI 编码,浏览器也默认采用 ANSI 字符集显示。

若你的网页可能被国外访问或需要考虑到让采用非中文语言的浏览器正常显示中文字符时,则必须在 head 标记中添加本句。

2.8　文档版本声明

在 W3C 建议的标准网页中,一般第一条语句都是 <！DOCTYPE >,这条语句是用于声明本文档的类型,也就是帮助浏览器理解网页设计者的意图和准确地表现 Web 网页。几十年来,互联网上积累了各种版本的无数网页。一般而言,对于稍微复杂点的网页,若不声明 HTML 的版本,浏览器就不能百分之百准确无误地显示网页。

自从有了 Web 网页,HTML 的建议标准不断在进步,但许多网页作者还是按自己的习惯编辑代码,因此,互联网上的网页就一直存在着不同的版本。

几十年来,W3C 推出不同版本的时间如下:

- HTML　　　　诞生于 1991 年;
- HTML +　　　诞生于 1993 年;
- HTML 2.0　　诞生于 1995 年;
- HTML 3.2　　诞生于 1997 年;
- HTML 4.01　诞生于 1999 年;
- XHTML　　　诞生于 2000 年;
- HTML 5　　　诞生于 2012 年。

越是近期推出的版本,为了信息的标准和 Web 世界的规范,其语法要求越是严格。因此,在 HTML 4.0 版本后,在网页中增加对文档类型标记——！DOCTYPE 的声明,在标准或有特殊要求的网页中显得更为必要了。

HTML 5 版本的声明语句:

> `<！DOCTYPE html >`

HTML 4.01 版本的声明语句:

```
<! DOCTYPE HTML PUBLIC " - //W3C//DTD HTML 4.01 Transitional//EN"
"http://www.w3.org/TR/html4/loose.dtd" >
或
<! DOCTYPE HTML PUBLIC " - //W3C//DTD HTML 4.01//en" "http://www.w3.org/TR/ht-
ml4/strict.dtd" >
```

XHTML 1.0 版本的声明语句：

```
<! DOCTYPE html PUBLIC " - //W3C//DTD XHTML 1.0 Transitional//EN"
"http://www.w3.org/TR/xhtml1/DTD/xhtml1-transitional.dtd" >
```

在本书中为方便初学者学习,避免初学者在学习初期受到繁杂的语法限制,在本书中的案例大多数不声明版本,因此读者可以根据自己的情况,选择自己编写网页代码的版本后,自行修改,使得自己的网页更加符合国际标准或获得更好的效果。

2.9　HTML 元素

每一对标记及其中的内容或单独的标记可以看成一个对象,这个对象也可以称为 HTML 元素(Element)。因此,我们也可以认为所有的 HTML 文档都是由 HTML 元素组成的。

2.9.1　HTML 元素的语法

HTML 元素的语法总结如下。
(1)每一个 HTML 元素都必须以开始标记(Start Tag)开启,以结束标记(End Tag)收尾。
(2)元素的内容就是指开始标记和结束标记内所有的东西。
(3)允许 HTML 元素的内容为空。
(4)绝大多数 HTML 元素可以包含属性。
(5)绝大多数 HTML 元素能够嵌套(也就是包含)其他元素。
(6)其实整个 HTML 文档都是可以看成由多个 HTML 元素嵌套组成的。
(7)有些元素是仅有开始标记没有内容和结束标记的元素,称为空元素,比如 < br >。在 XHTML 标准中,所有元素必须有结束标识,为达到此目标,凡是空标记必须在最后结束符号 > 前增加一个/符号,比如 < br / > < hr / > < img src = "……"/ > 等。但为初学者书写简便,本书多数案例没有遵守这个严格规范。
(8)HTML 元素的标记大小写都可以,许多网页甚至都用大写字母书写标记,但 W3C 已经在 HTML 4.0 和 XHTML 及以后的版本中,强烈推荐标记使用小写字母,本书所有案例也遵守这个规范。

2.9.2　HTML 元素的属性

在前面的标记学习和案例中,已经开始使用属性,HTML 元素的属性(Attributes)是用来增加表达元素的其他信息或功能。下面对 HTML 所有元素属性的共性做个说明,对于多数初学者可能不能理解这些说明,可以在学习完本书以后再阅读此节。

HTML 所有元素属性的共性说明如下。
(1)每个 HTML 元素都可以有自己的属性,不同版本 HTML 属性有着一定区别。
(2)属性必须写在 HTML 元素的开始标记之内。

（3）属性名称是由 W3C 已经定义好的英文标识，写法为：属性名称 = "属性取值"，其中等号不能省略，双引号可以改为单引号，在 W3C 的新版中，建议引号不能省略。

（4）属性名称建议用小写字母，在新版 HTML 中属性名称大写会产生错误。

（5）每一个 HTML 元素都可以有下面这 4 个属性，分别是 class、id、style、title。属性的具体功能详见 CSS 的章节，title 属性用来特别说明本元素的附加信息。

第3章 超级链接和框架

本章导读

　　本章讲述了网页超级链接和框架的基本概念。包括 HTML 的 a 标记、地址的表示、框架标记等。让初学者能用框架和超级链接搭建最简单的网站。本章每个知识点都配有实例，并且给出代码及演示，让读者尽快从 Web 网页的使用者转变为初级制作者。

3.1 超级链接和 Web 网页

　　打开任何一个网页，我们都可以看到在页面中有些地方(图片和文字)与众不同，似乎内含深意，让人有单击它们的冲动。这些地方就是超级链接(Hyperlink)。我们把鼠标光标移动这些超级链接上，随着光标的变化为可单击状，加上随着鼠标的接触，超级链接的外观可能也随之改变，人们就很自然地知道单击哪些地方将进入新的页面，当年就是这个创意，让Internent 开始衍生出一副新的马甲——Web 网页。

　　在 Web 网页中，一个微不足道的网站人士就可以通过设定的超级链接，把网上相关的超级资源合并链接在一起，而访问网页的浏览者则无须关心这些资源具体在哪里，也不会因为链接的资源在"千里之外"就会访问不了。这也是 Web 网页和其他媒体的最大区别，不受地域和距离的限制。

　　如果 Web 网页中没有超级链接，那么全球计算机中重要文件都将是孤零零地存在，即使计算机联网也没有用，数以亿计的文件组成的信息会像大海中的沙子一样，难以淘出金子，世界上所有的数字化信息将成为"信息孤岛"。我们的 Web 网页就会像实体图书馆那样，辛苦地把外界的实体图书搬回家，才能访问获取资源。对于数字化的信息而言，这将会导致极大的重复建设、存储浪费、更新浪费。一句话，没有超级链接的 Web 网页和传统的实体图书馆没有什么区别，也就没有存在的意义了。

　　另一方面，恶意的超级链接也给互联网带来了危险，单击后超级链接会把我们带到何处呢？通常，在单击前，浏览者可能无法确认，尽管事先可以看到超链链接表面的那些内容(可能是文字、图片、动画等)，但实际上这些链接发生前的内容和链接发生后到达的目标实际上是两回事，很可能"名不符实"。超级链接可以链接到 Web 网络海洋中任何一个网站的文件，而真实的链接后的地址完全由网页编写人员设定，不要被链接前的表象所迷惑。今天有许多"不良"网页，就是通过极具煽动力的超级链接对象外表吸引浏览者，去单击进入超级链接真正的地址，甚至智能手机的短信都会有这样欺骗的超级链接。因此，浏览者也要了解超级链接的这些情况，同时再具备一定的网络域名知识，可以有助于判断超级链接是否具有风险。

另外,在 Web 网页上超级链接是单向连接而不是双向连接,这使得任何人都可以在资源拥有者许可的情况下链接该资源,有利于信息的扩散。虽然 Web 网页的这种特征也有副作用,就是无法避免地产生无效链接(如网页过期、被删除)的问题等。

Web 让 Internent 这么流行,还有一个很重要的原因,就在于它可以超级链接导航给人清晰地选择的信息权利。导航也就是将信息分门别类,一一作为超级链接的元素放在 Web 网页固定位置。设计得好的导航可以让人迅速理清信息层次,提高获取信息的效率,这也是 Web 这种媒体具备超级链接之后,最为吸引人的重要的特征之一。

3.2　超级链接标记

实现超级链接这个功能却非常方便,利用 HTML 的超级链接标记,就可以随心所欲地设置自己的超级链接了。最为简单的超级链接是网页文件对处于同样层次的文件的链接。

语法

```
< a herf ="被链接文件的地址" >
    含链接的对象
</a >
```

说明

HTML 中采用 < a > 作为超级链接的标记,a 是英文"anchor"(锚)的缩写,比喻在 Web 网页的"海洋"中,用超级链接可以像船抛锚那样定位访问页面的位置。

< a > 和 </a > 必须成对出现,这两个标记中间的内容就是"含链接的对象",将具备可单击并链接到其他页面的功能。

编写超级链接要完成两方面内容的设定:一个是包含超级链接的对象,这些对象可以是文字、图片等,这些对象将在网页中可见;另一个即将链接的网址,也称为 URL 地址,这个地址在网页上不可见,但当鼠标移动到网页超级链接上时,可以在浏览器状态栏中看到该地址。

HREF(Hyper Resource File,超级链接资源文件)的缩写,页面会在 http 协议支持下,访问该文件资源。如果该文件资源位于本地,则称为"内部链接";如果该文件资源位于互联网上,则称为"外部链接",因此我们统一把该属性值称为设定 URL(统一资源定位符)。Web 网页文件之间也就是通过这类地址连接在一起,在具体的设定中有"相对路径"和"绝对路径"两种,两种地址编写的细节将在 3.8 节中学习。

【示例 3.2-1】

```
<! DOCTYPE html >
<html >
<head >
<title >演示超级链接 </title >
</head >
<body >
```

```
<a href ="http://www.sina.com.cn" >
 进入"新浪"网站
</a >
</body >
</html >
```

　　在上网浏览时,在浏览器地址栏中输入"http://www.sina.com.cn"就能够进入新浪网站,该地址就是作为超级链接的 URL 地址。

　　本例中,超级链接虽然没有指定最终的链接文件名,但对于网站而言,服务器有自动选择默认首页的功能,网站内除首页外的其他的文件就必须指明文件名和后缀名。

【示例 3.2-2】

a. html

```
<! DOCTYPE html > <html >
<head >
<title >这是 A 文件 </title >
</head >
<body >
<h1 >文件 A </h1 >
<a href ="b.html" >
 进入 B 文件
</a >
</body >
</html >
```

b. html

```
<! DOCTYPE html > <html >
<head >
<title >这是 B 文件 </title >
</head >
<body >
<h1 >文件 B </h1 >
<a href ="a.html" >
 进入 A 文件
</a >
</body >
</html >
```

　　完成这个例子需要制作 2 个文件,分别是"a. html"和"b. html"。在这两个文件中分别用 < a > 标记设定对另一个文件的超级链接。

注意

这两个文件要放在一个文件夹中,方可保证链接的正常使用。

3.3　文字用作超级链接

　　页面的超级链接对象可以是文字或图像,超级链接的颜色由标记 < a > 自动设定,在访问前和访问后会发生变化,以提示浏览者是否已经阅读过该超级链接。

　　在默认条件下,若在 HTML 中用文字作为超级链接,不管哪种浏览器,链接文字颜色都显示如下。

(1)未访问的链接为蓝色,并具备下画线。

(2)访问过的链接为紫色,并具备下画线。

(3)被单击瞬间的链接为红色,并具备下画线。

若想修改超级链接文字的颜色或其他属性,可以采用以下三种方式

①在 <a> 和 </a> 之间增加标记设定文字标记修改文字属性。

②在 <body> 标记中设定链接文字的属性。

③采用 CSS 技术重新设定链接的文字效果。

本节仅介绍前两种方式,第三种方式将在第 5 章中讲述。

3.3.1 修改超级链接文字属性

语法

```
< a herf =" 被链接文件的地址" >
  < tag > 含链接的文字 </tag >
</a >
```

说明

这里的 <tag> 可以代表 HTML 的所有修饰文字标记,如标题标记、字体标记等。<tag> 标记还可以嵌套包含其他标记。

【示例 3.3-1】

```
<! DOCTYPE html >
< html >
< head >
  < title > 利用标记修饰超级链接文字 </title >
</head >
< body >
  < a href = "http://www.sina.com.cn" >
    < font  size =" +3"  color = "red" > "新浪" </font >
  </a >
< br >
  < a href = "http://www.163.com" >
    < font  size =" +3"  color = "blue" > "网易" </font >
  </a >
  < a href = "http://www.edu.cn" >
    < h1 >
      < font face = "Arial Black"  color = "green" >CerNet </font >
    </h1 >
  </a >
</body >
</html >
```

在本例中,在 a 标记内嵌入字体修饰标记,形成超级链接文件的大小和颜色的变化。在浏览器中打开本例,运行效果如图 3.1 所示。

图 3.1　示例 3.3-1 的运行效果

3.3.2　<body>内链接文字属性设定

语法

```
< body link = "未访问链接文字颜色 "  " alink = "正访问链接文字颜色"
vlink = " 已访问链接文字颜色" >
< a href = " 被链接文件的地址" >
含链接的文字
</ a >
</ body >
```

说明

超级链接为了方便浏览者单击,一般可以设定为 3 种状态:第一种是该链接未被单击时的状态;第二种是该链接正在被单击时的状态;第三种是该链接已经被单击后的状态。在 HTML 的 body 标记中,可以设定 body 标记的 3 个属性来设置上述 3 种不同状态。由于 HTML 的限制,该文字状态的修改仅限于颜色。若需要所有修饰文字字体、大小等属性,则还需要增加标题标记、字体标记来协助。

【示例 3.3-2】

```
<! DOCTYPE html > < html >
< head >
< title >利用 body 属性修改超级链接文字 </ title >
</ head >
< body link = "red"  alink = "green"  vlink = "blue" >
< a href = "http://www.sina.com.cn" >
  < font  size = " +3" >"新浪" </ font >
</ a >
  
< a href = "http://www.yahoo.com.cn" >
  < font  size = " +3" >"雅虎" </ font >
</ a >
  
< body >
</ html >
```

在本例中,未访问超级链接时,"新浪"和"雅虎"文字是红色,单击的一瞬间,可以看到文字颜色变为绿色,访问过后文字颜色变为蓝色。在浏览器中打开本例,运行效果如图 3.2 所示。

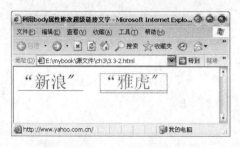

图 3.2 示例 3.3-2 的运行效果

3.4 图像用作超级链接

在网页中,把图像作为超级链接对象给浏览者带来了更多的方便;同时,网页整体效果更好。在标记 < a > 和 < / a > 之间插入图像可以实现这个功能。

语法

```
< a href = " 被链接文件的地址" >
  < img src ="图像的地址" >
</a>
```

说明

在超级链接标记内嵌入的图像会被自动设定边框,边框的颜色默认采用超级链接文字的颜色。可以在 body 中的 link、aink、vink 重新设定边框颜色,还可以在 img 标记中设定其他所有属性来修改图像,比如,可以设定图像边框的线宽。

【示例 3.4-1】

```
<! DOCTYPE html > <html >
<head >
<title >图像用作超级链接</title >
</head >
<body link ="red"  alink ="green"  vlink ="blue" >
<a href ="http://www.sina.com.cn" >
  <img src ="sina-logo.gif" alt ="新浪" >
</a>
  
<a href ="http://www.yahoo.com.cn" >
  < img src ="yahoo-logo.gif" alt ="雅虎" >
</a>
<body >
</html >
```

在本例中,用到了两个图像文件,是新浪的图标 sina-logo. gif 和雅虎的图表 yahoo-logo. gif,这两个图像文件必须和本 html 文件放在同一文件夹中。用于超级超链的图像文件一般分辨率都较小,称为 logo 或图标更为合适。在浏览器中打开本例,运行效果如图 3.3 所示,当前的鼠标光标位于雅虎图标上。

图 3.3　示例 3.4-1 的运行效果

3.5　超级链接的 target 属性

　　浏览器在打开超级链接的页面时,常见的有以下两种选择:一是在当前页面窗口打开,这样窗口的当前页面将被清除;另一种是在新的浏览器窗口打开,当前页面仍然存在。在 HTML 中使用 < a > 标记的 target 属性来控制如何打开超级链接的页面,在设计时应该综合考虑表现内容的需要和方便浏览者操作来设定。

语法

```
< a href =" 被链接文件的地址"  target = "新页面的打开方式" >
   含链接的对象
</ a >
```

说明

　　target 属性有以下四种选择:第一种是"_self",表示在当前浏览器窗口打开新页面,这也是 HTML 在不指定 target 属性时的默认选择;第二种是"_blank",表示开启一个新的浏览器窗口打开新页面,旧的页面还是存在于前面浏览器窗口中;第三种是"_top",表示在最顶层的浏览器窗口打开新的页面;第四种是"_parent",表示在当前浏览器窗口的上一层浏览器窗口中打开新页面。

　　常使用 target 属性的取值是"_self"和"_blank"。

【示例 3.5-1】

```
<! DOCTYPE html > < html >
< head >
< title >超级链接打开方式 </title >
</ head >
< body link = "red"  alink = "green"  vlink = "blue" >
< a href = "http://www.sina.com.cn"  target = "_blank" >
   <h1 >"新浪" </h1 >
</ a >
< a href = "http://www.yahoo.com.cn"  target = "_self" >
   <h1 >"雅虎" </h1 >
</ a >
</ body >
</ html >
```

在本例中,打开本页面,单击超级链接文字——"新浪",会发现浏览器开启了一个新的窗口,在此窗口中将打开新浪的首页面。而单击超级链接文字——"雅虎",会发现浏览器用当前窗口打开新浪的首页面,本页面将被覆盖。

3.6 书签链接

若一个网页内容较多导致页面较长,则浏览者需要上下翻页浏览页面。在这样的页面中,需要建立内部超级链接(也称为建立书签链接)帮助浏览者定位。

实现书签链接需要完成两个步骤,一是建立书签,也就是给网页的确定位置命名;二是链接书签,就是利用超级链接实现对前面书签位置的快速定位。

3.6.1 建立书签

书签可以看作网页能够认识的位置,网页中的书签数量没有限制,但每个书签点都必须有唯一的名称。

语法

```
< a id = "该处的书签点名称" > 书签对象的范围 </a>
```

说明

该语句所在页面位置即被定义为书签建立点。在 id 属性中设定该点的名称,我们可以用字母和数字的组合自己来定义该名称,在同一页面中若书签点名称有重复,则会导致书签超级链接无效。该标记可以没有配对的 </a> 标记。

【示例 3.6-1】

```
< ! DOCTYPE html >
< html >
< head >
  < title >在页面中定义书签 </title >
</head >
< body >
  < a id = "0" >页面起点 </a >
    < p >
  < a id = "1" >第一首 </a >
  < h3 >《鹿柴》</h3 >
  < h4 >王维 </h4 >
    空山不见人, < br >
    但闻人语响。 < br >
    返影入深林, < br >
    复照青苔上。 < br >
  < p >
  < a id = "2" >第二首 </a >
  < h3 >《送别》</h3 >
  < h4 >王维 </h4 >
    山中相送罢, < br >
    日暮掩柴扉。 < br >
```

```
    春草年年绿, < br >
    王孙归不归。< br >
< p >
< a id = "3" >第三首</a >
< h3 >《相思》</h3 >
< h4 >王维</h4 >
    红豆生南国, < br >
    春来发几枝。< br >
    愿君多采撷, < br >
    此物最相思。< br >
</body >
</html >
```

　　本例含有 3 首王维的古诗,页面较长。可以预计浏览者需要在本页 4 个位置上定位,即页面的开始位置和 3 首古诗的开始位置。这 4 个书签点位置被简单命名"0""1""2""3"。在浏览器中打开本例,运行效果如图 3.4 所示。当前页面较长不能显示全部内容,需要上下翻页才能浏览其他部分。通过书签链接就可以在有限的浏览器窗口中定位了。

图 3.4　示例 3.6-1 的运行效果

3.6.2　链接文档内书签点

　　页面内在书签点建立完善后,在本页面内就可以使用超级链接标记 < a > 进行链接了。

语法

```
< a  href = " #书签点名称" >
  含链接的对象
</a >
```

说明

　　由于锚点链节也是运用超级链接标记 < a >,为了让浏览器明确区别,对 href 属性值的 URL 设定必须使用符号"#"开头。

【示例 3.6-2】

```
<! DOCTYPE html >
<html >
<head >
  <title >在页面中的书签链接 </title >
</head >
<body >
  <a id = "0" >页面起点 </a >
  <a href = "#1" >《鹿柴》</a >
  
  <a href = "#2" >《送别》</a >
  
  <a href = "#3" >《相思》</a >
  
  <p >
  <a id = "1" >第一首 </a >
    <h3 >《鹿柴》</h3 >
    <h4 >王维 </h4 >
  空山不见人，<br >
  但闻人语响。<br >
  返影入深林，<br >
  复照青苔上。<br >
  <a href = "#0" >返回 </a >
  <p >
  <a id = "2" >第二首 </a >
    <h3 >《送别》</h3 >
    <h4 >王维 </h4 >
  山中相送罢，<br >
  日暮掩柴扉。<br >
  春草年年绿，<br >
  王孙归不归。<br >
  <a href = "#0" >返回 </a >
  <p >
  <a id = "3" >第三首 </a >
    <h3 >《相思》</h3 >
    <h4 >王维 </h4 >
  红豆生南国，<br >
  春来发几枝。<br >
  愿君多采撷，<br >
  此物最相思。<br >
  <a href = "#0" >返回 </a >
</body >
</html >
```

本例在示例 3.6-2 的基础上，实现了对各个锚点的链接。在页面的开始位置，建立了 3 个书签链接分别链接到 3 首古诗的开始位置；在每首古诗的结束位置设定了书签链接回到页面的开始位置。在浏览器中打开本例，运行效果如图 3.5 所示。单击超级链接《相思》，显示效果如图 3.6 所示。当前页面较长，浏览器窗口需要调整合适大小，方可较好地展现书签链接效果。

图 3.5　示例 3.6-2 的运行效果　　　图 3.6　单击超级链接《相思》的运行效果

3.6.3　不同文件间的书签链接

在某个较大的页面定义锚点后,不是仅仅在同一个页面中使用。其他的文件也可以链接到书签的指定位置。

语法

```
<a  href = "含锚点文件地址#书签点名称" >
  含链接的对象
</a >
```

说明

该语法结合了网页文件链接和书签链接,注意用符号"#"隔开被链接文件的地址和锚点名称。

【示例 3.6-3】

```
<! DOCTYPE html >
<html >
<head >
<title >链接到其他页面书签</title >
</head >
<body >
  <h1 align ="center" >五言绝句三首</h1 >
  <a href ="abc.html#1" >
    <h2 >《鹿柴》</h2 >
  </a >
<a href ="abc.html#2" >
    <h2 >《送别》</h2 >
</a >
<a href ="abc.html#3" >
<h2 >《相思》</h2 >
</a >
</body >
</html >
```

本例中,演示了链接到上例的文件,并假定上例文件的文件名为 abc.html。要正确实现链接,还需要把本例文件与上例文件存放在同一个文件夹中。

3.7　超级链接的其他应用

除了前面讲述的超级链接的在网页方面的应用外,超级链接还可以给使用者带来一些其他的便利。常见的直接链接包括下面几种:链接到某个邮件地址;链接到某个 FTP 服务;链接到计算机文件,实现该文件的下载。

3.7.1　链接到 E-mail 地址

在网页中,经常可以见到"联系我们"这样的超级链接字样,单击后系统会自动调用邮件客户端发送邮件,并且可以看到收件人地址已经自动填好。这样就可以给浏览者提供了方便的反馈信息方式。

语法

```
<a  href =" mailto:收件人邮件地址" >
  含链接的对象
</a>
```

说明

mailto 表示"邮件发至"的含义,注意用冒号隔开收件人的邮件地址。

【示例 3.7-1】

```
<! DOCTYPE html >
<html >
<head >
<title >方便浏览者发送邮件 </title >
</head >
<body >
  <h1 align ="center" >超经链接的其他应用 </h1 >
  <a href ="maito:ljh@ jxstnu.cn" >
    <h2 >给我写信 </h2 >
</a >
</body >
</html >
```

浏览者单击本例中的"给我写信"后,系统就会自动打开计算机默认的邮件客户端(比如 Outlook Express),并打开发送邮件窗口,自动填好收件人地址 ljh@ jxstnu. cn。浏览者只需要编写邮件内容发送即可。

3.7.2　链接到 FTP 地址

FTP 是较早出现的经典网络服务之一,在今天的网页中可以直接链接到指定的 FTP 地址,方便浏览者进入该 FTP 服务器,方便浏览者下载或上传文件。

语法

```
<a  href = "ftp://ftp 地址" >
  含链接的对象
</a>
```

说明

ftp 表示"文件传送"的含义。注意,要正确表述 FTP 地址。

【示例 3.7-2】

```
<! DOCTYPE html >
< html >
< head >
< title >方便浏览者访问 FTP </title >
</head >
< body >
  < h1 align ="center" >超级链接的其他应用 </h1 >
  < a href ="ftp://ftp.jxstnu.cn" >
    < h2 >访问我们的 FTP </h2 >
  </a >
</body >
</html >
```

浏览者单击本例中的"访问我们的 FTP"后,浏览器会连接到 FTP 上。若该 FTP 允许匿名访问,则浏览者可以直接访问 FTP 的目录和文件;否则,浏览者还需要输入相应的用户名和密码。

3.7.3　实现文件下载

若仅仅需要浏览者下载指定文件,则可以直接链接到这些文件。浏览者仅仅需要单击该超级链接,文件就可以直接从 Web 服务器上下载。

语法

```
<a  href ="文件地址" >
  含链接的对象
</a >
```

说明

可下载的计算机文件几乎可以是任何的类型,在网页中常见的应用是提供压缩文件或可执行程序的下载。

【示例 3.7-3】

```
<! DOCTYPE html > < html >
< head >
< title >方便浏览者下载文件 </title >
</head >
< body >
  < h1 align ="center" >超级链接的其他应用 </h1 >
  < a href ="music.rar" >
    < h2 >下载音乐包 </h2 >
  </a >
  < a href ="game.zip" >
    < h2 >下载游戏包 </h2 >
  </a >
</body >
</html >
```

本例中,假定了本例文件所在的文件夹中,还存在两个压缩文件:music.rar 和 game.zip。

浏览者单击本例中的"下载音乐包"后,系统浏览器会自动下载"music. rar"文件。

3.8　链接地址的表示

在前面的案例中,我们简化了超级链接的地址表示。仅仅用到了两种地址表达方式:一是直接链接到网站的默认主页,二是假定超级链接的目标文件和当前文件在同一个文件夹中。而在实际应用中,网站含有大量网页、图片、声音文件等,这些文件都分门别类地存储在不同的文件夹中,不可能每个网页文件都和其他文件处于同一文件夹中。为了解决链接其他相邻文件夹的文件,本节讨论如何表示文件的链接地址(也称为文件的路径)。HTML 有两种路径的写法:绝对路径(Absolute Path)和相对路径(Relative Path)。

3.8.1　绝对路径

相对而言,绝对路径更好理解,URL 描述的文件地址就是绝对路径,例如,一张仕女的图片地址为:http://www. jxstnu. cn/wskc/html/download/ct/c1. jpg,这就是该图像文件"c1. jpg"的绝对地址。该绝对路径描述了这个图片位于 http://www. jxstnu. cn 这个主机上,并处于系列子目录 wskc/html/download/ct 下,最后描述了文件名为"c1. jpg"。浏览器访问绝对地址时,首先,从网络域名找到主机;其次,通过主机找到下一层子目录,最终实现找到指定的文件。

语法

```
href = "http://主机域名/子目录……/文件名.扩展名"
或
src ="http://主机域名/子目录……/文件名.扩展名"
```

说明

绝对路径表达的文件一般都是指在互联网上的文件,不是指放在本地的文件,因为网页若仅在本地的一台机器中有效,那么该网页也就没有意义了。这些文件放在互联网 Web 服务器上,通过 HTTP 协议提供文件的访问。

HTML 网页可以将其他媒体文件嵌入其中,例如,< img >等嵌入标记可通过 src 属性导入存在于互联网络中的图像。因此,在 src 属性中,也可以设置绝对路径表达的地址。

【示例 3.8-1】

```
<! DOCTYPE html >
<html >
<head >
  <title >应用绝对路径地址 </title >
</head >
<body >
<h3 >应用绝对路径地址 </h3 >
  <a href ="http://www.w3.org/Icons/w3c_main.png" >
  W3C 的 logo 图标
  </a >
  <img  src ="http://www.jxstnu.cn/wskc/html/download/ct/c1.jpg"
        width ="200" >
  <img  src =http://www.jxstnu.cn/wskc/html/download/ct/c2.jpg
        width ="200" >
```

```
</body >
</html >
```

本例直接从互联网的网站中服务器读取了两个图片"c1. jpg"和"c2. jpg",并把图片嵌入到页面中。此外,还设置了一个超级链接,链接到 W3C 网站的 logo 图片。

由于他人 Web 服务器上的文件不由自己控制管理,因此不能保证绝对路径地址的文件链接始终有效。如果这些文件的所有者删除了文件或更改了主机配置,都将导致绝对路径无法访问。用浏览器打开本例后,效果如图 3.7 所示。

图 3.7 示例 3.8-1 的运行效果

创建一个直接读取网上图片文件的页面,这样做可以不必下载文件就可以直接把文件嵌入到网页中,不仅节约了网站空间,也避免了因复制图片导致版权的纠纷。

3.8.2　相对路径

在一个独立网站中,内部文件数量一般非常多,这些文件需要通过超级链接技术连接在一起。如果都采用绝对地址方式,则网站地址发生一点变更的情况,将导致所有页面不能正常链接,而且这样的网站也无法移植在其他计算机上使用;若要修改所有的页面链接,工作量将非常巨大。因此,在网站内部超级链接中,绝对路径应用还是有巨大的局限的。如果用"相对路径"表示网站内部文件的链接,则可以较好地解决上述问题。

本节讲学习相对路径描述超级链接的地址。顾名思义"相对路径"是相对而言的,具体讲就是,相对当前页面文件而言,被链接的文件如何被描述。

最简单的相对路径就是当前文件和被链接文件在同一个文件夹中,本章以前的超级链接案例,需要将链接文件和被链接文件放在一起,在写超级链接代码时只要直接写上文件名称即可。除此之外,还有两种表示相对路径的情况:一是被链接文件相对处于子文件夹中;二是被链接文件处于上层文件夹中。

1. 子文件夹的相对表示

语法

```
href = " /子目录/……/文件名.扩展名"
或
src = " /子目录……/文件名.扩展名"
```

说明

相对路径以当前文件为起点,先描述与当前文件处于同一层次的子目录名(或称文件夹),然后描述下一层次子目录名,一直描述到被超级链接的文件为止。注意被超级链接的文件必须准确无误地描述文件名和扩展名,中间用英文点隔开,子目录(文件夹)之间用斜线"/"隔开。

【示例 3.8-2】

```
<! DOCTYPE html >
<html >
<head >
  <title >简单网站的首页</title >
</head >
<body >
  <h2 align ="center" >唐代文人杜牧</h2 >
  <p >
  < img src ="images/pic.jpg" align ="left" >
    
  < font size =" +1" >
杜牧,字牧之,京兆万年(今陕西西安)人。唐文宗大和二年进士,历任监察御史,黄州、池州、睦州等地刺史,以及司勋员外郎、中书舍人等职。
  </font >
</body >
</html1 >
```

本节将建立一个简单的网站,网站的文件都处于不同文件夹中,本例将在下一节设计为网站的首页。在首页所在的文件夹中,还须创建建立了一个"images"的文件夹,该文件夹内部存放了图像文件"pic.jpg"。相对本首页而言,用相对路径表示该图像即为"images/pic.jpg"。用浏览器打开本例,运行效果如图3.8所示。

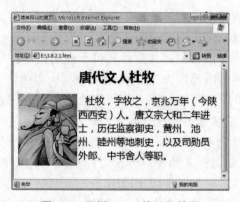

图3.8 示例3.8-2的运行效果

2. 上层文件夹的相对表示

语法

```
href = "../子目录/……/文件名.扩展名"
或者
src = "../子目录/……/文件名.扩展名"
```

说明

相对路径仍然以当前文件为起点,先用两点".."描述当前文件的上一层文件夹,然后分为两种情况。第一种是可以直接找到被超级链接的文件;第二种是通过描述子文件夹一层一层找到最终的被链接文件,子目录(文件夹)之间用斜线"/"隔开。注意,被超级链接的文件必须准确无误地描述文件名和扩展名,中间用英文点隔开。

本例需要建立一个文件夹看作网站,在其中分别建立4个文件夹,分别是"images""1""2""3"。在其中分别建立文件,用于演示相对路径超级链接。需要用一个网站结构图来表示本例中各个文件所处的层次,示例3.8-3的网站结构如图3.9所示。

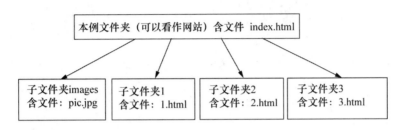

图 3.9　示例 3.8-3 的网站结构

【示例 3.8-3】

```
index.html
<! DOCTYPE html > <html >
<head >
  <title >简单网站的首页 </title >
</head >
<body >
  <h2 align ="center" >唐代文人杜牧 </h2 >
  <p >
  <img src ="images/pic.jpg" align ="left" >
  
  <font size =" +1" >
杜牧,字牧之,京兆万年(今陕西西安)人。唐文宗大和二年进士,历任监察御史,黄州、池州、睦州等地
刺史,以及司勋员外郎、中书舍人等职。
  </font >
  <p >
  <a href ="1/1.html" >人物简介 </a >
  
  <a href ="2/2.html" >代表作1 </a >
  
  <a href ="3/3.html" >代表作2 </a >
</body >
</html >
```

相对于 index. html 文件而言,1. html、2. html、3. html 分别处于子文件夹 1、2、3,中。因此,相对路径表示为子文件夹名紧接被链接的文件名,中间用斜线"/"隔开。用浏览器打开本例后,效果如图 3.10 所示。

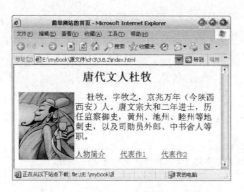

图 3.10 示例 3.8-3 的运行效果

【示例 3.8-4】

1. html

```
<! DOCTYPE html >
<html >
<head >
  <title >人物简介</title >
</head >
<body >
  <p >
杜牧有政治理想,但由于秉性刚直,屡受排挤,一生仕途不得志,因而晚年纵情声色,过着放荡不羁的
生活。杜牧的诗、赋、古文都负盛名,而以诗的成就最大,与李商隐齐名,世称"小李杜"。其诗风格俊爽清
丽,独树一帜。尤其善长于七言律诗和绝句。
  <p >
  <a href ="../index.html" >回首页</a >
    
  <a href ="../2/2.html" >代表作 1</a >
    
  <a href ="../3/3.html" >代表作 2</a >
</body >
</html >
```

相对于本例 1. html 文件而言,index. html 处于上一层文件夹中,因此以".."表示回到上一层文件夹,然后方可找到首页文件。而 2. html、3. html 都相对处于上一层文件夹的子文件夹 2、3 中,因此相对路径地址表示为"../文件夹名/文件名. html"。用浏览器打开本例后,效果如图 3.11 所示。

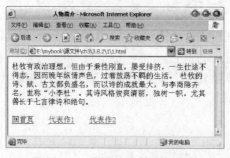

图 3.11 示例 3.8-4 的运行效果

【示例 3.8-5】

2. html

```
<! DOCTYPE html >
<html >
<head >
  <title >诗1</title >
</head >
<body >
  <h4 >代表作1 · 山行</h4 >
  远上寒山石径斜,<br >
  白云深处有人家。<br >
  停车坐爱枫林晚,<br >
  霜叶红于二月花。<br >
  <p >
  <a href ="../index.html" >回首页</a >
    
  <a href ="../1/1.html" >作者简介</a >
    
  <a href ="../3/3.html" >代表作2</a >
</body >
</html >
```

相对于本例 2. html 文件而言,index. html 处于上一层文件夹中,因此以".."表示回到上一层文件夹,也可找到首页文件。而 1. html、3. html 都相对处于上一层文件夹的子文件夹 1、3 中,因此相对路径地址表示为"../文件夹名/文件名. html"。用浏览器打开本例,运行效果如图 3. 12 所示。

图 3. 12　示例 3. 8-5 的运行效果

【示例 3.8-6】

3. html

```
<! DOCTYPE html >
<html >
<head >
<title >诗2</title >
</head >
< body >
<h4 >代表作2 · 七夕</h4 >
银烛秋光冷画屏,<br >
轻罗小扇扑流萤。<br >
天街夜色凉如水,<br >
```

```
卧看牵牛织女星。<br>
<p>
<a href="../index.html">回首页</a>
  
<a href="../1/1.html">作者简介</a>
  
<a href="../2/2.html">代表作1</a>
</body>
</html>
```

用浏览器打开本例,运行效果如图 3.13 所示。相对于本例文件 3. html 而言,相对链接表示方式与 2. html 类似,在此不再赘述。

图 3.13　示例 3.8-6 的运行效果

3.9　框　　架

框架(Frame)是把多个网页整合到一个浏览器窗口的技术。从设计者角度来看,也可以把设计网页框架比喻为设计一个安放多本书籍的书架。框架可以把浏览器窗口划分为多个区域,每个区域都可以用超级链接的方式导入其他网页文件,这样就可以在一个浏览器窗口同时显示多个网页文件。一般利用框架,再结合简单的超级链接网页,就可方便地实现简单的网站导航制作。

每个框架可以导入一个网页文件,框架内的网页相互独立,可以有自己的滚动条。

并不是所有的浏览器都支持框架技术,因此需要给那些使用不支持框架浏览器的访问者提示。使用 < noframes > 标记可以同时浏览器显示该提示信息。

语法

```
<frameset>
    ......
</frameset>
```

说明

框架标记以 < frameset > 开头,以 </frameset > 结束。框架标记是用来划分浏览器区域的,框架属于容器类型,框架标记本身不能含任何网页信息。另外,框架必须写在 < body > 和 </body > 标记之前。设计为框架的网页一般用于导入和整合其他文件,原则上是没有任何图文信息的,即设计为框架的网页在 < body > 和 </body > 之间无须编写图文内容。

框架既可以把浏览器显示区按列划分(称为列分框架);也可以把浏览器显示区按行划分(称为行分框架);或者列行混合划分,称为混合框架。

语法

```
<noframes >
  提示无法按框架显示本页的信息
</noframes >
```

说明

一般在设有框架的网页中要添加该语句,以便无法显示框架的浏览器的访问者能得知网页不能正常显示的信息。

3.9.1　列分框架

把浏览器窗口垂直分割为几个框架区域,称为列分框架。每个框架内可以导入不同的网页文件。

语法

```
< frameset   cols = "框架 1 宽度,框架 2 宽度,……" >
  < frame   src = "导入框架 1 的文件地址" >
  < frame   src = "导入框架 2 的文件地址" >
  ……
</frameset >
```

说明

宽度划分可以用像素表示,也可以用百分比表示。划分后的框架就像缩小的浏览器一样导入外部文件,并在框架范围内显示。

本例需要建立一个含框架的首页 index. html 和 3 个网页文件。这 3 个网页分别是 c1. html、c2. html、c3. html。首页将这 3 个网页再分别导入指定的框架,各个文件的结构示意如图 3.14 所示。

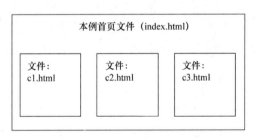

图 3.14　首页框架结构——列分框架

【示例 3.9-1】

index. html

```
<! DOCTYPE html >
<html >
<head >
<title >列分框架 </title >
</head >
< frameset   cols = "300,300,300" >
  < frame   src = "c1.html" >
  < frame   src = "c2.html" >
  < frame   src = "c3.html" >
```

```
</frameset>
<noframe>
<body>
   您的浏览器不支持框架,无法正常显示网页!
</body>
</noframe>
</html>
```

【示例 3.9-2】

c1. html

```
<! DOCTYPE html>
<html>
<body>
<body leftmargin="0" topmargin="0">
<img src="tu1.jpg" width="300">
</body>
</html>
```

【示例 3.9-3】

c2. html

```
<! DOCTYPE html>
<html>
<body leftmargin="0" topmargin="0">
<img src="tu2.jpg" width="300">
</body>
</html>
```

【示例 3.9-4】

c3. html

```
<! DOCTYPE html>
<html>
<body>
<h2 align="center">泊秦淮</h3>
<h3 align="center">杜牧</h4>
<p align="center">
<font size="+1">
烟笼寒水月笼沙,<br>
夜泊秦淮近酒家。<br>
商女不知亡国恨,<br>
隔江犹唱后庭花。<br>
</font>
</body>
</html>
```

用浏览器打开本例,运行效果如图 3.15 所示,在一个浏览器窗口中显示 3 个网页文件。

图 3.15   示例 3.9-2～3.9-4 的运行效果

3.9.2　行分框架

把浏览器窗口水平分割为几个框架区域,称为行分框架。每个框架内可以导入不同的网页文件。

语法

```
<frameset  rows ="框架 1 高度,框架 2 高度,……">
   <frame  src ="导入框架 1 的文件地址">
   <frame  src ="导入框架 2 的文件地址">
   ……
</frameset>
```

说明

高度划分可以用像素表示,也可以用百分比表示。划分后的框架将导入外部文件,并在框架范围内显示。

本例仍需要建立一个含框架的首页 index. html 和两个网页文件。这两个网页分别是 r1. html、r2. html。首页将这两个网页再分别导入指定的框架,各个文件的结构示意如图 3.16 所示。

图 3.16　首页框架结构——行分框架

【示例 3.9-5】

index. html

```
<! DOCTYPE html >
<html >
<head >
<title >行分框架</title >
</head >
<frameset  rows ="50%,50%">
   <frame  src ="r1.html">
   <frame  src ="r2.html">
</frameset >
<noframe >
<body >
   您的浏览器不支持框架,无法正常显示网页!
</body >
</noframe >
</html >
```

【示例 3. 9-6】

r1. html

```
<! DOCTYPE html >
<html >
< body leftmargin ="0" topmargin ="0" >
  < img src ="tu1.jpg" width ="300" height ="200" >
  < img src ="tu2.jpg" width ="300" height ="200" >
</body >
</html >
```

【示例 3. 9-7】

r2. html

```
<! DOCTYPE html >
<html >
< body leftmargin ="0" topmargin ="0" >
  < h1 align ="center" >出塞 </h1 >
  < h2 align ="center" >王昌龄 </h2 >
  < p align ="center" >
  < font size =" +2" >
    秦时明月汉时关,万里长征人未还。 < br >
    但使龙城飞将在,不教胡马度阴山! < br >
  </ font >
</body >
</html >
```

用浏览器打开本例,运行效果如图 3. 17 所示,本例将在一个浏览器窗口中上下分栏显示两个网页文件。

图 3. 17　示例 3. 9-5～3. 9-7 的运行效果

3. 9. 3　混合框架

列分框架和行分框架可以嵌套在一起混合使用,这种框架称为混合框架。既可以在列分框架中嵌套行分框架,也可以在行分框架内嵌套列分框架。每个框架中仍可以导入不同的网页文件。

语法

```
<frameset  cols 或 rows ="框架1大小,框架2大小,……">
    ……
    <frameset rows 或 cols ="框架1大小,框架2大小,……">
    ……
    </frameset>
    ……
</frameset>
```

说明

宽度和高度的划分可以用像素表示,也可以用百分比表示。

本例仍需要建立一个含框架的首页 index. html 和 4 个网页文件分别是。这 4 个网页文件分别是 r1. html、c1. html、c2. html、c3. html。首页将这 4 个网页再分别导入指定的框架,各个文件的结构示意如图 3. 18 所示。

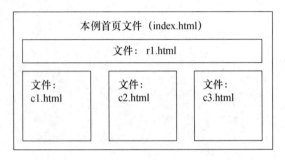

图 3.18 首页框架结构——混合框架

【示例 3.9-8】

index. html

```
<! DOCTYPE html >
<html >
<head >
<title >混合框架</title >
</head >
<frameset  rows ="40%,60%" >
   <frame  src ="r1.html" >
   <frameset  cols ="200,200,200" >
      <frame  src ="c1.html" >
      <frame  src ="c2.html" >
      <frame  src ="c3.html" >
   </frameset >
</frameset >
<noframe >
<body >
   您的浏览器不支持框架,无法正常显示网页!
</body >
</noframe >
</html >
```

【示例 3.9-9】

r1. html

```
<! DOCTYPE html >
<html >
<body >
  <h2 align ="center" >伟大的诗人——李白 </h2 >
  <p >
  李白(701—762),字太白,晚年自号青莲居士。祖籍陇西成纪(今甘肃秦安),先世
于隋末流徙西域,出生于当时唐安西大都护府所在的碎叶城(今吉尔吉斯斯坦境内)。天才横溢,被誉为谪
仙人。其诗想象丰富,构思奇特,气势雄浑瑰丽,风格豪迈潇洒,是盛唐浪漫主义诗歌的代表人物。
</body >
</html >
```

【示例 3.9-10】

c1. html

```
<! DOCTYPE html >
<html >
<body >
  <h4 align ="center" >望庐山瀑布 </h4 >
  <p  align ="center" >
  日照香炉生紫烟, <br >
  遥看瀑布挂前川。 <br >
  飞流直下三千尺, <br >
  疑是银河落九天。 <br >
</body >
</html >
```

【示例 3.9-11】

c2. html

```
<! DOCTYPE html >
<html >
<body >
  <h4 align ="center" >望天门山 </h4 >
  <p  align ="center" >
  天门中断楚江开, <br >
  碧水东流至此回。 <br >
  两岸青山相对出, <br >
  孤帆一片日边来。 <br >
</body >
</html >
```

【示例 3.9-12】

c3. html

```
<! DOCTYPE html >
<html >
<body >
  <h4   align ="center" >早发白帝城 </h4 >
  <p  align ="center" >
  朝辞白帝彩云间, <br >
  千里江陵一日还。 <br >
  两岸猿声啼不住, <br >
  轻舟已过万重山。 <br >
</body >
</html >
```

用浏览器打开本例,运行效果如图 3.19 所示,本例在一个浏览器窗口中显示 4 个网页文件,其中第二个行分框架再次被划分为三个列分框架。

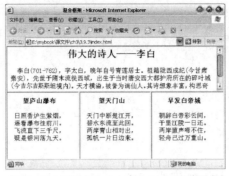

图 3.19　示例 3.9-8 ～ 3.9-12 的运行效果

3.9.4　框架用于导航

导航目的就是让网页的超级链接更有效果,网页的导航设计是网站和网页设计者最重视的内容。利用以上三类框架和超级链接标记结合起来,就可以方便地实现网页、网站的简单导航。对导航的实现,后面还将具体介绍。

语法

```
< frameset  cols 或 rows = "框架 1 大小,框架 2 大小,……" >
    < frame name = "本框架 1 名称" >
    < frame name = "本框架 2 名称" >
    ……
</frameset >
```

说明

这里框架的设置与前面的使用完全相同,区别表现在两方面:一是框架必须命名方可被超级链接所认识;二是用于导航的网页文件中含有超级链接,每个链接的属性 target 取值使用框架的名称,以这种方式实现导航技术。

本导航案例仍然可以看作一个简单网站,要建立一个含框架的首页 index. html 和若干个网页文件。导入左边框架文件 left. html 内部含有超级链接,单击链接将在右边框架分别导入指定的 4 个网页文件,分别是 right. html、c1. html、c2. html、c3. html。首页框架的命名将指定框架的名称,并自动导入 left. html 和 right. html。各个文件的结构示意如图 3.20 所示。

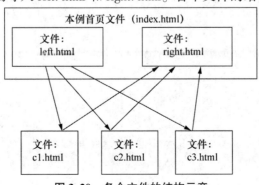

图 3.20　各个文件的结构示意

【示例 3.9-13】

index. html

```
<! DOCTYPE html >
<html >
<head >
<title >导航框架 </title >
</head >
< frameset  cols ="30%,70%" >
    < frame  name ="left"  src ="left.html" >
    < frame  name ="right"  src ="right.html" >
</frameset >
<noframe >
<body >
    您的浏览器不支持框架,无法正常显示网页!
</body >
</noframe >
</html >
```

用浏览器打开本例,运行效果如图 3.21 所示,本例在一个浏览器窗口中显示两个网页文件。其中,在左框架导入 left. html,在右边框架设定了导入文件 right. html。这两个文件的具体 HTML 代码内容在后面的例了中说明。

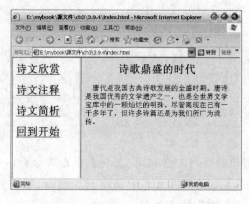

图 3.21　示例 3.9-13 的运行效果

【示例 3.9-14】

left. html

```
<! DOCTYPE html >
<html >
<body >
 <h2 >
 <a href ="c1.html" target ="right" >诗文欣赏 </a >
 </h2 >
 <h2 >
 <a href ="c2.html" target ="right" >诗文注释 </a >
 </h2 >
 <h2 >
 <a href ="c3.html" target ="right" >诗文简析 </a >
 </h2 >
```

```
<h2 >
 <a href = "right.html" target = "right" >回到开始 </a >
</h2 >
</body >
</html >
```

本例 a 标记结合 h2 标题标记,形成超级链接导航菜单。用浏览器打开本例,运行效果如图 3.22 所示。

图 3.22　示例 3.9-14 的运行效果

【示例 3.9-15】

right. html

```
<! DOCTYPE html >
<html >
< body bgcolor = "#ffffaa" >
< h2 align = "center" >诗歌鼎盛的时代 </h2 >
<p >
  唐代是我国古典诗歌发展的全盛时期。唐诗是我国优秀的文学遗产之一,也是全世界文学宝库中的一颗灿烂的明珠。尽管离现在已有一千多年了,但许多诗篇还是为我们所广为流传。
</body >
</html >
```

本例运用 h2 标记和段落标记编写了一个简单页面。用浏览器打开本例,运行效果如图 3.23 所示。如果单击文件 left. html 的超级链接"回到开始",则右边框架将再次导入本例文件。

图 3.23　示例 3.9-15 的运行效果

【示例 3.9-16】

c1. html

```
<! DOCTYPE html >
<html >
<body >
<h2 align ="center" >登幽州台歌 </h3 >
<h3 align ="center" >陈子昂 </h4 >
<p align ="center" >
<font size =" +2" >
前不见古人,<br >
后不见来者。<br >
念天地之悠悠,<br >
独怆然而涕下。<br >
</font >
</body >
</html >
```

如果单击超级链接"诗文欣赏",则右边框架将导入文件 c1. html。用浏览器打开本例,
运行效果如图 3.24 所示。

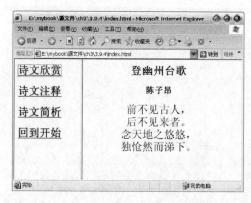

图 3.24　示例 3.9-16 的运行效果

【示例 3.9-17】

c2. html

```
<! DOCTYPE html >
<html >
<body >
<h2 align ="center" >诗文注释 </h2 >
<p >
幽州台:又称燕台,史传为燕昭王为招揽人才所筑的黄金台,故址在今北京市大兴。
</body >
</html >
```

如果单击超级链接"诗文注释",则右边框架将导入文件 c2. html。用浏览器打开本例,
运行效果如图 3.25 所示。

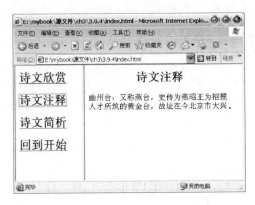

图 3.25　示例 3.9-17 的运行效果

【示例 3.9-18】

c3. html

```
<! DOCTYPE html >
<html >
<body >
<h2  align = "center" >诗文简析</h2 >
<p >
   武则天万岁通天元年696,契丹李尽忠反叛,武则天命建安王武攸宜率军讨
伐,陈子昂随军参谋,到了东北边地。武攸宜根本不懂军事,陈子昂进谏,不仅没被采纳,反而被贬斥,因此
登幽州台抒发失意的感慨。全诗以广阔的胸襟,慷慨悲凉的情调,感时伤事,吊古悲今,不假修饰,其立意、
气势和思想,感情,千百年来一直引起人们强烈的共鸣。
</body >
</html >
```

如果单击超级链接"诗文简析",则右边框架将导入文件 c3. html。用浏览器打开本例,效果如图 3.26 所示。

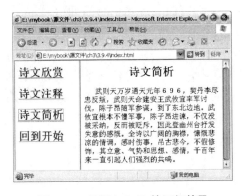

图 3.26　示例 3.9-18 的运行效果

第4章 表格及排版网页

本章导读

　　本章讲述了如何使用网页的表格进行网页排版,包括 HTML 表格的组成、创建、属性设置、利用表格排版定位网页中的对象等。本章每个知识点都配有实例,并且给出代码及演示,让读者能够直观地学习。

　　在日常工作生活中,表格扮演着重要的角色,它使复杂的人类信息变得清晰而又有条理。而在 HTML 页面中,当图像、文字、媒体较多时,网页难以精确实现各种内容的排版定位,加上浏览者的浏览器窗口的变化也会导致各类对象在页面中位置发生改变。为了解决上述问题,表格提供了较好的方案,因此表格是用于网页最基本的排版工具。实际上许多网页都使用了表格进行排版。

　　表格也可以用来划分网页指定的区域,即把网页的一个矩形区域划分为由行列组成的许多小矩形单元,每个小矩形单元都是我们安放网页内容的"房间"。这样,网页中的文字、图像、媒体等内容都可以"各得其所",也就实现了网页内容的排版。

4.1　表格及其属性

　　每张表格(Table)是由水平的行(Row)和垂直的列(Column)组成。行列相交形成的小矩形单元,称为表格的单元格(Cell)。

　　在 HTML 中,可以把表格分解为三个层次,第一个层次是表格,每个表格以 < table > 标记开始,以 </ table > 标记结束;第二个层次是组成表格的行,表格中的每一行以 < tr > 标记开始,以 </ tr > 标记结束;第三个层次是组成行的单元格,行中的每一个单元以 < td > 标记开始,以 </ td > 标记结束。

语法

```
<table>
  <tr>
     <td>内容1</td>……
  </tr>
  ……
</table>
```

说明

表格相当于网页内容的"容器",没有设定大小和线框属性的表格在网页中几乎是不可见的,但是表格仍然起到排版的作用。

在一个网页中可以有很多表格,每个表格以 < table > 开始,以 </ table > 结束;每个表格可以含有若干个行;每个行可以含有若干个单元格。

【示例 4.1-1】

```
<! DOCTYPE html >
<html >
<body >
<table >
<tr >
    <td >第 1 行第 1 列 </td >
    <td >第 1 行第 2 列 </td >
    <td >第 1 行第 3 列 </td >
</tr >
<tr >
    <td >第 2 行第 1 列 </td >
    <td >第 2 行第 2 列 </td >
    <td >第 2 行第 3 列 </td >
</tr >
</table >
</body >
</html >
```

本例中,生成了一个两行三列的表格,用浏览器打开本例,运行效果如图 4.1 所示。可以看到文字被分为两行,行中每列的文字被稍微分隔开。

图 4.1　示例 4.1-1 的运行效果

4.1.1　表格的框线

为了让表格清晰可见,便于学习 HTML 表格,我们可以显示表格的外框和内部的边线。通过设置表格相关属性可以设定外框的粗细和框线的颜色。

语法

```
<table  border ="外框粗细"  bordercolor ="框线颜色" >
  ……
</table >
```

说明

border 属性取值单位用像素表示,该属性仅用于设定表格最外一圈的边框粗细,不能设定内部框线。若不设定该属性,表格将不显示外边框。

bordercolor 属性将设定表格所有框线的颜色。若将 border 属性设为 0,表格除了不显示边界,还会使得 bordercolor 属性设置失去效果。

【示例 4.1-2】

```
<!DOCTYPE html>
<html>
<body>
  <table border="5" bordercolor="#000000">
  <tr>
    <td>第1行第1列</td>
    <td>第1行第2列</td>
    <td>第1行第3列</td>
  </tr>
  <tr>
    <td>第2行第1列</td>
    <td>第2行第2列</td>
    <td>第2行第3列</td>
  </tr>
  </table>
</body>
</html>
```

用浏览器打开本例,运行效果如图 4.2 所示。可以看到表格外边框粗细被设定为 5 个像素,边线颜色被设定为黑色(#000000),所以表格线较为清楚。

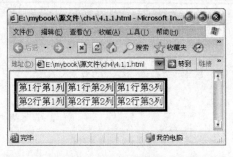

图 4.2   示例 4.1-2 的运行效果

4.1.2   表格的标题和表头

表格的标题作用是用于说明整个表格,显示时总是处于表格上方。表头一般用于表达表格数据信息的名称。

语法

```
<table>
  <caption>表格的标题</caption>
  <tr>
    <th>表头1</th>
    ......
  </tr>
  ......
</table>
```

说明

每个表格仅仅能有一个标题,一般把标题标记设定在表格第一行的上方。标题以 <caption> 开始,以 </caption> 结束。

表头 <th> 必须写在表格行内,实质上表头也是特殊格式的单元格,表头内的文字是粗体显示的,并在单元格内以居中方式对齐。

【示例 4.1-3】

```
<! DOCTYPE html >
<html >
<body >
  <table border ="1" bordercolor ="#000000" >
    <caption >这是表格的标题 </caption >
    <tr >
      <th >表头 1 </th >
      <th >表头 2 </th >
      <th >表头 3 </th >
    </tr >
    <tr >
      <td >第 1 行第 1 列 </td >
      <td >第 1 行第 2 列 </td >
      <td >第 1 行第 3 列 </td >
    </tr >
    <tr >
      <td >第 2 行第 1 列 </td >
      <td >第 2 行第 2 列 </td >
      <td >第 2 行第 3 列 </td >
    </tr >
  </table >
</body >
</html >
```

用浏览器打开本例,运行效果如图 4.3 所示。可以看到表格标题处于表格外上方,表头文字被加粗并居中表示。

图 4.3 示例 4.1-3 的运行效果

4.1.3 表格的对齐方式

网页编写好后,可能会被各种不同类型的计算机打开,而各种类型计算机的显示器尺寸和分辨率大小不一,为了使网页在大多数计算机上尽量显示得美观,需要将表格居中对齐。我们可以通过 align 属性为表格设定相对于浏览器窗口的对齐方式。

语法

```
<table  align ="表格对齐方式" >
  ......
</table >
```

说明

表格的属性 align 的取值与 HTML 其他标签相同,分别有 left、center、right 三种,分别表示设定整个表格在浏览器窗口中左对齐、中间对齐、右对齐。若表格不设定 align 属性,则对齐方式默认为左对齐。

【示例 4.1-4】

```
<! DOCTYPE html >
<html >
< body >
< table border ="1" >
< caption >表格左对齐</caption >
< tr >
    <th >表头 1 </th >
    <th >表头 2 </th >
</tr >
< tr >
    <td >第 1 行第 1 列 </td >
    <td >第 1 行第 2 列 </td >
</tr >
</table >

< table border ="1" align ="center" >
< caption >表格中间对齐</caption >
< tr >
    <th >表头 1 </th >
    <th >表头 2 </th >
</tr >
< tr >
    <td >第 1 行第 1 列 </td >
    <td >第 1 行第 2 列 </td >
</tr >
</table >

< table border ="1" align ="right" >
< caption >表格右对齐</caption >
< tr >
    <th >表头 1 </th >
    <th >表头 2 </th >
</tr >
< tr >
    <td >第 1 行第 1 列 </td >
    <td >第 1 行第 2 列 </td >
</tr >
</table >
</body >
</html >
```

本例创建了 3 个表格,各使用了 3 种不同的对齐方式。用浏览器打开本例,运行效果如

图 4.4 所示。

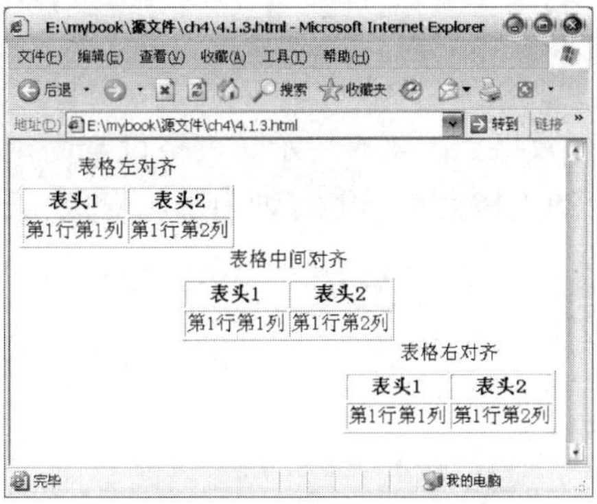

图 4.4　示例 4.1-4 的运行效果

4.1.4　表格的宽度和高度

表格的大小由宽度和高度属性值来决定,若不设定这两个属性,则表格更像一个具有弹性的"气球",其大小根据表格内的对象大小自动调整。

语法

```
<table width ="表格宽度"　height ="表格高度" >
……
</table >
```

说明

在设定表格的 width 和 height 这两个属性时,可以使用像素值作为单位,还可以使用百分比来设定,这样表格会根据浏览器窗口的大小来自动设定宽度和高度。

【示例 4.1-5】

```
<! DOCTYPE html >
<html >
<body >
<table width ="50%" height ="200" border ="1" bordercolor ="#000000" >
<caption >表格的大小 </caption >
<tr >
  <th >表头 1 </th >
  <th >表头 2 </th >
  <th >表头 3 </th >
</tr >
<tr >
  <td >第 1 行第 1 列 </td >
  <td >第 1 行第 2 列 </td >
  <td >第 1 行第 3 列 </td >
</tr >
<tr >
  <td >第 2 行第 1 列 </td >
  <td >第 2 行第 2 列 </td >
  <td >第 2 行第 3 列 </td >
```

```
    </tr >
  </table >
</body >
</html >
```

用浏览器打开本例,运行效果如图 4.5 所示。表格设定固定大小后,这样表格内的对象可以占据更多空间。若设定的表格大小不能容纳内部的对象,表格将自动调整大小来适应。

图 4.5　示例 4.1-5 的运行效果

4.1.5　表格的背景设置

为了使表格更加醒目、美观,可以给整个表格设定背景色或背景图,表格的背景色或背景图会覆盖页面的同类设置。

语法

```
< table bgcolor = "表格背景色" >
  ……
</table >
或
< table background = "表格背景图文件地址" >
  ……
</table >
```

说明

分别设置表格的两个背景属性设置对整个表格有效,当同时设定这两个属性时,背景色将被背景图所覆盖。表格的背景图地址既可以使用相对地址表示,也可以使用绝对地址表示。

【示例 4.1-6】

```
<! DOCTYPE html >
< html >
< body >
< table bgcolor = "#FFFF99" width = "500" height = "100"
            border = "1" bordercolor = "#000000" >
< caption >这是表格 1 </caption >
< tr >
  < td >第 1 行第 1 列 </td >
  < td >第 1 行第 2 列 </td >
</tr >
< tr >
  < td >第 2 行第 1 列 </td >
  < td >第 2 行第 2 列 </td >
```

```
</tr >
</table >
< table background ="bk.jpg" width ="500" height ="100"
                   border ="1" bordercolor ="#000000" >
<caption >这是表格 2 </caption >
<tr >
    <td >第 1 行第 1 列 </td >
    <td >第 1 行第 2 列 </td >
</tr >
<tr >
    <td >第 2 行第 1 列 </td >
    <td >第 2 行第 2 列 </td >
</tr >
</table >
</body >
</html >
```

本例假定在本文件所在的文件夹下,存在图片"bk.jpg"。用浏览器打开本例,运行效果如图 4.6 所示。

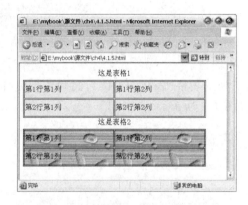

图 4.6　示例 4.1-6 的运行效果

4.2　表格的行及其属性

可以把表格看作由多个行组成,每行可以单独设定属性。表格的行属性不多,主要是背景和对齐方式两类。

4.2.1　行高与行背景色设置

表格的行可以设定行高,但不可以设定行宽,因为行宽由表格宽度决定。表格的行可以设定背景色,但不可以设定背景图。

语法

```
<tr bgcolor ="背景颜色"  height ="行高" >
……
</tr >
```

说明

当前行的背景色会覆盖表格的背景色,并设置本行所有单元格的背景色。行高值必须以像素为单位。

【示例4.2-1】

```
<! DOCTYPE html >
<html >
<body >
<table align ="center" width ="70%"  border ="0" >
<caption >表格的行设置</caption >
<tr height ="50" bgcolor ="#FFFF99" >
    <td >第1行第1列</td >
    <td >第1行第2列</td >
    <td >第1行第3列</td >
</tr >
<tr height ="150" bgcolor ="#FF99FF" >
    <td >第2行第1列</td >
    <td >第2行第2列</td >
    <td >第2行第3列</td >
</tr >
</table >
</body >
</html >
```

本例创建了一个两行三列的表格,表格的行的行高和背景色都单独进行了设定。用浏览器打开本例,运行效果如图4.7所示。

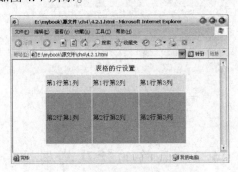

图4.7 示例4.2-1的运行效果

4.2.2 行的对齐方式

表格中行的对齐方式与表格的对齐方式不同,表格的对齐方式不影响行和单元格内部对象的对齐,但行的对齐方式将影响本行内所有单元格的对象的对齐方式。行的对齐方式有两种:一是水平方向的对齐,二是垂直方向的对齐。

语法

```
<tr align ="水平对齐方式"  valign ="垂直对齐方式" >
    ……
</tr >
```

说明

表格行内的水平对齐属性 align 取值有三种选择,分别是 left、center、right。垂直对齐属性 valign 取值有三种选择,分别是 top、middle、bottom。

【示例 4.2-2】

```
<! DOCTYPE html >
<html >
<body >
<table align ="center" width ="400"  border ="1" bordercolor ="#000000" bg-
color ="FFFF99" >
  <caption >表格行的对齐方式</caption >
  <tr height ="80" align ="left" valign ="top" >
    <td >第1行第1列</td >
  </tr >
  <tr height ="80" align ="center" valign ="middle" >
    <td >第2行第1列</td >
  </tr >
  <tr height ="80" align ="right" valign ="bottom" >
    <td >第3行第1列</td >
  </tr >
</table >
</body >
</html >
```

本例创建了一个三行一列的表格,同时使用了 align 属性和 valign 属性来控制表格的行的文字对齐。用浏览器打开本例,运行效果如图 4.8 所示。

图 4.8 示例 4.2-2 的运行效果

4.3　表格的单元格及其属性

表格的单元格既是表格包容对象的最基本的单位,也是构成行的基本元素。一个行内可以有很多单元格,每个单元格还可以自定义属性,这样可以使表格排版网页时更加灵活。若单元格属性定义与行、表格的相关定义互相冲突,则以单元格中的属性定义为准。

4.3.1 单元格的背景

可以单独为表格的每个单元格设置背景色或背景图。为某个单元格设定的背景将覆盖本行给该单元所做的背景设定。

语法

```
<td bgcolor ="本单元格背景色" >
   ……
</td >
或
<td background ="本单元格背景图地址" >
   ……
</td >
```

说明

单元格设置背景色和背景图属性仅对本单元格有效,当同时设定这两个属性时,背景色将被背景图所覆盖。单元格的背景图地址既可以使用相对地址表示,也可以使用绝对地址表示。

【示例 4.3-1】

```
<! DOCTYPE html >
<html >
<body >
 <table width ="500" height ="300"  border ="1"    bordercolor ="#000000" >
 <caption >表格的单元格背景色 </caption >
    <tr align ="center" valign ="middle" >
       <td bgcolor ="#FF0000" >红色 </td >
       <td bgcolor ="#00FF00" >绿色 </td >
       <td bgcolor ="#0000FF" >蓝色 </td >
    </tr >
    <tr align ="center" valign ="middle" >
       <td bgcolor ="#FFFF00" >黄色 </td >
       <td bgcolor ="#FF00FF" >紫色 </td >
       <td bgcolor ="#00FFFF" >青色 </td >
    </tr >
    <tr align ="center" valign ="middle" >
       <td background ="bk.jpg" >背景图 </td >
       <td background ="bk1.jpg" >背景图1 </td >
       <td background ="bk2.jpg" >背景图2 </td >
    </tr >
 </table >
</body >
</html >
```

本例创建了一个三行三列的表格,共 9 个单元格。第一、二行的单元格使用了不同颜色背景,第三行单元格分别使用了 3 个背景图作为背景。本例还假定了本例文件夹存在 3 个背景图像文件,分别是 bk. jpg、bk1. jpg、bk2. jpg。此外,还利用了行对齐的方式,间接设定了表格单元格的对齐方式。

用浏览器打开本例,运行效果如图 4.9 所示。

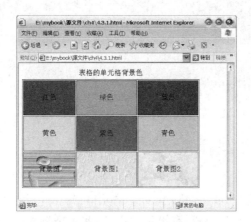

图 4.9　示例 4.3-1 的运行效果

4.3.2　单元格的对齐方式和大小

表格的单元格可以单独设定大小,其中的对象也可以单独设定对齐方式。单元格的对齐方式与行的对齐方式相同,也是作用于单元格内的对象。单元格具有两种对齐方式,即水平方向的对齐和垂直方向的对齐。若行与该单元格的对齐方式设定有所不同,则以单元格内的设定为准。

语法

```
<td  align ="本单元格水平对齐方式"  valign ="本单元格垂直对齐方式"
    width ="本单元格宽度"      height ="本单元格高度"   >
 ……
</td>
```

说明

与表格行内的水平对齐完全一样,单元格内的水平对齐属性 align 取值有三种选择,分别是 left、center、right。垂直对其属性 valign 取值有三种选择,分别是 top、middle、bottom。

单元格的 width 和 height 属性可以用像素单位表示,若单元格设定的大小不能容纳其内的对象,则单元格将自动调整大小。单元格的大小设置将直接影响整个表格的大小,若不设定本属性,则表格将自动按表格大小平均分配每个单元格的大小。

【示例 4.3-2】

```
<! DOCTYPE html >
<html >
<body >
  <table width ="500" height ="300" border ="1"
  bordercolor ="#000000" bgcolor ="FFFF99" >
<caption >单元格的对齐方式 </caption >
  <tr >
    <td align ="left" valign ="top" >左上 </td >
    <td align ="left" valign ="middle" >左中 </td >
    <td align ="left" valign ="bottom" >左下 </td >
  </tr >
  <tr >
```

```
      <td align = "center" valign = "top" > 中上 </td >
      <td align = "center" valign = "middle" > 中中 </td >
      <td align = "center" valign = "bottom" > 中下 </td >
  </tr >
  <tr >
      <td align = "right" valign = "top" > 右上 </td >
      <td align = "right" valign = "middle" > 右中 </td >
      <td align = "right" valign = "bottom" > 右下 </td >
  </tr >
  </table >
</body >
</html >
```

本例创建了一个三行三列的表格,共 9 个单元格,每个单元格使用了不同的对齐方式。表格设定了固定大小,每个单元格没有设定大小,因此表格将自动为这 9 个单元格平均分配大小。用浏览器打开本例,运行效果如图 4.10 所示。

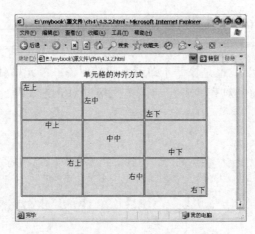

图 4.10 示例 4.3-2 的运行效果

4.3.3 单元格的其他属性

表格的单元格相关的常用属性还有两种,一是各单元格之间的间距(cellspacing),二是单元格内的对象与框线的间距(cellpadding)。调整这两个属性也将极大改变表格的外观。

语法

```
<table cellspacing = "表格单元格之间的间距" >
  ……
</table >
```
或者
```
<table cellpadding = "表格单元格内的对象与框线的间距" >
  ……
</table >
```

说明

单元格之间的间距属性 cellspacing 取值单位为像素,单元格内的对象与框线的间距属性 cellpadding 取值单位也为像素。

【示例 4.3-3】

```
<! DOCTYPE html >
<html >
<body >
    <table align ="left" cellspacing ="20" border ="1"
                        bordercolor ="#000000" >
      <caption >
        <font size =" -2" >单元格之间的间距 </font >
      </caption >
      <tr align ="center" valign ="middle" >
        <td bgcolor ="#FF0000" >红 </td >
        <td bgcolor ="#00FF00" >绿 </td >
        <td bgcolor ="#0000FF" >蓝 </td >
      </tr >
      <tr align ="center" valign ="middle" >
        <td bgcolor ="#FFFF00" >黄 </td >
        <td bgcolor ="#FF00FF" >紫 </td >
        <td bgcolor ="#00FFFF" >青 </td >
      </tr >
    </table >

    <table cellspacing ="20" cellpadding ="20" border ="1"
                        bordercolor ="#000000" >
      <caption >
        <font size =" -2" >单元格内框与文字的间距 </font >
      </caption >
      <tr align ="center" valign ="middle" >
        <td bgcolor ="#FF0000" >红 </td >
        <td bgcolor ="#00FF00" >绿 </td >
        <td bgcolor ="#0000FF" >蓝 </td >
      </tr >
      <tr align ="center" valign ="middle" >
        <td bgcolor ="#FFFF00" >黄 </td >
        <td bgcolor ="#FF00FF" >紫 </td >
        <td bgcolor =#"00FFFF" >青 </td >
      </tr >
    </table >
</body >
</html >
```

本例创建了两个二行三列的表格,在第一个表格中,单元格之间的间距属性 cellspacing 取值为 20 像素。在第二个表格中,在前面表格的基础上,增加设定单元格内的对象与框线的间距属性 cellpadding,取值也为 20 像素。用浏览器打开本例,运行效果如图 4.11 所示。

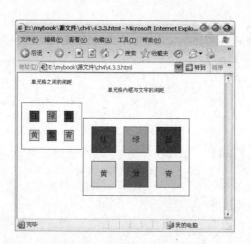

图 4.11 示例 4.3-3 的运行效果

4.3.4 单元格的合并

有时排版需要合并某些单元格,分为下面两种情况,一是列合并,指把处于同一行的某些单元格合并为一个;二是行合并,指把处于同一列的某些单元格合并为一个。合并后的单元格将占据多个单元格的大小。

语法

```
<td colspan = "本单元格列合并数量" >
 ......
</td >
或者
<td rowspan = "本单元格行合并数量" >
 ......
</td >
```

说明

属性 colspan 取值为数字,决定将从本单元格开始的数列合并。属性 rowspan 取值也为数字,决定将从本单元格开始的数行合并。合并的数量要把当前单元格计算在内。

【示例 4.3-4】

```
<! DOCTYPE html >
<html >
<body >
<table width = "300" height = "200" border = "1"    bordercolor = "#000000" >
<caption >单元格的列合并 </caption >
 <tr >
    <td colspan = "3"   align = "center" >第一行的三列合并 </td >
 </tr >
<tr align = "center" >
   <td bgcolor = "#FF0000" >红 </td >
   <td bgcolor = "#00FF00" >绿 </td >
   <td bgcolor = "#0000FF" >蓝 </td >
</tr >
<tr align = "center" >
```

```
    <td bgcolor ="#FFFF00">黄</td>
    <td bgcolor ="#FF00FF">紫</td>
    <td bgcolor ="#00FFFF">青</td>
</tr>
</table>
</body>
</html>
```

本例中,第一行的 3 个单元格合并为一个。用浏览器打开本例,运行效果如图 4.12 所示。

图 4.12　示例 4.3-4 的运行效果

【示例 4.3-5】

```
<! DOCTYPE html >
<html >
<body >
  <table width ="400" height ="200" border ="1" >
    <caption >单元格的行合并 </caption >
    <tr >
      <td rowspan ="3" align ="center" width ="25%" bgcolor ="#CCCCCC" >
      第一列的 <br >三行合并 </br >
      </td >
    </tr >
    <tr align ="center" >
    <td bgcolor ="#FF0000">红 </td >
    <td bgcolor ="#00FF00">绿 </td >
    <td bgcolor ="#0000FF">蓝 </td >
    </tr >
    <tr align ="center" >
    <td bgcolor ="#FFFF00">黄 </td >
    <td bgcolor ="#FF00FF">紫 </td >
    <td bgcolor ="#00FFFF">青 </td >
    </tr >
    </table >
</body >
</html >
```

本例中,第一、二行的第一个单元格合并为一个。用浏览器打开本例,运行效果如图 4.13 所示。

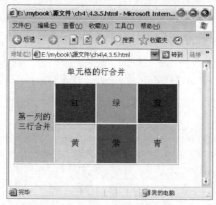

图 4.13　示例 4.3-5 的运行效果

4.4　表格排版网页

利用表格把浏览器页面划分为多个区域,这是最为常用的网页排版方式。合理地利用两类合并单元格技术,可以较好地实现网页的排版。另外,若不想让浏览网页的人感觉到表格的存在,则可以把表格的 border 属性设定为"0"。

【示例 4.4-1】

```
<! DOCTYPE html >
<html >
<body >
  <table border ="5" bordercolor ="#000000" cellspacing ="10" >
    <caption >表格单元格行、列都有合并 </caption >
    <tr >
      <td colspan ="2" align ="center" >
        <font size =" +1" face ="黑体" >出塞·王昌龄 </font >
      </td >
    <tr >
    <tr >
        <td rowspan ="4" > <img src ="tu.jpg" > </td >
        <td >秦时明月汉时关,</td >
    </tr >
    <tr >
        <td >万里长征人未还。</td >
    </tr >
    <tr >
        <td >但使龙城飞将在,</td >
    </tr >
    <tr >
        <td >不教胡马度阴山! </td >
    </tr >
  </table >
</body >
</html >
```

本例的难点是单元格的合并。第一行的两个单元格进行了列合并；第二至第五行的第一个单元格进行了行合并。本例还假设了图像文件"tu. jpg"存在于本例文件夹下,用浏览器打开本例,运行效果如图4.14所示。

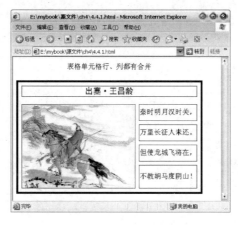

图4.14　示例4.4-1 的运行效果

4.5　两类 HTML 排版元素

从排版方法的角度来看,可以把表格看作"容器",把排版的图文内容作为容器的"内涵",容器承载着内涵,容器的位置决定着内涵的位置。表格以其天然的行列正好把屏幕划分为不同区域,表格的行或单元格可以精确地把其中的图文内容布局到屏幕上。本章也大量使用表格及其内部元素,即 table、tr、td 和其相关属性配合,实现了对网页的排版。

从排版是否能主动产生换行的角度来看,可以把 HTML 元素分成两大类:一是块级元素(block),另一种是内联元素(inline)。块级元素通常显示为独立的一块,不管元素内的内容有多少,块级元素前后都会单独换一行;而内联元素前后不会产生换行,一系列内联元素都挤在一行内显示,直到该行排满,即只有浏览器中的内容在一行内显示不下,才会产生换行。

常见的块级元素有 div、table、p、pre、h1～h6、ol、ul 等。在浏览器中显示时,block 元素都是以新的一行开始显示。常见的内联元素有 a、span、strong、font、input、img、td 等。在浏览器显示时,块状元素都不会以新的一行开始显示。

注意

table、tr 是块级元素,而 td 是内联元素。

利用表格元素排版网页是初学者学习网页编码的重要经历,但不是最佳方案。在网页编码的国际标准中,常用 div 元素作为网页排版的块元素,也就是作为容器整合其他网页的内容。div 的英文是 division,中文含义是区域,div 仅仅是一个纯粹的块元素,没有任何其他效果。单独使用 div 元素排版网页没有意义,div 元素要结合本书第 5 章介绍的 CSS 技术才可以较好地实现排版能力。当然,这种方式绝大多数工作都是以 CSS 技术来实现的,不适合 HTML 的初学者。初学者可以先学习用表格排版,有了 HTML 概念后再开始学习 div 加 CSS 的排版方式,实现网页脚本程序编写能力的升级。

第5章　应用 CSS 技术编写网页

本章导读

　　本章介绍了如何将 HTML 与 CSS 技术相结合编写网页程序,内容包括 CSS 的概念、语法、字体属性、文本属性、背景属性、定位布局属性、边框边距属性、链接样式属性、特效滤镜属性等。本章每个知识点都配有实例,并且给出代码及演示,让读者能够直观地学习。为了融会贯通,综合本章和前面学习的基础知识,本章最后还介绍了两个综合案例,讲解了 Web 网页的内容和表现的两大构成,并将它们运用到网页设计排版中。

　　通过前面几章的学习,我们可以基本了解和运用 HTML 标记生成简单的 Web 网页。在实践中可能会发现,如果需要对网页内的元素进行更加精确的控制或表现多样化、个性化效果,HTML 标记还有很大局限。为了解决 Web 设计中 HTML 标记能力的不足,1997 年 W3C 组织颁布了 HTML 4 国际标准,在此标准中第一次提出网页的样式表——CSS,把其作为对 HTML 文档表现外观样式的标准。

　　在 Web 网页诞生初期,网页设计者曾经用纯粹的 HTML 语言设计,因为要在一套技术中同时实现页面的内容表达和外观设计,这样会导致网站、网页的修改和维护成本极高。CSS 技术的出现,让网页设计者们可以把文档结构和显示样式分开,这样做极大提高了开发效率,也为将来进一步通过程序设计来设计动态页面打好基础。初学者在学习 CSS 时,重点应理解引入 CSS 给 HTML 带来的巨大变化,按这个标准实施后,其实是把以前一次性实现 Web 网页分解为两个重要方面,即文档结构和显示样式。文档结构就是网页的信息内容,显示样式就是网页的布局、格式、颜色等效果表现。

　　CSS 的全称是 Cascading Style Sheets,中文译为层叠样式表,简称"样式表"。W3C 将其定义为"一种为 Web 文档添加样式的简单机制"。目前,浏览器都支持 CSS 技术,新的 HTML 5 标准和 CSS 2.0 标准也逐渐被绝大多数浏览器接受和实现。本章将对常用的 CSS 技术和技巧进行介绍,而不局限于具体的某个版本。

5.1　CSS 技术简介

　　CSS 的中文名称是层叠样式表,样式表(style)的含义为某个对象在网页中呈现的外观样子,层叠样式表中"层叠"的含义在于,当一个网页文档中,某个对象可能被定义了两种或多种样式,甚至当定义之间发生矛盾时,这时 CSS 执行的效果将按照"层叠规则"来确定。层叠规则是指,当标记的样式有两种以上的定义时,这样就发生了使用哪种样式的冲突,CSS 将自动选择靠近标记的定义,使该样式在网页中生效。

　　具体来说,CSS 可以更加精确地控制布局、字体、颜色、背景和其他图文效果的实现,CSS 样式有以下几个重要的作用。

　　(1)将内容和格式分离。

　　(2)提高页面的重用度。

　　(3)增强控制页面布局的能力,可以"随心所欲"地控制页面布局和外观。

　　(4)使维护和更新网页变得更加容易,只修改一个.css 文件就可以改变页数不定的网站的外观和格式。

　　(5)代码兼容性更好。

　　(6)精简网页,提高下载速度。

5.2　在 HTML 文档中应用 CSS

　　将 CSS 添加到 HTML 文档中,常用以下三种方法:为标签增加内嵌样式,在 HTML 文件内部设置样式表,在 HTML 文件中引用外部样式表文件。

5.2.1　内嵌样式

　　内嵌样式(Inline Style),也译为内联样式,是将样式规则直接添加在 HTML 的标记(Tag)里。这也是最简单直接地在 HTML 中应用 CSS 的方法。

　　可以将样式内嵌到几乎所有的 HTML 标记中,这使得 HTML 标记大大扩展了表现形式。

语法

```
<HTML 标记  style ="属性1:值1; 属性1:值1; ……"  >
```

说明

　　可以在所有的 HTML 标记中,添加 style 属性来定义内嵌样式。这样,该 HTML 标记将按照新的样式定义来"改头换面";若样式没有设定的内容,则将采用原 HTML 标记显示效果。

　　内嵌样式的作用范围仅限于所在的 HTML 标记中,文档中其他同样的 HTML 标记不会受到内嵌样式的影响。

【示例 5.2-1】

```
<html >
  <head >
    <title >内嵌样式实例</title >
  </head >
<body >
  <h2 >二号标题字 </h2 >
  <h2 style ="color:red;background-color:yellow" >
    含内嵌样式的二号标题字
    </h2 >
</body >
</html >
```

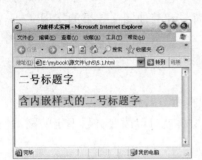

图 5.1　示例 5.2-1 的运行效果

本例使用内嵌样式方法设置网页中字体的大小和颜色,对比没有该样式的标记,我们可以发现,在 h2 标记的原有作用基础上,增加了字体颜色和背景颜色的额外控制。用浏览器打开本例,运行效果如图 5.1 所示。

"内嵌样式"方法使用简单、灵活,优先级最高,但也有缺点。主要表现是通用性和可移植性较差,无法完全发挥样式表的优势,无法做到 HTML 内容与格式的分离,不利于整个网站页面的统一管理和维护,在网站中应该尽量避免使用。

5.2.2　内部样式表

内部样式表(Internal Style Sheet),定义方法是在 HTML 文档的头标记 < head > 中插入一个 < style > ... </ style > 标记,在 style 标记里定义当前页面的样式规则。

语法

```
<head >
  <style  type ="text/css" >
  内部样式表
  </style >
</head >
```

说明

这里将 style 对象的 type 属性设置为"text/css",这样就可以允许不支持 CSS 的浏览器忽略样式表,避免在浏览者面前直接以源代码的方式显示样式表。

内部样式表对于整个当前页面都有效,5.3 将详细介绍样式表的书写语法,为避免初学者了解过于复杂的内容,在示例 5.2-2 中我们仅仅将 HTML 标记"h2"重新定义。

【示例 5.2-2】

```
<html >
<head >
<title >内部样式实例</title >
<style type ="text/css" >
  h2{color:red;background-color:yellow}
</style >
</head >
<body >
  <h2 >应用内部样式表的二号标题字 </h2 >
    <h2 style ="color:white;background-color:black" >
同时含内嵌样式的二号标题字
</h2 >
</body >
</html >
```

本例同时使用了内部样式表和内嵌样式表,我们发现定义内部样式表后,整个 HTML 文档将都可以采用 CSS 新的定义标记。但若该标记还定义了内嵌样式表,两种样式表相同的属性将以内嵌样式表内定义的为准。

用浏览器打开本例,运行效果如图 5.2 所示。

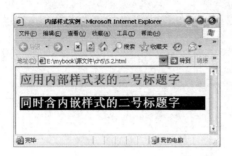

图 5.2　示例 5.2-2 的运行效果

5.2.3　外部样式表

外部样式表(External Style Sheet)的外部样式为整个网站的多个页服务。外部样式表是作为一个独立的文档存在,然后在 HTML 文档中利用 link 标记读入样式表,同样是添加在 HTML 的头信息 < head > 中。

语法

```
< head >
    < link  rel = "stylesheet"  type = "text/css"  href = "外部样式表文件地址" >
    ……
</head >
```

说明

本语法在第 2 章的 < link > 标记中已有说明。

外部样式表文件是一种类似 HTML 文件的文本文件,此类文件以 CSS 作为文件扩展名,文件内为样式表内容。引用该样式表文件可以使用相对路径表示地址,也可以使用绝对路径表示地址。

创建文件 5.2-3. css 和 5.2-4. html,代码如下。

【示例 5.2-3】

```
h1 {text-align:center;color:red}
p  {font-size:60 px;color:blue}
```

【示例 5.2-4】

```
< html >
< head >
 < title >外部样式表应用实例 </title >
 < link rel = "stylesheet" type = "text/css" href = "5.2-3.css" >
</head >
< body >
< h1 >标题居中显示,红色。 </h1 >
< p >本段落是蓝色60 像素大小的字。 </p >
</body >
</html >
</HTML >
```

分别建立上述两个文件,存并放在同一个文件夹中。用浏览器打开示例 5.2-4. html,可以看到,网页是按照示例 5.2-3.css 中的样式表格式定义来显示文字的,运行效果如图 5.3 所示。

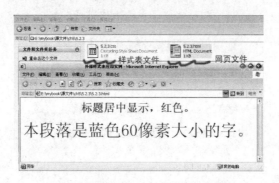

图 5.3　示例 5.2-4 的运行效果

5.3　CSS 基本语法

5.3.1　基本语法

样式表的定义由两方面内容组成,一是选择符(selector);二是定义块(block),定义块必须写在花括号"{ }"中。在定义块中包含若干的属性(properties)和属性的取值(value),每个属性间要用分号";"隔开。

CSS 语法与 JavaScript 等国际标准语言的语法兼容,熟悉后,可以为我们进一步学习计算机语言奠定基础。

语法

选择符{属性1:值1;　属性1:值1;　……　}

说明

选择符一般是指要定义样式的 HTML 标记,例如,body、p、table 等,在后面的章节也会谈到自己定义的选择符。属性和值之间用冒号隔开,多个属性定义之间用分号隔开。

例如,body{color:black},此语句中选择符 body 是指页面的主体部分,color 是控制文字颜色的属性,black 是颜色属性的值,即黑色。因此,该选择符样式定义了页面中的文字为黑色。

又如,p{text-align:center;color:red},此语句中定义 p 标记(段落)居中对齐,段落中的文字为红色。

为了使样式表方便阅读,通常可以采用分行的书写格式。

【示例 5.3-1】

```
p{
  text-align:center;
  font-size:20 px;
  color:blue;
}
```

示例 5.3-1 中的代码仅仅作为定义选择符的说明,用来重新定义 HTML 的 p 标记的格式。该语句只是构成 CSS 网页的一部分,不能直接作为 HTML 文件在浏览器中查看。

5.3.2　选择符组

如果给多个标记定义相同的显示样式,可以把多个选择符组合在一起来定义,用逗号将选择符分开,这样可以减少样式的重复定义,精简代码。

语法

```
选择符 1,选择符 2,……｛属性 1:值 1;　属性 1:值 1;　……｝
```

说明

这里的选择符可以是要定义样式的 HTML 标记,或其他自己定义的选择符。属性值可以是针对选择符的,或者 CSS 语句对字体、颜色、版式等的设定。关于这些属性和取值需要在后面的分类中进行介绍。

【示例 5.3-2】

```
p,table{
        text-align:center;
        font-size:20 px;
        color:blue;
        }
```

在示例 5.3-2 中,将 p 标记和 table 标记内的文字设定为:文字采用 20 个像素大小,文字颜色为蓝色,文字采用居中对齐。若 p 标记和 table 标记单独定义,效果与此相同,则要重复书写代码。

5.3.3　类选择符

类选择符(Class Selector)。在这里的是指把 CSS 定义的选择符分成不同的类,这样通过分类为我们编写网页提供了设计许多不同样式的手段。

语法

```
    HTML 标记.类选择符　｛属性 1:值 1;　属性 1:值 1;　……｝
或
    .类选择符　｛属性 1:值 1;　属性 1:值 1;　……｝
```

说明

定义类选择符时,在自定义类的名称前面加一个点号(英文句号)。例如,如果在页面中有两个段落的显示格式不同,一个段落向右对齐,一个段落居中,那么可以先定义两个类:

```
p.right ｛text-align:right｝
p.center ｛text-align:center｝
```

在网页的内容中,如果需要在不同的段落里应用定义的类,则在 HTML 标记里加入你定义的类名称。

类的选择符名称可以是任意英文单词或以英文开头与数字的组合,一般根据其功能和效果命名。

【示例 5.3-3】

```
<html >
<head >
  <title >用类选择符定义样式</title >
  <style type ="text/css" >
    p.right {text-align:right}
    p.center {text-align:center}
  </style >
</head >
<body >
  <p class ="right" >这个段落向右对齐的</p >
  <p class ="center" >这个段落是居中排列的</p >
</body >
</html >
```

类选择符还有一种用法,在选择符中省略 HTML 标记名,这样可以把几个不同的元素定义成相同的样式:

```
.center {text-align:center}
```

定义 . center 的类选择符为文字居中排列,该类可以应用到任何标记上。

【示例 5.3-4】

```
<html >
<head >
  <title >用类选择符定义样式</title >
    <style type ="text/css" >
      .c1 {text-align:center}
      </style >
</head >
<body >
<h1 class ="c1" >这个标题是居中排列的</h1 >
<p class ="c1" >这个段落也是居中排列的</p >
</body >
</html >
```

这种省略 HTML 标记的类选择符也最常用的 CSS 方法,使用这种方法,我们可以很方便地在任意标记中套用预先定义好的类样式。

5.3.4　伪类选择符

伪类(pseudo-class)可以看成是一种特殊的类选择符,是能被浏览器自动识别的特殊选择符。它可以对在不同状态下的链接定义不同的样式效果,我们将在 CSS 自定义的超级链接样式中学习伪类选择符。

语法

```
a:伪类  {属性1:值1; 属性1:值1; …… }
```
或
```
a. 类选择符:伪类  {属性1:值1; 属性1:值1; …… }
```

说明

伪类的格式是在原有的格式里加上一个伪类。

伪类是 CSS 已经定义好的,不能像类选择符一样随意用别的名字,可以看作对象(选择符)在某个特殊状态下(伪类)的样式。类选择符及其他选择符也同样可以和伪类混用。

5.3.5　ID 选择符

可以在 HTML 页面中 ID 参数指定某个单一元素,ID 选择符是用来对这个单一元素定义单独的样式。

语法

```
#ID 选择符　{属性1:值1;　属性1:值1;　……}
```

说明

定义 ID 选择符要在 ID 名称前加上一个"#"号。和类选择符相同,定义 ID 选择符的属性也有两种方法。下面这个例子,ID 属性将匹配所有 id = "intro" 的元素。

【示例 5.3-5】

```
#intro
    {font-size:110%;
    font-weight:bold;
    color:#0000ff;
    background-color:transparent
    }
```

ID 选择符的应用和类选择符类似,只要把 CLASS 换成 ID 即可。将上例中的类用 ID 替代:

```
<p id = "intro" >这个段落向右对齐</p>
```

注意

ID 选择符一般定义是页面的唯一对象,ID 选择符一般用字母定义,建议不要使用纯数字,如 1、123 等。

5.3.6　包含选择符

语法

```
选择符1 选择符2　……{属性1:值1;　属性1:值1;　……}
```

说明

此格式与选择符组定义格式非常相似,只是在选择符之间少加了逗号","。但与选择符组定义作用有很大不同,这点请初学者注意这个包含关系。

这个包含定义是指,若在网页 HTML 代码中,只有选择符1是选择符2的父亲,或者说选择符2的元素包含在选择符1元素内部。这样,定义的选择符2设置的样式的规则才起作用。

反过来说,单独使用选择符1或选择符2是与本包含定义无关的。若在网页 HTML 代码中,选择符2是选择符1的父亲,则也与本定义无关。

采用"选择符1 选择符2"方式控制的内容也将继承选择1和选择符2原有的属性,在继承基础上,重新定义以花括号内修改的属性,这点展现了样式表的层叠特性,请读者在后面的案例中多思考理解。

【示例 5.3-6】

```
table  a{font-size:12 px}
```

这样特指在表格内链接的样式,也就是表格内的超级链接文字大小为 12 像素,而对表格外链接的文字不做此文字大小定义。

包含定义在 CSS 应用于网页中很重要,可以把较为复杂的问题很好地化解,具体应用技巧读者可在本章一些综合案例中体验。

5.3.7　注释

语法

```
/*  注释的内容 */
```

说明

可以在 CSS 中插入注释来说明你代码的意思,注释有利于以后编辑和更改代码时理解代码的含义。在浏览器中,注释是不显示的。CSS 注释以"/＊"开头,以"＊/"结尾。

【示例 5.3-7】

```
p {
text-align:center;   /* 文本居中排列 */
color:black;         /* 文字颜色为黑色 */
font-family:arial    /* 字体家族为 arial 字体 */
}
```

5.4　运用 CSS 的基本概念

5.4.1　样式表的层叠性

层叠性也可以看成继承性,样式表的继承规则是外部的元素样式会保留下来继承给这个元素所包含的其他元素。事实上,所有在元素中嵌套的元素都会继承外层元素指定的属性值,有时会把很多层嵌套的样式叠加在一起,除非另外更改。例如,在 DIV 标记中嵌套 P 标记。

【示例 5.4-1】

```
div { color:red;font-size:9 pt}
 ......
<div>
    <p>这个段落的文字为红色 9 号字 </p>
</div>
```

在示例 5.4-1 中 p 标记里的内容会继承 div 定义的属性。

当样式表继承遇到冲突时,总是以最后定义的样式为准。如果在上例的基础上,继续定义 p 的颜色:

```
div { color:red;font-size:9 pt}
p {color:blue}
......
<div>
<p>这个段落的文字为蓝色 9 号字 </p>
</div>
```

我们可以看到段落里的文字大小为 9 号字是继承 div 属性的,而 color 属性则依照最后定义的。

不同的选择符定义相同的元素时,要考虑到不同的选择符之间的优先级。在 ID 选择符、类选择符和 HTML 标记选择符中,因为 ID 选择符是最后加在标记上的,所以优先级最高,其次是类选择符。

5.4.2 元素的 CSS 盒模型

CSS 中的盒模型(box)是一种看待网页中某个特定元素及其他元素排版关系的方法和规则。网页中元素不仅自己位于一个矩形区域,与其他元素也会共同位于另一个更大的矩形区域,这些矩形区域自然形成一个无形的“盒子”,规范着其内部的元素。这种盒模型方法,即把每一个元素和它周边的空间看作一个盒子,元素的图文内容是规范在这个“盒子”内部并互相排版形成的。根据元素的嵌套关系,每盒子之间也是相互嵌套在一起的。

CSS 通用的盒模型,从外部向内包含边距(margin)、边框(border)、填充(padding),最后是内容(content)。内容是元素的图文信息,其他都可以看作排版的信息。图 5.4 所示的是 CSS 盒模型的示意图。针对元素盒模型,可以为该元素设置其背景颜色(background-color)或背景图片(background-image)。

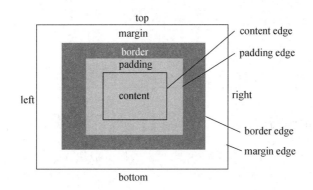

图 5.4　HTML 元素的 CSS 盒子模型

例如,我们用一对 <div> 标签定义一个矩形区域,这就形成了一个典型的 CSS 盒模型,我们也可说这个 div 元素形成一个盒模型。此外,我们可以定义 div 元素范围的大小(宽和高)、div 元素与周围元素的距离(margin)、div 元素的盒模型是否采用边框等。如果我们定义的这个 div 元素很小,但其内部的排版其实可以很精确,内部的内容还可以与 div 元素周边保持精确的距离(padding),div 元素内部的背景颜色和背景图也可以自行设置。若我们定义的这个 div 元素范围很大,甚至就是整个浏览器显示的网页区域,则前面描述的排版方式依然一样,只不过这个 div 元素可能包含其他一些 div 元素。

运用 CSS 这种盒模型在网页设计排版中可以有效地划分和设计网页不同的区域,让每个元素精确定位。其实,在网页这个二维世界里,每个元素控制的范围从大到小,几乎都遵循盒模型规范,包括内联特性的元素(如超链接 a),也遵循这个规则。

5.4.3 CSS 的长度单位

Web 网页可能会在各种各样的计算机中显示,由于浏览者的计算机显示器的大小和分辨率各不相同,因此我们可以用 CSS 技术来精确设置网页中对象的大小或尺寸。CSS 提供了各种长度单位来实现对大小的控制,分为相对长度单位和绝对长度单位。

相对长度单位包括 em、ex、px,绝对长度单位包括 pt、pc、in、cm、mm。CSS 单位和描述如表 5.1 所示。绝对长度单位的换算关系为:

1 in = 2.54 cm = 25.4 mm = 72 pt = 6 pc

表 5.1 CSS 单位和描述

单位名称	说　明
em	相对于当前对象内文本的字体尺寸。如果当前行内文本的字体尺寸未被人为设置,则相对于浏览器的默认字体尺寸
ex	相对于字符"x"的高度。此高度通常为字体尺寸的一半。如果当前对行内文本的字体尺寸未被人为设置,则相对于浏览器的默认字体尺寸
px	像素(Pixel)。像素是相对于显示器屏幕分辨率而言的,Windows 的用户所看到的分辨率一般是 96 像素/英寸
pt	点(Point)
pc	派卡(Pica)。相当于我国新四号铅字的尺寸
in	英寸(Inch)
cm	厘米(Centimeter)
mm	毫米(Millimeter)

5.4.4 div + CSS 排版

在第 4 章最后讲过,绝大多数 HTML 的元素可以分成块元素(block)和内联元素(inline)两类。CSS 因其有强大的版面调控能力,可以对块元素进行精确定义,也可以把 HTML 的内联元素定义为块元素,反之亦然。

用 div 这个纯粹的块元素作为容器,来容纳其他的网页内容或其他的子级别的 div 元素的方式,称为 div + CSS 排版网页。

这种排版方式一般采用 div 元素作为块状结构的容器,采用 span 元素这个内联元素来配合作为非块状结构的文字容器。因为 div 和 span 除了块和内联两种特征之外,没有任何排版信息,所以无须清除某些默认属性,可以直接用 CSS 来自定义各类属性排版了。

本节对 div + CSS 的排版需要掌握的概念总结如下,下面有些知识点的理解需要了解 CSS 的其他内容,读者可以学习了相关内容后返回来阅读此节。

(1)HTML 元素本身已经具有 block 属性或 inline 属性,但在 CSS 中可以通过 display:inline 和 display:block 设置,来改变元素的布局属性。

(2)block 元素可以包含 block 元素和 inline 元素,但 inline 元素只能包含 inline 元素。当然,要注意的是这只是个大概的说法,每个特定的元素能包含的元素也不是绝对的,所以具体到个别元素上,也许这条规律是不适用的。比如,P 元素,只能包含 inline 元素,而不能包含 block 元素,读者可以参考相关的 HTML 技术手册。

(3)block 元素会独占一行,多个 block 元素会各自新起一行。默认情况下,block 元素宽度自动填满其父元素的宽度。

(4)block 元素可以设置 width,height 属性。block 元素即使设置了宽度,仍然独占一行。

(5)block 元素可以设置 margin 和 padding 属性。

(6)inline 元素不会独占一行,多个相邻的行内元素会排列在同一行里,直到一行排列不下,才会新换一行,其宽度随元素的内容而变化。

(7)inline 元素设置 width,height 属性无效。

(8)inline 元素的 margin 和 padding 属性,水平方向的 padding-left,padding-right,margin-left,margin-right 都会产生边距效果;但竖直方向的 padding-top,padding-bottom,margin-top,margin-bottom 都不会产生边距效果。

5.5　CSS 字体属性

HTML 仅提供了少量的字体控制标记,功能较弱,建议不要在复杂的网页制作中使用。而通过 CSS 提供的字体样式可以较好地解决 HTML 字体效果的表现,可以精确控制字体名称、字体大小、字体风格、字体粗细、字体颜色等常见的字体属性。

5.5.1　字体名称属性

语法

```
font-family:"字体名称1","字体名称2", ……
```

说明

设定选择符决定使用什么字体,可以选择计算机中所有的字体。

属性值是字体本身的名称,英文字体名称如 Times New Roman、Arial、Verdana 等。中文字体名称如宋体、黑体等。

样式表中指定的字体必须存在于用户的计算机上,所以在网页中使用的字体会存在某种程度上的不确定性。推荐使用有少量"安全"的字体(英文字体是最常用的是 Arial,Verdana 和 Times New Roman,中文字体是宋体、黑体、楷体_GB2312)。

在 font-family 属性中可以指定不止一种字体,属性值用半角英文逗号隔开。这样做的目的是,如果用户的计算机上没有指定的第一个字体,浏览器会按设定的顺序逐一寻找列出的字体,直到找到计算机中安装的字体为止。

如果一个字体的名称之间有空格,或者超过一个单词,字体名称应该用英文双引号括起来。例如,font-family:"Times New Roman"。

【示例 5.5-1】

```
<html >
<head >
  <title>字体名称属性应用实例</title>
  <style type ="text/css" >
   h3 {font-family:宋体}
```

```
    p.heiti{font-family:黑体}
    p.kaiti {font-family:楷体_GB2312}
  </style >
</head >
<body >
    <h3 >这是一个字体设为宋体的三号标题 </h3 >
    <p class ="heiti" >这是一个字体设为黑体的段落 </p>
    <p class ="kaiti" >这是一个字体设为楷体的段落 </p>
</body >
</html >
```

本例在样式表中定义了标记 h3,p 标记的两个类 heiti 和 kaiti。在本网页主体中分别用三段文字做了样式表的应用。用浏览器打开本例,运行效果如图 5.5 所示。

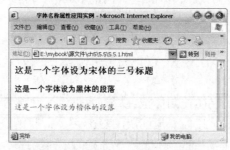

图 5.5　示例 5.5-1 的运行效果

5.5.2　字体大小属性

语法

`font-size:字体大小`

说明

设定选择符决定使用的字体大小,可以选择使用多种长度单位或形式来定义字体大小。

常用的 font-size 属性取值可以分别是:small(小字体)、medium(正常大小,该值为默认值)、large(大字体)。

还可以使用长度单位来更加精确定义字体大小,可以使用 CSS 的常用长度单位。例如,28 pt 或 30 px 等。

【示例 5.5-2】

```
<html >
<head >
  <title >字体大小属性应用实例 </title >
  <style type ="text/css" >
   p {font-family:宋体;font-size:20 pt}
   p.heiti{font-family:黑体;font-size:20 px}
   p.kaiti {font-family:楷体_GB2312;font-size:1 cm}
  </style >
</head >
<body >
  <p >宋体,每字符 20 个点宽 </p>
  <p class ="heiti" >黑体,每字符 20 像素宽 </p>
```

```
 <p class ="kaiti" >楷体,每字符1厘米宽 </p>
</body >
</html >
```

本例在样式表中定义了标记 p,p 标记的两个类 heiti 和 kaiti。在本网页主体中分别用三段文字做了样式表的应用。注意字体大小的单位 pt 和 px 的不同。用浏览器打开本例,运行效果如图5.6 所示。

图 5.6　示例 5.5-2 的运行效果

5.5.3　字体风格属性

语法

font-style:字体风格设置

说明

设定选择符决定使用的字体风格,可以有三种选择:第一种是 normal(表示正常的字体风格,这是默认的设置);第二种是 italic(表示斜体的字体风格);第三种是 oblique(表示略偏斜体的字体风格)。

【示例 5.5-3】

```
<html >
<head >
 <title >字体风格属性应用实例 </title >
 <style type ="text/css" >
  p{font-family:Arial;font-size:20 pt}
  p.1 {font-style:italic}
  p.2 {font-style:normal}
  p.3 {font-style:oblique}
 </style >
</head >
<body >
 <p class ="1" >This is italic style. </p>
 <p class ="2" >This is normal style </p>
 <p class ="3" >This is a oblique style </p>
</body >
</html >
```

本例在样式表中定义了标记 p,以及 p 标记的三个用数字取名的类。在本网页主体中分别用三段文字做了样式表的应用。此例也演示了样式表的继承性(或称层叠性),p 的三个类继承了对 p 的字体名称和大小的设定。用浏览器打开本例,效果如图 5.7 所示。

图5.7　示例5.5-3 的运行效果

5.5.4　字体粗细属性

语法

`font-weight:字体粗细值`

说明

设定选择符决定使用的字体粗细,可以选择使用文字或数字两种方式来设定。

一般选择 bold(粗体),normal(普通,默认值)两种设置。

在理论上,它们的值有 bolder(更粗),lighter(更细),但许多浏览器可能不支持,所以使用 bold 和 normal 是比较安全的。normal 相当于数字 400,bold 相当于数字 700。

该属性效果与用户安装的系统有关,系统选择最近似的匹配。

【示例5.5-4】

```
<html>
<head>
  <title>字体粗细属性应用实例</title>
  <style type="text/css">
  p{font-family:Arial;font-size:20pt}
  p.1 {font-weight:normal}
  p.2 {font-weight:bold}
  </style>
</head>
<body>
  <p class="1">This is normal weight</p>
  <p class="2">This is a bold weight</p>
</body>
</html>
```

本例在样式表中定义了标记 p,以及 p 标记的两个用数字取名的类。在本网页主体中分别用两段文字做了样式表的应用。此例也演示了样式表的继承性(或称层叠性),p 的“1”“2”两个类都继承了对 p 的字体名称和大小的设定。用浏览器打开本例,运行效果图 5.8 所示。

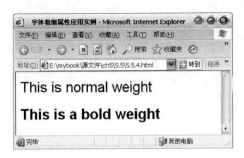

图 5.8　示例 5.5-4 的运行效果

5.5.5　字体颜色属性

语法

color:颜色值

说明

设定选择符决定使用的字体颜色,可以选择使用三种方式表示颜色。

一是用颜色名称表示,如表示颜色的单词,如 red、green 等;二是用十六进制表达 RGB 模式的颜色,如#FF0000、#00FF00 等;三是用 CSS 的 RGH(红,绿,蓝)方法,其中红、绿、蓝三原色的数字从 0 到 255。

有的浏览器可能不接受用颜色名称指定颜色值,因此使用后两种方式更好。

【示例 5.5-5】

```
<html >
<head >
<title >字体颜色属性应用实例</title >
<style type ="text/css" >
p{font-family:Arial;font-size:20 pt}
p.1 {color:red}
p.2 {color:#00FF00}
p.3 {color:rgb(0,0,255)}
</style >
</head >
<body >
<p class ="1" >This is red color </p >
<p class ="2" >This is green color </p >
<p class ="3" >This is blue color </p >
</body >
</html >
```

本例在样式表中定义了标记 p,以及 p 标记的三个用数字取名的类,在三个类中分别用三种表示颜色的方式。在本网页主体中分别用三段文字做了样式表的应用。p 的"1""2""3"自定义类都继承了对 p 的字体名称和大小的设定。用浏览器打开本例,运行效果如图 5.9 所示。

图 5.9 示例 5.5-5 的运行效果

5.5.6 字体转为大写属性

语法

font-variant:属性值

说明

该属性用于设定选择符控制的文字是否自动转为大写方式,因此仅适用于英文文字。这个属性有两种取值,分别是 small-caps(小写转为大写)和 normal(正常不转换)。浏览器默认选择 normal 值。

【示例 5.5-6】

```
<html >
<head >
  <title >英文字体转为大写属性应用实例</title >
  <style type ="text/css" >
  p{font-family:Arial;font-size:20 pt}
   p.1 {font-variant:normal}
   p.2 {font-variant:small-caps}
  </style >
</head >
<body >
  <p class ="1" >This is normal variant </p >
  <p class ="2" >This is small-caps variant </p >
</body >
</html >
```

本例在样式表中定义了标记 p,以及 p 标记的两个用数字取名的自定义类。在本网页主体中分别用两段文字做了样式表的应用。p 的"1""2"自定义类都继承了对 p 的字体名称和大小的设定。用浏览器打开本例,运行效果如图 5.10 所示。

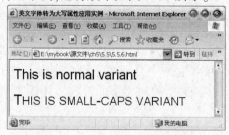

图 5.10 示例 5.5-6 的运行效果

5.5.7　字体复合属性

语法

```
font:font-style 属性值  font-variant 属性值  font-weight 属性值
     font-size 属性值  line-height 属性值  font-family 属性值
```

说明

该复合属性可以快速定义字体所有的属性,可以按次序将列出的字体属性一次性设定。这样可以减少对字体属性名称的书写,相关的属性值设定按前面介绍的方式定义。

font 属性的默认值为:normal normal normal medium,normal "Times New Roman",中文版的浏览器会将字体默认设为"宋体"。

所有字体属性设定必须按照语法的排列顺序,每个属性仅允许有一个值。若某属性忽略不写,则将使用对应属性的默认值。

【示例 5.5-7】

```
<html>
<head>
<title>字体复合属性应用实例</title>
  <style type="text/css">
    p.1{font:italic  bold  15pt 黑体  }
    p.2{font:normal  normal  18pt 宋体}
  </style>
</head>
<body>
    <p class="1">第一类 font 复合属性的文字效果</p>
    <p class="2">第二类 font 复合属性的文字效果</p>
</body>
</html>
```

本例在样式表中定义了 p 标记的两个用数字命名的自定义类,它们分别使用了复合字体属性来设定文字的字体属性。在本网页主体中分别用两段文字做了样式表的应用。用浏览器打开本例,运行效果如图 5.11 所示。

图 5.11　示例 5.5-7 的运行效果

5.6　CSS 文本属性

这类属性主要用于精确定义文本和段落的排版格式。主要包括文本对齐、文本修饰、文本缩进、字和单词的间距、文本行高等。

5.6.1 文本对齐属性

语法

`text-align:对齐属性值`

说明

该属性用于设定文本的对齐方式。对齐方式可以相对于整个页面,也可以相对于某个块对象(block elements),比如表格单元、div 等。

该属性取值有 4 种选择,分别是 left(左对齐,默认值),right(右对齐),center(居中对齐),justify(两端对齐)。

【示例 5.6-1】

```
<html>
<head>
 <title>文本对齐属性应用实例</title>
 <style type="text/css">
p{font-family:黑体;font-size:13 pt}
.1{text-align:left}
.2{text-align:center}
.3{text-align:right}
</style>
</head>
<body>
 <p class="1">这段的文字居左对齐。</p>
 <p class="2">这段的文字居中对齐。</p>
 <p class="3">这段的文字居右对齐。</p>
</body>
</html>
```

本例在样式表中定义了 p 标记和三个用数字命名的自定义类,它们分别使用了三种对齐属性来设定文本的对齐。在本网页主体中分别用三段文字做了样式表的应用。用浏览器打开本例,运行效果如图 5.12 所示。

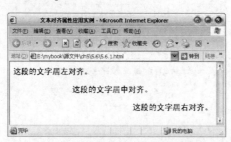

图 5.12 示例 5.6-1 的运行效果

5.6.2 文本修饰属性

语法

`text-decoration:修饰属性值`

说明

该属性用于设定文本的装饰样式,具体来说就是文本的画线方式。

属性值取值分别有:none(没有任何画线,默认值),underline(下画线),line-through(贯穿线),overline(上画线),blink(闪烁,需要特定浏览器支持)。

该属性通常用于装饰超级链接。对于超级链级标记 a 来说,默认值是 underline,即有下画线,如果不喜欢下画线,可以设置 text-decoration 属性为 none。

假如标记对象没有文本(如 img 标记),此属性不会发生作用。

【示例 5.6-2】

```
<html >
<head >
 <title >文本修饰属性应用实例</title >
 <style type ="text/css" >
    p{font-size:15 pt;font-family:黑体}
    .1{text-decoration:underline}
    .2{text-decoration:overline}
    .3{text-decoration:none}
    .4{text-decoration:line-through}
 </style >
</head >
<body >
 <p class ="1" >给段落中的文本加"下画线"。</p >
 <p class ="2" >给段落中的文本加"上画线"。   </p >
  <p >
   <a href ="#" class ="3" >去掉超级链接的下画线。</a >
  </p >
 <p class ="4" >给这段文本加上删除线。</p >
</body >
</html >
```

本例在样式表中定义了 p 标记和文本修饰用的 4 个用数字命名的自定义类,它们分别使用了 4 种文本修饰属性来设定文本的修饰方式。在本网页主体中分别用 4 段文字做了样式表的应用。用浏览器打开本例,运行效果如图 5.13 所示。

图 5.13　示例 5.6-2 的运行效果

5.6.3　文本缩进属性

语法

```
text-indent:段落首行的缩进值
```

说明

该属性用于设定文本段落首行的缩进距离。属性值可以是百分比数字或由数字和单位组成的标识符组成的长度值,允许为负值。

该属性默认值为 0,即不缩进。

【示例 5.6-3】

```
<html >
<head >
<title >文本缩进属性应用实例</title >
<style type = "text/css" >
 p{font-size:18 px}
 .1 { text-indent:30 px}
 .2 { text-indent:2 cm}
 .3 { text-indent:50%}
</style >
</head >
<body >
    <p class = "1" >本段落文本缩进 30 像素 </p>
    <p class = "2" >本段落文本缩进 2 厘米。</p>
    <p class = "3" >本段落文本缩进 50%。</p>
</body >
</html >
</html >
```

本例在样式表中定义了 p 标记和用于文本缩进的三个用数字命名的自定义类,它们分别使用了像素、厘米、百分比三种单位设定文本缩进值。在本网页主体中分别用三段文字做了样式表的应用。用浏览器打开本例,运行效果如图 5.14 所示。

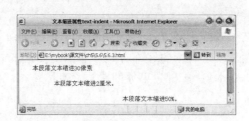

图 5.14 示例 5.6-3 的运行效果

5.6.4 字间距属性

语法

`letter-spacing:字之间的间距值`

说明

该属性用于设定文本段落等标记中字母之间的间隔。属性取值可以是 normal(默认间隔)或长度值。其中,长度值可以可以是百分比数字,或由数字和单位组成的标识符,允许为负值。

对于英文而言,字间距是指字母之间的距离。

【示例 5.6-4】

```
<html>
<head>
<title>字间距属性应用实例</title>
  <style type="text/css">
 p  {font-size:25 px}
 .1 {letter-spacing:10 px}
 .2 {letter-spacing:normal}
  </style>
</head>
<body>
    <p class="1">本段每个字相隔10个像素</p>
    <p class="2">本段每个字相隔距离为缺省值</p>
</body>
</html>
```

本例在样式表中定义了 p 标记和用于设定字间距的两个自定义类,它们分别使用了像素、normal 两种单位设定文本字间距值。在本网页主体中分别用两段文字做了样式表的应用。用浏览器打开本例,运行效果如图 5.15 所示。

图 5.15　示例 5.6-4 的运行效果

5.6.5　单词间距属性

语法

word-spacing:单词之间的间距值

说明

该属性用于设定文段落等标记中单词之间的间隔。属性取值可以是 normal(默认间隔)或长度值。其中,长度值可以可以是百分比数字,或由数字和单位组成的标识符,允许为负值。

该属性对汉字来说无效,汉字只有字间距属性。

【示例 5.6-5】

```
<html>
<head>
  <title>单词间距属性应用实例</title>
  <style type="text/css">
 .p1 {letter-spacing:5 px;word-spacing:0.5 cm}
 .p2 {letter-spacing:5 px;word-spacing:2 cm}
</style>
</head>
<body>
```

```
<p class = "p1" >
  I will wish you have a good feeling every day!
</p >
<p class = "p2" >
  对汉字来说,只有字间距属性,没有单词间距的概念。
</p >
</body >
</html >
```

本例在样式表中定义了用于设定字间距和单词间距的两个自定义类,它们分别使用了像素、厘米两种单位设定各属性值。在本网页主体中分别用两段文字做了样式表的应用。用浏览器打开本例,运行效果如图 5.16 所示。

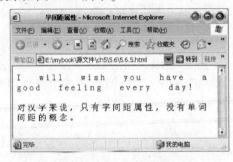

图 5.16 示例 5.6-5 的运行效果

5.6.6 行高属性

语法

line-height:段落的行高值

说明

该属性用于设定文段落的行高。行高是指相邻两行文字基线之间的距离。

属性取值可以是 normal(默认间隔)或长度值。其中,长度值可以可以是百分比数字,或由数字和单位组成的标识符,允许为负值。

当使用数字作为属性值时,行高就等于所指定的字号数乘以该数字。当使用长度值作为属性值时,行高就确切地等于所给出的值。当使用百分比值作为属性时,行高就等于字号乘以该百分比值。

【示例 5.6-6】

```
<html >
<head >
  <title >行高属性应用实例</title >
  <style type = "text/css" >
   p{font-size:18 px;letter-spacing:10 px}
   .p1 { line-height:2 }
   .p2 { line-height:16 px }
   .p3 { line-height:150% }
  </style >
</head >
<body >
```

```
<p>
这是第一段文字,文字大小定义为 18 像素,字间距设为 10 像素。行高为默认值。
</p>
<p class = "p1">
这是第二段文字,文字大小定义为 18 像素,字间距设为 10 像素。行高为字号的 2 倍。
</p>
<p class = "p2">
这是第三段文字,文字大小定义为 18 像素,字间距设为 10 像素。行高指定为 16 像素。
</p>
<p class = "p3">
这是第四段文字,文字大小定义为 18 像素,字间距设为 10 像素。行高指定为字号的 150%。
</p>
</body>
</html>
```

本例在样式表中定义了 p 标记用于设定行高的三个自定义类,它们分别使用了数字、像素值、百分比设定各属性值。在本网页主体中分别用三段文字做了样式表的应用。用浏览器打开本例,运行效果如图 5.17 所示。

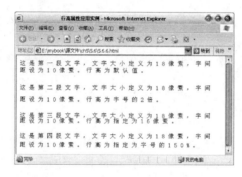

图 5.17　示例 5.6-6 的运行效果

5.6.7　垂直对齐属性

语法

`vertical-align:段落的行高值`

说明

该属性用于设定对象的垂直对齐方式。属性取值可以有多种选择,列出如下:

(1) auto:根据 layout-flow 属性的值对齐对象内容。

(2) baseline:默认值。将支持 valign 特性的对象的内容与基线对齐。

(3) sub:垂直对齐文本的下标。

(4) super:垂直对齐文本的上标。

(5) top:将支持 valign 特性的对象内容与对象顶端对齐。

(6) text-top:将支持 valign 特性的对象文本与对象顶端对齐。

(7) middle:将支持 valign 特性的对象内容与对象中部对齐。

(8) bottom:将支持 valign 特性的对象内容与对象底端对齐。

(9) text-bottom:将支持 valign 特性的对象文本与对象顶端对齐。

【示例 5.6-7】

```
<html >
<head >
<title >垂直对齐应用实例</title >
<style type ="text/css" >
    td{font-size:20 px;border-width:1 px;border-color:black}
    .v1 { vertical-align:top }
    .v2 { vertical-align:middle}
    .v3 { vertical-align:bottom}
</style >
</head >
<body >
  <table border ="1" bordercolor ="black" width ="300"
        height ="100" >
  <tr >
   <td class ="v1" >
     top
   </td >
   <td class ="v2" >
     middle
   </td >
   <td class ="v3" >
     bottom
   </td >
   </tr >
   </table >
</body >
</html >
```

本例在样式表中对标记 td 进行了字体大小属性和边框属性的定义。还定义了三个用于垂直对齐的类,分别命名为 v1、v2、v3。在本网页主体中用表格举例,分别用三个单元格做了样式表的应用。用浏览器打开本例,运行效果如图 5.18 所示。

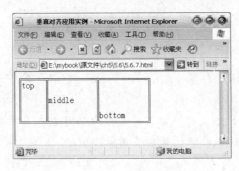

图 5.18　示例 5.6-7 的运行效果

5.6.8　书写次序属性

语法

writing-mode:书写模式属性值

说明

如果默认设定该属性，则文字会按照我们熟悉的"从上到下，从左到右"的模式排列书写。

如果将该属性设置为"tb-rl"，则文字会按照古代的书写习惯"从上到下的从右到左"的模式排列书写。

【示例 5.6-8】

```
<html >
<head >
<title >书写次序属性 </title >
<style type ="text/css" >
  p{font-family:楷体_GB2312;text-align:center}
  p.1{font-size:30 px;font-family:黑体}
  p.2{font-size:15 px}
  p.3{
  font-size:25 px;
  line-height:60 px;
  writing-mode:tb-rl
     }
</style >
</head >
<body >
  <p class ="1" >赋得古原草送别 </p>
  <p class ="2" >白居易 </p>
  <p class ="3" >
离离原上草 <br >一岁一枯荣 <br >
野火烧不尽 <br >春风吹又生 <br >
远芳侵古道 <br >晴翠接荒城 <br >
又送王孙去 <br >萋萋满别情 <br >
  </p >
</body >
</html >
```

本例在样式表中对标记 p 进行了字体类型属性和对齐方式属性的定义。还定义了三个 p 的子类，分别命名为 p.1、p.2、p.3，其中，子类 p.3 应用了"从上到下，从右到左"的书写模式。在本网页主体中用了三段文字，分别做了这三类样式表的应用。用浏览器打开本例，运行效果如图 5.19 所示。

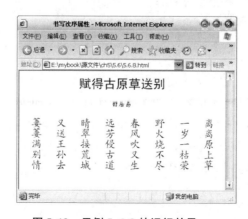

图 5.19　示例 5.6-8 的运行效果

5.7 CSS 背景属性

CSS 的背景属性可以对标记或标示符进行"背景颜色"和"背景图片"两种设置。背景属性可以设定在所有的"块"元素内,如区域标记 div、段落标记 p、表格单元标记 td 等。

5.7.1 背景颜色属性

语法

background-color:背景颜色属性值

说明

该属性用于设置对象的背景颜色。

默认设定该属性,该属性会自动设定为 transparent(透明)。

可以通过三种表示颜色的方式设定颜色值,分别是颜色名称和十六进制数字以及 rgb (红,绿,蓝)方法。具体表示可以参见 CSS 字体颜色设置的章节。

【示例 5.7-1】

```
<html >
<head >
<title >背景颜色属性示例 </title >
<style type ="text/css" >
 table {background-color:pink}
 .1{background-color:rgb(255,255,0)}
 .2 {background-color:#00ffff}
 .3 {background-color:transparent}
</style >
</head >
<body >
 <table width ="500" height ="100" >
 <tr >
  <caption >表格背景颜色为 pink </a >
  <td class ="1" >背景:rgb(255,255,0) </td >
  <td class ="2" >背景:#00ffff </td >
  <td class ="3" >背景:transparent </td >
 </tr >
 </table >
</body >
</html >
```

本例在样式表中对标记 table 进行了背景颜色的定义。此外,还定义了三个子类,分别命名为 1、2、3,并对子类进行了背景颜色属性的定义。在本网页主体中的一个 1 行 3 列有表格,分别在单元格中进行了样式表的应用。可以看出,子类的背景颜色会覆盖父类的背景色。用浏览器打开本例,运行效果如图 5.20 所示。

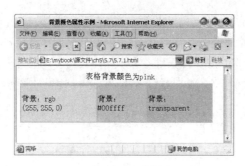

图 5.20　示例 5.7-1 的运行效果

5.7.2　背景图片属性

语法

```
background-image:背景图片属性值
```

说明

该属性用于设置对象的背景图片。

背景图片属性值有两种选择:第一种是 none,表示无背景图片,这也是默认值;第二种是使用方法 url(图片文件的地址),来引入背景图片。其中,图片文件的地址可以使用绝对地址或相对地址的方式表示。关于"地址"概念可以参见第 3 章有关地址的章节。

当标识符同时设定了背景图片或背景颜色属性,背景图片将覆盖于背景颜色之上,背景颜色将不可见。

【示例 5.7-2】

```
<html>
<head>
<title>背景图片属性示例</title>
<style type="text/css">
 table{background-color:pink}
 .1{background-image:url(bk.jpg)}
 .2{background-image:url(bk1.jpg)}
 .3{background-image:url(bk2.jpg)}
</style>
</head>
<body>
 <table width="500" height="200">
  <tr>
    <caption>表格背景颜色为 pink</a>
    <td class="1">背景图片 1</td>
    <td class="2">背景图片 2</td>
    <td class="3">背景图片 3</td>
  </tr>
 </table>
</body>
</html>
```

本例假定了本网页中的文件在同一文件夹中,三个图片文件分别为 bk.jpg、bk1.jpg、bk2.jpg。

在样式表中对标记 table 进行了背景颜色的定义。此外,还定义了三个子类,分别命名为 1、2、3,并对子类进行了背景图片属性的定义,分别引用了上述三个背景图片文件。在本网页主体中有一个 1 行 3 列的表格,分别在单元格中进行了样式表的应用。可以看出,子类的背景图片会覆盖背景颜色。用浏览器打开本例,运行效果如图 5.21 所示。

图 5.21 示例 5.7-2 的运行效果

5.7.3　背景图片重复属性

语法

background-repeat:背景图片重复属性值

说明

在使用背景图片时,常常会遇到一些图片因为大小的问题,而出现图片重复出现破坏整个页面美感的情况。

设定了背景图片后,可以用该属性控制背景图片重复方式和效果。

该属性可以控制背景图片在网页的二维世界里,沿着横向(x 轴)或纵向(y 轴)进行重复铺排;也可以设定背景图片仅仅铺排一次。

属性值列出如下:

(1)repeat:这是默认值。背景图片将在纵向和横向上平铺。

(2)no-repeat:背景图片不重复平铺,背景只有一张图片。

(3)repeat-x:背景图片仅在横向上平铺。

(4)repeat-y:背景图片仅在纵向上平铺。

注意,正确使用该属性的前提是先指定对象的背景图片。

【示例 5.7-3】

```
<html>
<head>
<title>设置无重复背景图示例</title>
<style type="text/css">
  body{background-image:url(green.jpg);
      background-repeat:no-repeat
      }
  p{font-size:120 px;
```

```
      font-family:Arial;
      color:#00ff00;
      font-weight:bold
      }
</style >
</head >
< body >
  <p >green </p >
</body >
</html >
```

本例假定在本网页文件的同一文件夹中,存在背景图片文件 green. jpg。

本例在样式表中对标记 body 进行了背景图片的属性定义,设定了该背景图片不重复。另外,还定义了 p 标记的字体属性。在本网页主体中使用了一段文字进行演示,用浏览器打开本例,运行效果如图 5.22 所示。

图 5.22　示例 5.7-3 的运行效果

5.7.4　背景图片滚动属性

语法

background-attachment:背景图片滚动属性值

说明

在设定背景图片后,若页面内容较多时,则浏览者会进行页面的滚动。可以通过该属性设定背景图片是否随对象内容滚动。

该属性值有两种选择,一是 scroll,将设定的背景图片随网页内的对象内容滚动,这也是默认值。二是 fixed,将设定背景图片处于固定状态,不随内容滚动。

【示例 5.7-4】

```
<html >
<head >
<title >背景图滚动属性示例 </title >
<style type ="text/css" >
 body {background-image:url(green.jpg);
      background-repeat:repeat-y;
      background-attachment:fixed}
```

```
   p{font-size:120 px;
     font-family:Arial;
     color:#00ff00;
     font-weight:bold
     }
</style >
</head >
<body >
  <p >The </p >
  <p >green </p >
  <p >leaf </p >
  <p >is </p >
  <p >very </p >
  <p >lovely </p >
</body >
</html >
```

本例假定在本网页文件的同一文件夹中,存在背景图片文件 green. jpg。

本例在样式表中对标记 body 进行背景图片的属性定义,设定了该背景图片在纵向重复。另外,还定义了 p 标记的字体属性。在本网页主体中使用了数段义字进行演示,用浏览器打开本例,运行效果如图 5.23 所示。本例中不管怎样拖动滚动条,背景图片始终固定。

图 5.23   示例 5.7-4 的运行效果

5.7.5   背景图片位置属性

一张背景图片经过上面的设置后往往在效果上还有不足,当使用不重复显示设置后,图片只会显示在页面的左上角。如果要设定这张背景图片在中间或者其他地方出现,则可以通过 background-position 属性进行设置。

语法

```
background-position:背景图片位置属性值
```

说明

设置对象的背景图片位置,必须先指定 background-image 属性。

该属性用于将背景图片固定在相对于页面左上角的一个位置。

该属性取值有两类选择:一是用数字表示,百分数或由数字和单位标识符组成的长度值;二是字符表示,取值可以是 top、center、bottom、left、right。

如果用百分数值可以指定相对位置,如 50%表示的位置是在中心,而 50 px 的水平值则表示图片距左上角区域水平移动 50 px 单位。

【示例 5.7-5】

```
<html >
<head >
<title >背景图片位置属性示例</title >
<style type ="text/css" >
 body {background-color:#00aa00;
      background-image:url(green.jpg);
     background-repeat:no-repeat;
     background-position:center
}
 p {font-size:120 px;
   font-family:Arial;
   color:#00ff00;
   font-weight:bold
   }
</style >
</head >
<body >
 <p >green </p >
</body >
</html >
```

本例假定在本网页文件的同一文件夹中,还存在背景图片文件 green. jpg。

本例在样式表中对标记 body 进行了背景图片的属性定义,设定了该背景图片不重复,并定位在页面中央。另外,还定义了 p 标记的字体属性。在本网页的主体中使用了一段文字进行演示,不管如何改变浏览器窗口的大小,图片始终在页面的中心位置。用浏览器打开本例,运行效果如图 5.24 所示。

图 5.24　示例 5.7-5 的运行效果

5.7.6 背景复合属性

语法

> background: background-color 属性值　background-image 属性值
> 　　　　　　background-repeat 属性值　background-attachment 属性值
> 　　　　　　background-position 属性值

说明

该复合属性可以快速定义背景的所有属性,可以按次序将列出的页面背景属性一次性设定。这样设定可以减少对字体属性名称的书写,相关的属性值设定按前面介绍的方式定义。

所有字体属性设定必须按照语法的排列顺序。每个属性仅允许有一个值,若某属性忽略不写的,则将使用对应属性的默认值。

则 background 的默认值为:transparent none repeat scroll 0% 0%。

如果为 white,则相当于设置 white none repeat scroll 0% 0%。

5.8　CSS 定位布局属性

CSS 定位主要是定义页面的布局和控制。相对定位是允许在文档的原始位置上进行偏移,而绝对定位则允许任意定位。

5.8.1 定位方式属性

语法

> position:对象的位置属性值

说明

CSS 用三种定位模式在页面中放置不同的 HTML 对象。

该属性取值可以有 4 种选择,static、relative、absolute、fixed。

(1)static:默认定位模式,遵循 HTML 的默认定位规则。

(2)relative:相对定位,首先按正常的 HTML 排列方式排列,但是它的位置可以根据它的前一个对象进行偏移。

(3)absolute:绝对定位,这个属性只适用于块元素,对象完全从正常排列中取出,作为独立的块框。

(4)fixed:这个属性也只适用于块元素。表示对象固定在浏览器窗口的同一位置,不随页面滚动而滚动。

5.8.2 位置属性

语法

> left:横向坐标值
> top: 纵向坐标值

说明

left 属性指定横向坐标的位置, top 属性指定纵向坐标的位置。

该属性可以使用 CSS 的所有长度单位来设定绝对值, 也可以用百分比的方式来相对设定位置。

position 属性配合该属性可以任意指定对象的位置。

【示例 5.8-1】

```
<html>
<head>
  <title>绝对定位属性示例</title>
  <style type="text/css">
   h2.pos_abs{
   position:absolute;
   left:100 px;
   top:150 px;
   background-color:#cccccc
}
  </style>
</head>
<body>
  <h2 class="pos_abs">这行标题采用了绝对定位</h2>
  <p>如果采用绝对定位,一个 HTML 对象可以被放在页面的任何位置。这行标题被指定放在距离浏
览器窗口左边 100 像素、距离上边 150 像素的位置.
  </p>
</body>
</html>
```

本例在样式表中对标记 h2 定义了一个子类 pos_abs, 并进行了绝对位置和背景颜色的属性设定, 将该类的文字设定到页面坐标为(100,150)的位置。在本网页的主体中使用了一段文字进行演示, 可以发现, 尽管代码中 h2. pos_abs 的文字出现在 p 中的文字之前, 运行 h2. pos_abs 的文字将绝对定位在坐标(100,150)的位置。不管如何改变浏览器窗口的大小, h2. pos_abs 内的文字始终在页面的固定位置。用浏览器打开本例, 运行效果如图 5.25 所示。

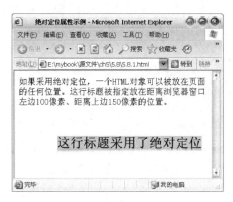

图 5.25　示例 5.8-1 的运行效果

5.8.3　空间大小属性

语法

```
width:对象的宽度值
height:对象的高度值
```

说明

该属性可以将网页内的对象设定成固定大小,其中,width 属性指定对象的宽度,height 属性指定对象的高度。

该属性的取值可以用数字来表达 CSS 的长度单位,也可以用百分比的形式来表达相对该对象的父对象的大小。

【示例 5.8-2】

```
< html >
< head >
< title >空间大小属性示例</title >
< style type = "text/css" >
  img{width:8 cm;
      height:5 cm;
      position:absolute;
      left:50 px;
      top:50 px
     }
  h2.pos_abs{
    position:absolute;
    left:100 px;
    top:100 px;
    font-size:50 px;
    color:green
  }
</style >
</head >
< body >
  < img src = "green.jpg" >
  < h2 class = "pos_abs" >绝对定位文字</h2 >
</body >
</html >
```

本例在样式表中对标记 img 进行了大小和绝对定位的设定,同时为 h2 定义了一个子类 pos_abs,并对该子类进行了绝对位置和字体方面的属性设定。

在本网页的主体中使用了嵌入图片和一段文字进行演示,可以发现,图片和 h2. pos_abs 的文字重叠在一起,不管如何改变浏览器窗口的大小,图片和 h2. pos_abs 内的文字始终在页面的固定位置。用浏览器打开本例,运行效果如图 5. 26 所示。

图 5.26　示例 5.8-2 的运行效果

5.8.4　层叠顺序属性

当采用绝对定位时,页面上的对象可能会发生重叠。为了处理重叠对象,CSS 提供了 z-index 属性来指定对象在 z 轴上的层次。z 轴方向与视图平面垂直。

语法

```
z-index:层叠顺序值
```

说明

该属性值设置对象的层叠顺序。可以有两类选择:一是 auto,对象发生重叠时按默认次序发生遮挡,这也是该属性的默认值;二是用整数值来设定 z-index 值,整数可为负数。

z-index 值较大值的对象会覆盖在较小值的对象之上,覆盖在上面的对象会遮住下面的对象。如果两个绝对定位对象具有同样的 z-index 值,那么将依据它们在 HTML 文档中定义的先后顺序层叠。

此属性仅仅作用于 position 属性设定为 relative 或 absolute 的对象。

【示例 5.8-3】

```
<html>
<head>
<title>层叠顺序属性示例</title>
<style type="text/css">
 img.1 {
   position:absolute;
   loft:100 px;
   top:50 px;
   width:400 px;
   z-index:1
 }
 p {
  position:absolute;
  font-family:Arial;
  font-size:60 px;
```

```
        font-weight:bold;
      }
    p.1{
     color:black;
      left:150 px;
      top:100 px;
      z-index:2
     }
    p.2 {
      color:red;
      left:146 px;
      top:96 px;
      z-index:3
    }
    img.2{
      position:absolute;
      left:200 px;
      top:100 px;
      z-index:4
     }
</style >
</head >
< body >
<p class ="1" >Beautiful </p >
< p class ="2" >Beautiful </p > < img class ="1" src ="green.jpg" >
< img class ="2" src ="pg.gif" >
</body >
</html >
```

本例设计了两段文字和两个图片的层叠顺序。假定在本例文件的同一文件夹中,还存在两个图片文件,文件名称为 green.jpg 和 pg.gif。

在样式表中为 img 标记定义了两个 img 元素的子类型,分别命名为 img.1 和 img.2。对 p 标记进行了字体方面的属性设定。最后,定义了 p 标记的两个子类,分别命名为 p.1 和 p.2。所有子类都使用了绝对定位的设定,并按照需要的层叠顺序进行了 z-index 属性值设定。

通过在本网页主体中使用了嵌入两个图片和两段文字进行演示,图片和文字对象重叠在一起,并按 z-index 值发生遮挡关系。还可以发现相同大小的文字,通过设置不同的颜色和位置,发生层叠后可以形成立体文字的效果。用浏览器打开本例,运行效果如图 5.27 所示。

图 5.27　示例 5.8-3 的运行效果

5.8.5　多元素定位与不同浏览器兼容问题

其实在示例 5.8-3 中,我们若使用非 IE 的浏览器,将会看到效果完全不是程序中所设定的,或者在网页代码最前面加上 < ! DOCTYPE html >,要求采用 HTML 5 的标准给予解释,那么即使是用 IE 浏览器打开也会产生不如意的情况。用 IE 浏览器和 Firefox 浏览器打开示例 5.8-3 的运行效果分别如图 5.28 和图 5.29 所示。

图 5.28　IE 9 以 HTML 5 标准解释的效果　　　图 5.29　用 Firefox 浏览器打开的效果

如果没有 < ! DOCTYPE > 的版本说明语句(网页版本声明在第 2 章的结束部分),许多浏览器在不知道按哪个版本的 HTML 来解释之前,一般会采用兼容早期 HTML 版本来解释,如 IE 浏览器的可以较好地解释网页早期代码。

这个案例要求多个元素绝对定位,若以后 CSS 排版比较复杂,则读者不可以忽略这条语句,我们需要加上较高的标准如 < ! DOCTYPE html > 或者其他版本声明。这样,才能保证不同浏览器的运行效果的一致性。

另外,通过对这个网页代码分析,可能是新的标准下,浏览器不能理解案例程序中 class = "1" 和 class = "2" 所表达的确切含义,比如 < p class = "1" > Beautiful </ p > 和 < img class = "1" src = "green.jpg"> 这两句,都是引用了 class = "1" 属性,但这种定义 CSS 的方式在新的标准中造成歧义,浏览器无法根据标签自动定位到 p.1{ } 和 img.1{ }。因此,我们将这些类名称分别改为 a,b,c,d。

【示例 5.8-4】

```
< ! DOCTYPE html >
< html
< head >
< title > 层叠顺序属性示例 </title >
< style >
    img{
    position:absolute;
  }
 p{
    position:absolute;
    font-family:Arial;
    font-size:60 px;
    font-weight:bold;
```

```
        }
    img.a
    {
      left:200 px;
      top:50 px;
      width:400 px;
      z-index:1;
    }

    p.b
    {
      color:black;
      left:100 px;
      top:100 px;
      z-index:2;
    }
    p.c
    {
     color:red;
      left:98 px;
      top:98 px;
      z-index:3;
    }
    img.d
    {
      left:250 px;
      top:200 px;
      z-index:4;
    }
</style >
</head >
< body >
< img class ="a" src ="green.jpg" >
< p class ="b" >Beautiful </p >
< p class ="c" >Beautiful </p >
< img class ="d" src ="pg.gif" >
</body >
</html >
```

用 Firefox 浏览器和 IE 9 打开本例,效果分别如图 5.30 和图 5.31 所示。

图 5.30　用 Firefox 浏览器打开的效果

图 5.31　用 IE 9 浏览器打开的效果

通过本案例读者可以发现,较新版本的 HTML 和 CSS 技术要求命名的唯一性,最好不要使用纯数字作为类型和 id。而且,除某个特定元素定位需要外,绝对定位(Absolute)不建议对多个元素同时使用,毕竟,当前 W3C 建议的 CSS 标准应以网页元素排版的标准化为准。另外,我们也用 CSS 特殊效果替代 PhotoShop 等图像处理。

通过本案例再次强调,有一定排版细节要求的 Web 网页,请不要省略 HTML 的版本声明语句。

5.8.6 浮动属性

除了绝对定位的方式修饰的元素外,计算机在解释处理 HTML 和 CSS 网页的代码时,浏览器实际上是按照"从左到右,从上到下"的方式流动安排网页各个元素和对象的位置的。若没有对 A 元素对象设定浮动属性时,即使 A 元素对象水平方向还有空间,其他对象也不能上浮与之并排显示。但我们可以通过设定 float 属性来人为地将 A 元素对象周边的对象"浮动"上来,造成两个元素并列在一个水平位置的效果。

语法

```
float:浮动属性值
```

说明

该属性值可以设置对象和文字的排版关系。可以有三个选择:第一个是 none,表示对象与文字的关系是上下方式的排版;第二个是 left,表示对象浮动在文字的左边,同时文字环绕该对象;第三个是 right,表示对象浮动在文字的右边,同时文字环绕该对象。

【示例 5.8-5】

```
<html>
<head>
  <title>浮动属性示例</title>
  <style type="text/css">
h1.pos_abs{
  position:absolute;
  left:20%;
  top:60%;
  background-color:#FFFF00;
  color:#FF0000
}
img{
  float:right;
  width:200 px
  }
p{
  line-height:2;
  text-indent:50 px
  }
  </style>
</head>
<body>
  <h1 class="pos_abs">
    山中相送罢,日暮掩柴扉。<br>
    春草年年绿,王孙归不归。<br>
```

```
    </h1>
    <img src ="green.jpg" >
    <p>这首送别诗,不写离亭饯别的依依不舍,却更进一层写冀望别后重聚。这是超出一般送别诗的
所在。开头隐去送别情景,以"送罢"落笔,继而写别后回家寂寞之情更浓更稠,为望其再来的题意做了铺
垫,于是想到春草再绿自有定期,离人回归却难一定。惜别之情,自在话外。意中有意,味外有味,真是匠
心别运,高人一筹。
    </p>
    </body>
    </html>
```

假定图像文件 green.jpg 和本例网页文件在同一个文件夹中,本例的 img 元素把图片文件导入网页后,再利用设置的 CSS 的 float 属性,为图像和文字设定和浮动排版关系。

本例在样式表中为 img、p 标记定义了新的 CSS 样式;同时,还定义了 p 的子类 pos_abs。对 p 标记进行了文本方面属性的简单设定,对 img 进行了浮动属性的定义。

通过在本网页主体中使用嵌入图片和一段较长的文字进行演示,可以发现,图片和文字发生了浮动环绕的排版关系,古诗利用子类 pos_abs 进行了段落对象的绝对定位。用浏览器打开本例,效果如图 5.32 所示。

图 5.32 示例 5.8-5 的运行效果

5.9 CSS 边框、边距、填充距属性

5.9.1 CSS 边框

边框可以应用到 HTML 对象中。边框类属性用于设置对象的上、下、左、右边框的样式、宽度、颜色等。

1. 边框样式属性

语法

```
border-style:边框的样式属性值
```

说明

该属性创建一个包围着元素的边框,通过对边框样式 border-style 的设定,可以选择不同

的边框样式(或称为边框的线型)。

border-style 属性值和说明如下:

(1)none:无边框,默认值。不受边框宽度属性的影响。

(2)dotted:点线式边框。

(3)dashed:虚线边框。

(4)solid:实线边框。

(5)double:双线边框,两条单线与其间隔的和等于指定的边框宽度值。

(6)groove:凹槽线边框。

(7)ridge:凸槽线边框。

(8)outset:凸起效果的边框。

(9)inset:凹进效果的边框。

【示例 5.9-1】

```
<html>
<head>
  <title>边框风格属性 border-style</title>
  <style type="text/css">
  .d1 {border-style:none;}
  .d2 {border-style:solid;}
  .d3 {border-style:dotted;}
  .d4 {border-style:dashed;}
  .d5 {border-style:double;}
  .d6 {border-style:groove;}
  .d7 {border-style:ridge;}
  .d8 {border-style:inset;}
  .d9 {border-style:outset;}
</style>
</head>
<body>
  <div class="d1">这个div无边框。</div>
  <br>
  <div class="d2">这个div的边框是实线solid。</div>
  <br>
  <div class="d3">这个div的边框是点线dotted。</div>
  <br>
  <div class="d4">这个div的边框是虚线dashed。</div>
  <br>
  <div class="d5">这个div的边框是双线double。</div>
  <br>
  <div class="d6">这个div的边框是groove。</div>
  <br>
  <div class="d7">这个div的边框是ridge。</div>
  <br>
  <div class="d8">这个div的边框是inset。</div>
  <br>
  <div class="d9">这个div的边框是outset。</div>
</body>
</html>
```

本例在样式表中定义了从 d1 到 d9 一共 9 个类,用于表现不同的边框。在网页主体中,分别利用了 9 个 div 区域标记,同时引用这 9 个类。每个 div 区域内包含了一段文字,使得 div 能够具有一定大小。用浏览器打开本例,运行效果如图 5.33 所示。

图 5.33　示例 5.9-1 的运行效果

2. 边框宽度属性

语法

```
border-width:边框的宽度属性值
或
border-top-width:        上边框的宽度属性值
border-bottom-width:     下边框的宽度属性值
border-left-width:       左边框的宽度属性值
border-right-width:      右边框的宽度属性值
```

说明

创建边框后,就可以通过本属性为边框的粗细进行设定。

用 border-width 可以一次性设定所有边框的粗细,也可以分别对 4 条边框设定。border-top-width(设置上边框宽度),border-bottom-width(设置下边框宽度),border-left-width(设置左边框宽度),border-right-width(设置右边框宽度)。

该属性的取值通常用像素来表示,也可以选择 medium(中等,这也是默认值)、thin(细)、thick(粗)三个取值。

对 border-width 来说,如果提供全部 4 个参数值,将按上、右、下、左的顺序作用于 4 个边框。如果只提供一个,将用于全部的 4 条边。如果提供两个,则第一个用于上、下,第二个用于左、右。如果提供三个,则第一个用于上,第二个用于左、右,第三个用于下。

【示例 5.9-2】

```
<html>
<head>
  <title>边框宽度属性示例</title>
  <style type="text/css">
    .d1{border-style:solid;border-top-width:12 px;}
    .d2{border-style:double;border-width:3 px}
    .d3{border-style:solid;border-width:1 px 5 px 9 px 15 px}
```

```
    </style >
  </head >
  <body >
    < div class = "d1" >
      这个 div 的上边框宽度是 12 px,其余边框宽度为默认值。
    </div >
    < br >
    < div class = "d2" >
      这个 div 的边框为双线,宽度是 3 px。
    </div >
    < br >
    < div class = "d3" >
      这个 div 的上、下、左、右边框宽度不同。
    </div >
  </body >
  </html >
```

本例在样式表中定义了从 d1 到 d3 一共三个类,用于表现不同的边框。在网页主体中,分别利用了三个 div 区域标记,同时引用这三个类。每个 div 区域内包含了一段文字,描述了边框粗细的设置。用浏览器打开本例,运行效果如图 5.34 所示。

图 5.34　示例 5.9-2 的运行效果

3. 边框颜色属性

语法

`border-color:`边框的颜色属性值

说明

创建边框后,就可以对边框颜色进行设定。

用 border-color 可以一次性设定上、下、左、右 4 个边框颜色,也可以分别对 4 条边框的颜色进行设定。

其中,border-top-color(设置上边框颜色),border-bottom-color(设置下边框颜色),border-left-color(设置左边框颜色),border-right-color(设置右边框颜色)。

属性的取值可以用 CSS 的三种颜色表达方式。

对于 border-color 来说,如果提供全部 4 个参数值,则将按上、右、下、左的顺序作用于

4 个边框;如果只提供一个,则将用于全部的 4 条边;如果提供两个,则第一个用于上、下,第二个用于左、右;如果提供三个,则第一个用于上,第二个用于左、右,第三个用于下。

【示例 5.9-3】

```
<html >
<head >
  <title >边框颜色属性示例 </title >
  <style type ="text /css" >
div{border-style:solid;border-width:10 px}
    .d1 {border-color:red}
    .d2 {border-top-color:red;border-right-color:blue}
    .d3 {border-color:red blue yellow green}
  </style >
</head >
<body >
  <div class ="d1" >
   设置四个边框为红颜色
  </div >
  <br >
  <div class ="d2" >
   设置上边框红色、右边框蓝色,其他边框默认颜色
  </div >
  <br >
  <div class ="d3" >
   设置上下左右边框不同的颜色
  </div >
</body >
</html >
```

本例在样式表中定义了 div 区域标记的边框风格和粗细,然后定义了 d1 到 d3 一共三个子类,用于表现三种不同的边框颜色。在网页主体中,分别利用了三个 div 区域标记引用这三个子类。每个 div 区域内包含了一段文字,描述了边框颜色的设置。用浏览器打开本例,运行效果如图 5.35 所示。

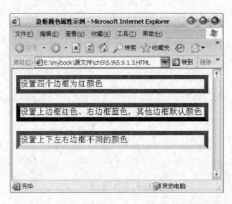

图 5.35   示例 5.9-3 的运行效果

4. 边框属性和单边边框的复合属性

语法

border:border-width 属性值　border-style 属性值　border-color 属性值
或者
border-top:border-width 属性值　border-style 属性值　border-color 属性值
border-bottom:border-width 属性值　border-style 属性值　border-color 属性值
border-left:border-width 属性值　border-style 属性值　border-color 属性值
border-right:border-width 属性值　border-style 属性值　border-color 属性值

说明

边框的复合属性可以一次性设定 4 条边框的边框样式、颜色和宽度的属性值。

单边边框的复合属性可以一次性设定某条边框的所有属性值。其中,单边边框属性包括 border-top(上边框),border-bottom(下边框),border-left(左边框),border-right(右边框)。

当指定了边框颜色和边框宽度时,还必须同时指定边框的样式;否则,边框将不会被呈现。

如果使用该复合属性定义其单个参数,则其他参数的默认值将无条件覆盖各自对应的单个属性设置。例如,设置 border-top:solid 等于设置 border-top:thin solid,而 border-top-color 的默认值将采用文本颜色。

【示例 5.9-4】

```
<html>
<head>
<title>边框属性和单边边框属性示例</title>
  <style type="text/css">
     p{
       border-top:double  30 px  red;
       border-bottom:double  30 px  green;
       border-left:solid  30 px  green;
       border-bottom:double  30 px  blue;
       border-right:solid  30 px  yellow
       }
     img{
       width:200 px;
       border:ridge 30 px green
       }
  </style>
</head>
<body>
<img src="green.jpg">
<p>
   分别设定 4 条单边边框属性的段落
</p>
</body>
</html>
```

本例在样式表中定义了 p 标记的边框设置,运用了单边边框属性,这样 4 条边框都将采用不同的边框。定义了 img 标记采用 30 像素的绿色立体边框。

在网页主体中,分别利用了 p 标记和 img 标记创建网页的内容。本例假定在本网页的同一文件夹中存在图像文件 green.jpg。用浏览器打开本例,运行效果如图 5.36 所示。

图 5.36　示例 5.9-4 的运行效果

5.9.2　CSS 边距

边距属性用于设置页面中一个元素所占空间的边缘到相邻元素之间的距离。分为上、下、左、右 4 种边距。精确运用边距控制网页中的对象,为布局网页提供了强大的功能。

1. 左、右边距属性

语法

```
margin-left:左边距属性值
margin-right:右边距属性值
```

说明

该属性可以设定对象距离其父对象的左右边界的距离,其中,margin-left 为左边距属性值,margin-right 为右边距属性值。

该属性值可以为 auto 或数值。auto 也是默认值,这样浏览器会自动为对象安排左、右边距。若要自行设定边距,则可以用 CSS 的长度单位来表示,比如可以是用百分数、厘米、像素等。

【示例 5.9-5】

```
<html>
<HEAD>
    <TITLE>CSS 左右边距属性</TITLE>
    <STYLE type="text/css">
div{border:1 px solid #FF0000}
    .d1{margin-left:1 cm}
    .d2{margin-right:60 px}
    .d3{margin-left:1 cm;
        margin-right:1 cm}
    </STYLE>
</HEAD>
<body>
 <div>没有设置 margin-left 属性的区域。</div>
 <br>
 <div class="d1">margin-left 设为 1cm 的区域。</div>
```

```
<br>
<div class="d2">margin-right 设为 60px 的区域。</div>
<br>
<div class="d3">左右边距都设为 1 cm 的区域。</div>
</body>
</html>
```

　　本例在样式表中定义了 div 标记,并进行了边框设置,然后定义三个子类 d1、d2、d3,分别设定了不同的左右边距。

　　在网页主体中,分别利用了 div 标记创建文字内容。由于 div 的父对象是网页 body,因此本例的 4 段文字将相对于网页主体进行边距设置。用浏览器打开本例,运行效果如图 5.37 所示。

图 5.37　示例 5.9-5 的运行效果

2. 上、下边距属性

语法

```
margin-top:上边距属性值
margin-bottom:下边距属性值
```

说明

　　该属性可以设定对象距离其父对象上、下边界的距离,其中,margin-top 为上边距属性值,margin-bottom 为下边距属性值。

　　该属性值可以为 auto 或数值。auto 也是默认值,这样浏览器会自动为对象安排上、下边距。若要自行设定边距,则可以用 CSS 的长度单位来表示,比如可以是用百分数、厘米、像素等。

【示例 5.9-6】

```
<html>
<HEAD>
  <TITLE>CSS 上下边距属性</TITLE>
  <STYLE type="text/css">
   div{border:2 px solid #FF0000;}
   .d1{border:1 px solid #0000FF;margin-top:2 cm}
   .d2{border:1 px solid #0000FF;margin-bottom:20 px}
  </STYLE>
</HEAD>
```

```
<body>
  <div>
    <div class="d1">设定上边距为 2 cm 的区域   </div>
    <br>
    <div class="d2">设定下边距为 20 px 的区域   </div>
  </div>
</body>
</html>
```

本例在样式表中定义了 div 标记,并进行了边框设置,然后定义两个子类 d1、d2、,分别设定了不同的上、下边距。

在网页主体中,分别利用了 div 标记创建了一个区域,然后在该区域中再次创建两个子区域,在子区域中设置文字内容。由于子区域的父对象是第一个 div,因此本例的两段文字将相对于父区域进行上、下边距设置。用浏览器打开本例,运行效果如图 5.38 所示。

图 5.38　示例 5.9-6 的运行效果

3. 边距复合属性

语法

```
margin：margin-top 属性值      margin-right 属性值
        margin-bottom 属性值   margin-left 属性值
```

说明

该属性为网页中的对象一次性设置距离父对象的上、下、左、右边距,每个值用空格隔开。如果提供全部 4 个参数值,则将按上、右、下、左的顺序设定。如果只提供一个,则将用于全部的 4 个边距。如果提供两个,则第一个用于上、下,第二个用于左、右。如果提供三个,则第一个用于上,第二个用于左、右,第三个用于下。

该属性值请参看前面的属性设置。

【示例 5.9-7】

```
<html>
<HEAD>
<TITLE>CSS 边距属性</TITLE>
  <STYLE type="text/css">
    div{
      background-color:#FFFFBB;
```

```
            text-indent:1 cm;
            font-size:30 px
            }
        .d1{border:1 px solid #0000FF;
            margin:1 cm 1 cm 1 cm 1 cm}
    </STYLE >
</HEAD >
<body >
    <div class = "d1" >
    设定上、下、左、右边距都为1cm的div区域
    </div >
</body >
</html >
```

本例在样式表中定义了 div 标记,并进行了背景色和文本的排版设置,然后定义子类 d1,用于设定边框和上、下、左、右边距。

在网页主体中,分别利用了 div 标记创建了一个区域,然后在该区域设置文字内容。由于子区域的父对象是 body,因此本例的这段文字将相对于网页主体区域进行上、下边距能设置,无论如何改变窗口的大小,对象都会按照预定义好的边距样式显示。用浏览器打开本例,运行效果如图 5.39 所示。

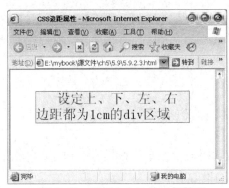

图 5.39　示例 5.9-7 的运行效果

5.9.3　CSS 填充距属性

填充距指的是对象本身到对象边界的距离,也可分为上、下、左、右四种填充距。运用填充距可以精确控制网页中对象的排版,是用来布局网页的很好的技术手段。

1. 左、右填充距属性

语法

```
padding-left:左填充距属性值
padding-right:右填充距属性值
```

说明

该属性为网页中的对象设置距离对象边界的左、右边界的距离,其中,padding-left 为左填充距属性,padding-right 为右填充距属性。

该属性值为长度值或百分比。百分数是基于父对象的宽度。长度值可以用 CSS 的长度单位来表示,比如可以是厘米、像素、毫米等。

对于 td 和 th 对象而言,左、右填充距的默认值为 1。

【示例 5.9-8】

```
<html>
<head>
  <title>左右填充距属性示例</title>
  <style type="text/css">
  td.1{
        padding-left:2 cm;
        border:1 px solid blue
        }
  td.2{
        padding-right:2 cm;
        border:1 px solid red
        }
  </style>
</head>
<body>
  <table>
    <tr>
      <td class="1">
    这个单元格有 2 cm 的左填充边距
      </td>
      </tr>
      <tr>
        <td class="2">
        这个单元格有 2 cm 的右填充边距
        </td>
      </tr>
    </table>
</body>
</html>
```

本例在样式表中定义了 td 标记的两个子类,分别命名为 td.1 和 td.2,并对这两个子类进行了边框和左、右填充距的设置。

在网页主体中,用 table 标记创建了一个 2 行 1 列的表格,然后分别对两个单元格进行了样式表子类的引用。用浏览器打开本例,运行效果如图 5.40 所示。本例选择了表格单元格内的填充距进行演示,也可对其他具有容器特性的对象进行类似设置。

图 5.40　示例 5.9-8 的运行效果

2. 上、下填充距属性

语法

```
padding-top:上填充距属性值
padding-bottom:下填充距属性值
```

说明

该属性为对象设置距离对象边界的上下边界的距离,其中,padding-top 为上填充距属性,padding-bottom 为下填充距属性。

该属性值为长度值或百分比。百分数是基于父对象的宽度。长度值可以用 CSS 的长度单位来表示,比如可以是厘米、像素、毫米等。

【示例 5.9-9】

```
<html >
<head >
  <title >上下填充距属性示例</title >
  <style type ="text/css" >
  td.1｛padding-top:2 cm;
      border:1 px solid blue
      ｝
  td.2｛padding-bottom:2 cm;
      border:1 px solid red
      ｝
  </style >
</head >
<body >
<table >
<tr >
  <td class ="1" >
  这个单元格有 2 cm 的上填充边距
  </td >
  <td class ="2" >
  这个单元格有 2 cm 的下填充边距
  </td >
</tr >
</table >
</body >
</html >
```

本例在样式表中定义了 td 标记的两个子类,分别命名为 td.1 和 td.2,并对这两个子类进行了边框和上、下填充距的设置。

在网页主体中,创建了一个 1 行 2 列的表格,然后分别对两个单元格进行了样式表子类的引用。用浏览器打开本例,运行效果如图 5.41 所示。本例选择了表格单元格内的填充距进行演示,也可对其他具有容器特性的对象进行类似设置。

图 5.41 示例 5.9-9 的运行效果

3. 填充距复合属性

语法

padding:填充距复合属性值

说明

该属性为网页中的对象一次性设置填充距,每个值用空格隔开。

如果提供全部 4 个参数值,则将按上、右、下、左的顺序设定填充距;如果只提供一个,则将用于 4 个填充距;如果提供两个,则第一个用于上、下填充距,第二个用于左、右填充距;如果提供三个,则第一个用于上填充距,第二个用于左、右填充距,第三个用于下填充距。

【示例 5.9-10】

```
<html>
<head>
  <title>填充距属性 padding</title>
  <style type="text/css">
  div{
  border-color:blue;
  margin:2%
    }
  div.b1 {
      font-size:24 px;
      text-align:center;
      border-style:solid;
      border-width:thin;
      padding:3%;
      }
  div.b2 {
      font-size:16 px;
      border-style:double;
      border-width:thick;
      padding:20 px
      }
  </style>
</head>
<body>
<div class="b1">
  <p style="font-family:黑体;font-size:30 px">
    赋得古原草送别
  </p>
  <p style="font-family:楷体_GB2312;
  font-size:18 px">
    白居易
  </p>
  离离原上草,一岁一枯荣。<br>
  野火烧不尽,春风吹又生。<br>
  远芳侵古道,晴翠接荒城。<br>
  又送王孙去,萋萋满别情。<br>
</div>
<div class="b2">
```

```
<b>注释:</b><br>
本诗又题《草》。赋得:凡是指定、限定的诗题例在题目上加"赋得"二字。这种做法起源于"应制诗",后来
广泛用于科举"试帖诗"。此诗为作者准备科举考试而拟题的习作,所以也加了"赋得"二字。"又送"两句
诗意,本自《楚辞·招隐士》:"王孙游兮不归,春草生兮萋萋。"
</div>
</body>
</html>
```

本例在样式表中定义了 div 标记的 div 的两个子类,分别命名为 div.b1 和 div.b2。对 div 标记设定了边距和边框颜色。同时,分别对 div 的两个子类设计了字体、线框、填充距的属性。

在网页主体中,用 div 创建了两个区域,分别应用了设计的子类。在 div 区域中,使用 HTML 的 p、br 标记进行区域内部的排版。可以看出 padding 填充距属性对区域中文字排版的影响。用浏览器打开本例,运行效果如图 5.42 所示。

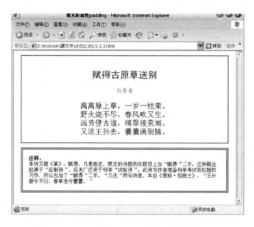

图 5.42　示例 5.9-10 的运行效果

4. 用 margin、border、padding 实现网页盒状模型的排版案例

几乎每一个 HTML 中的元素都可以看作一个盒状对象,有些元素,比如 div、p、table 等本身就是用来装载其他内容的"容器",这些"容器"是天生的盒状模型,符合 CSS 的盒状模型理论。也就是说,利用这些容器元素的盒状模型的特点,可以在网页这个矩形区域实现精确的排版。为了精确地控制,需要利用这些容器对象的 margin、border、padding 等属性,以两个元素相互关系为例,假设元素 1 和元素 2 都是块状元素(block),元素 1 的 float 属性被设定为 left,元素 1 和元素 2 之间的排版关系如图 5.43 所示。

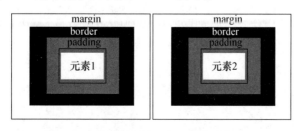

图 5.43　盒状模型的两个元素的排版关系

下面的案例就是利用上述特性,实现了将网页精确划分成数个区域,区域用边框标示出来,文字内容精确排版到所在区域,并且实现了左右两个区域并列的方式。这样排版较好地表现了"古文观止"和"今文试译"两个区域按比例在同一水平显示,方便 Web 网页浏览者对照阅读古文和现代文。

用浏览器打开本例,运行效果如图 5.44 所示。

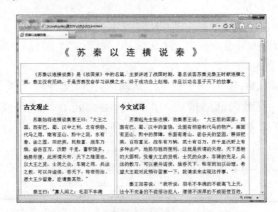

图 5.44　盒状模型案例的运行效果

网页代码如下。

```
<! DOCTYPE HTML >
<html >
<head >
<meta http-equiv ="Content-Type" content ="text/html;charset =GB2312" >
<title >苏秦以连横说秦 </title >
<style type ="text/css" >
 #dis{
 width:900 px;
}
```

上面的代码定义了网页的主体区域的宽度,宽度为 900 像素。其他的 div 元素都是在#dis 的 div 内部。

```
#title{
height:60 px;
padding-top:25 px;
text-align:center;
font-size:36 px;
letter-spacing:0.8em;
font-family:黑体;
}
```

上面的代码用 id 方式定义了网页最上面的标题区域,显示《苏秦以连横说秦》为标题的文字效果。

注意

本区域定义了高度为 60 像素,但对宽度没有定义,本区域宽度将继承父标签 div(id 是#dis)元素定义的区域。

```
#guwen{
  width:350 px;
  float:left;
  border:solid 1 px #888888;
  padding:10 px;
  margin-top:10 px;
}
```

上面的代码用 id 方式定义了网页左边的"古文观止"区域。注意本区域定义了宽度为 350 像素,但对高度没有定义,本区域高度将由元素内部的文字多少来自行确定。

利用 float 属性,让本区域浮动到左边,那么本区域右边将空出一片"空间"用于"今文试译"(id 为#jinwen)区域。可以计算出来,整个区域宽度定义了 900 像素,减去本区域的左边宽度 350 像素,右边还有 550 像素宽度空间。

最后,用 padding 设定了本区域内部文字与区域的间距。用 margin-top 设定与上面的 #intro 区域的间距。

```
#jinwen{
  border:solid 1 px #888888;
  margin-left:380 px;
  padding:10 px;
  margin-top:10 px;
}
```

上面的代码定义 id 为#jinwen 的 div 区域,该区域会浮动到右边,与#guwen 区域并列。当然这个特性是因为定义了#guwen 区域的 float 属性而产生的。

首先,定义了#jinwen 区域的 border 边框属性。

其次,定义 margin-left 为 380 像素,这样就明确地确定了#jinwen 区域与左边的距离,也就确定了与#guwen 区域的间距,大约为 380 减去 350,也就是 30 个像素。

最后,用 padding 设定了本区域内部文字与区域的间距。用 margin-top 设定与 #intro 区域的间距。这与左边的#guwen 区域设定相同,这样就精确控制了"古文观止"区域和"今文试译"区域的内部文字和外观的整齐划一。

```
#intro{
  border:solid 1 px #888888;
  padding:10 px;
}
```

对 id 为#intro 的 div 区域(即网页内容介绍区域)进行两个属性设定,其外框的各项设定与其他区域相同;同时,设定其内部文字与本区域边框的填充间距为 10px。

```
p{
  text-indent:2em;
  line-height:1.5em;
  font-size:19 px;
}
```

对所有区域段落内的文字进行简单设定。

```
h1{
  font-family:黑体;
  font-size:25 px;
}
```

对所有区域的一号标题的文字进行简单设定。

```
#intro p{
 font-family:宋体;
    }
#guwen p{
 font-family:楷体_GB2312;
  }
#jinwen p{
 font-family:仿宋_GB2312;
  }
```

对不同区域内的 p 元素设定不同的字体类型。注意,这里使用了标识符"包含"的语法。另外,前面已经对所有 p 元素设定了字体大小和行高等信息,这里仅针对不同区域设置不同的字体类型,这两套"约束"机制简要地实现每个区域的个性化文字外观,展现了层叠样式表中"层叠"的能力。

```
 </style>
 </head>
 <body>
 <div id ="dis">
  <div id ="title" >《苏秦以连横说秦》</div>
    <div id ="intro">
     <p>《苏秦以连横说秦》是《战国策》中的名篇,……</p>
    </div>
    <div id ="guwen">
    <h1>古文观止</h1>
     <p>苏秦始将连横说秦惠王曰:"……</p>
     <p>秦王曰:……</p>
     <p>苏秦曰:……</p>
     <p>说秦王书……</p>

    ……
     <p>(出自士礼居覆宋本《战国策》。)</p>
    </div>
    <div id ="jinwen">
        <h1>今文试译</h1>
     <p>苏秦起先主张连横,劝秦惠王说:……</p>
     <p>秦王回答说:……</p>
     <p>苏秦说:"……</p>
     <p>劝说秦王的奏折……</p>
     ……
    </div>

 </div>
 </body>
 </html>
```

5.10 CSS 链接样式

用 CSS 设置链接样式可以让网页超级链接更具效果,实现方法采用的是类和伪类相结合的方式,超级链接标记 <a> 有 4 种伪类,表示动态链接的 4 种不同状态:link、visited、hover、active，分别表示未访问的链接、已访问的链接、鼠标光标正在链接上、激活链接。

语法

```
a:link {未访问的链接的样式}
a:visited {已访问的链接的样式}
a:hover {鼠标光标在链接上的样式}
a:active {激活链接的样式}
```

说明

a 和 4 种伪类间要用冒号隔开，伪类的名称是系统定义好了的，我们编写网页的时候不能更改。在花括弧中，运用前面介绍的各类 CSS 属性来定义样式。

CSS 链接样式的 4 个伪类的定义次序必须按照 link、visited、hover、active 的顺序进行编写，如果 4 个样式次序有错误，将会导致鼠标链接的动态效果出错。4 个状态的先后次序有很多种组合，但仅有这一种模式才绝对正确，按其首写字母 LV 和 HA 的写法，我们戏称其为"Love/Hate(爱/恨)语法"。当然这与"爱恨"有关只是巧合，本质原因是语法的层叠性导致的。比如，若把 a:hover 放在 a:visited 的前面，按层叠原则，后面的 a:visited 优先级更高，当鼠标再次移动到访问过的网页上的链接后，就会显示出 a:visited 的样式，而不是我们需要的 a:hover 样式。同理，能深刻理解层叠性的读者还可以尝试解释其他的顺序。

5.10.1　无下划线链接

在默认的情况下，超级链接对象都设有下画线，但有时这些下画线会影响页面的美观，需要用 CSS 链接样式取消下画线。

【示例 5.10-1】

```
<html>
 <head>
  <title>无下画线链接</title>
  <style>
  a {text-decoration:none}
  div{
     font-size:16 pt;
     margin:5%;
     background-color:#CCCCCC
     }
  p {text-align:center}
   </style>
</head>
<body>
<div>
  <p>著名搜索引擎</p>
  <p>
    <a href="http://www.baidu.com">
    <b>百度</b>
    </a>
      
    <a href="http://www.google.com">
    <b>Google</b>
   </a>
  </p>
</div>
```

```
</body >
</html >
```

本例在样式表中定义了三个标记,定义 a 标记的无下画线,定义 div 区域的边距和背景颜色以及字体大小,定义 p 标记的中间对齐。

在网页主体中,创建了一个 div 区域,然后在其中编排了两段文字。其中,最后一段文字内建立了两个超级链接,分别用空格隔开。用浏览器打开本例,运行效果如图 5.45 所示。本例选择 div 标记这种具有容器特性的对象进行简单的版面设置。

图 5.45   示例 5.10-1 的运行效果

5.10.2   下画线不同的链接

超级链接对象可以用 CSS 链接样式设置不同的下划线。

【示例 5.10-2】

```
<html >
 <head >
  <title >下画线样式变化的链接 </title >
  <style >
       a:link {text-decoration:underline}
       a:visited{text-decoration:line-through}
       a:hover {text-decoration:overline}
       a:active{text-decoration:none}
     div{
       font-size:16 pt;
       text-align:center;
       margin-left:15%;
       margin-right:15%;
       background-color:#CCCCCC
         }
  </style >
 </head >
<body >
<div >
 <p >著名搜索引擎 </p >
  <a href ="http://www.baidu.com" > <b >百度 </b > </a >
    
  <a href ="http://www.google.com" > <b >Google </b > </a >
</div >
</body >
</html >
```

本例在样式表中定义了 div 标记和 a 标记的 4 个伪类。利用伪类样式改变,实现了 a 标记三种下画线的变化。通过定义 div 区域的左右边距和背景颜色以及字体大小,简单地设定网页的区域内文字效果。

在网页主体中,创建了一个 div 区域,然后在其中编排两段文字。其中,第二段文字内建立了两个超级链接,分别用空格隔开。用浏览器打开本例,运行效果如图 5.46 所示。

图 5.46　示例 5.10-2 的运行效果

5.10.3　改变链接颜色

超级链接对象可以用 CSS 链接样式设置不同的颜色和背景色,从而提高链接的视觉效果。

【示例 5.10-3】

```
<html>
 <head>
  <title>背景颜色变化的样式链接</title>
  <style>
      a{text-decoration:none;color:#FFFFFF}
      a:link{background-color:#0000FF}
      a:visited{background-color:#00FF00}
      a:hover{background-color:#FFFF00;color:#FF0000}
      a:active{background-color:#000000}
      div{
       font-size:20pt;
       font-weight:bold;
       text-align:center;
       margin-left:15%;
       margin-right:15%;
       padding:20pt;
       background-color:#CCCCCC
       }
  </style>
 </head>
<body>
<div>
 <p>著名搜索引擎</p>
  <a href="http://www.baidu.com">百度</a>
    
  <a href="http://www.google.com">Google</a>
</div>
</body>
</html>
```

本例在样式表中定义了 div 标记、a 标记和 a 的 4 种伪类。利用伪类样式改变,实现了 a 标记的 4 种情况下颜色和背景颜色的变化。首先,定义 a 标记的无下划线;其次,分别设定 a 的四种伪类样式;最后,通过定义 div 区域的左右边距、填充距和背景颜色以及字体大小,简单地设定了网页的区域内文字效果。

在网页主体中,创建了一个 div 区域并且文字编排与示例 5.10-2 相同。用浏览器打开本例,运行效果如图 5.47 所示。

图 5.47　示例 5.10-3 的运行效果

5.10.4　改变链接文字的字体和大小

超级链接对象还可以用 CSS 链接样式设置不同的字体和字体大小,从而进一步提高链接的视觉效果。

【示例 5.10-4】

```html
<html>
<head>
<title>改变链接文字的字体和大小</title>
<style>
    a{text-decoration:none;color:#FFFFFF}
    a:link{background-color:#0000FF}
    a:visited{background-color:#00FF00}
    a:hover{
    font-size:120%;
    font-family:黑体;
    background-color:#FFFF00;
    color:#FF0000}
    a:active{background-color:#000000}
    div{
        font-size:20pt;
        font-weight:bold;
        text-align:center;
        margin-left:15%;
        margin-right:15%;
        padding:20pt;
        background-color:#CCCCCC
        }
</style>
</head>
<body>
```

```
<div>
 <p>著名搜索引擎</p>
    <a href="http://www.baidu.com">百度</a>
      
    <a href="http://www.google.com">Google</a>
  </div>
</body>
</html>
```

本例在样式表中定义了 div 标记、a 标记和 a 的四种伪类。利用伪类样式改变,在示例 5.10-3 的基础上还实现了 a 标记处于 hover 状态的字体变大的效果。

在网页主体中,创建了一个 div 区域并且文字编排与例 5.10-3 的相同。用浏览器打开本例,运行效果如图 5.48 所示。

图 5.48　示例 5.10-4 的运行效果

5.10.5　改变超级链接的边框

超级链接对象还可以用 CSS 样式设置不同的边框样式,也可以提高链接的视觉效果。
【示例 5.10-5】

```
<html>
 <head>
 <title>边框变化的链接</title>
 <style>
    a{text-decoration:none;
      color:#FFFFFF}
    a:link{
        border:2 px solid #FFFFFF;
        background-color:#000090
        }
    a:hover{
        border:5 px dotted #0000FF;
        font-family:黑体;
        background-color:#FFFF00;
        color:#FF0000
    }
    div{
        font-size:20 pt;
        font-weight:bold;
        text-align:center;
```

```
            margin-left:15%;
            margin-right:15%;
            padding:20 pt;
            background-color:#CCCCCC}
   </style>
</head>
<body>
<div>
 <p>著名搜索引擎</p>
 <a href="http://www.baidu.com">百度</a>
  
 <a href="http://www.google.com">Google</a>
</div>
</body>
</html>
```

本例在样式表中定义了 div 标记、a 标记和 a 的两种伪类。利用 link 和 hover 伪类样式改变,实现了 a 标记动态的边框、颜色及背景颜色的变化。首先,定义 a 标记属性;其次,分别设定 a 的两种伪类样式。

在网页主体中,创建了一个 div 区域并且文字编排与示例 5.10-3 相同。用浏览器打开本例,运行效果如图 5.49 所示。

图 5.49　示例 5.10-5 的运行效果

超级链接对象除了文字外,还可以用图片,可以为图片设定个性化的边框,利用对超级链接的 link、visited、hover、active 4 个类型的个性化设置,自定义超级链接的视觉效果。

下面案例用三张小图片作为超级链接的对象,通过将图像的边框设定为 10 个像素,然后通过 a 元素自带的伪类来动态变化边框颜色。

【示例 5.10-6】

```
<! DOCTYPE HTML>
<html>
<head>
<title>为图片链接设定个性化边框</title>
<style type="text/css">
 a img{
 width:100 px;
 height:180 px;
 border-width:10 px;
 margin-right:20 px;}
```

用 a img ｛……｝包含定义方式,定义 a 元素内的 img 元素特征,这里设定了 img 的宽度和高度、边框的粗细并且设定了 a 元素和右边对象的间距。

```
a:link{color:red}
a:visited{color:gray}
a:hover{color:yellow}
a:active{color:green}
```

设定了 a 元素的颜色变化,这里 a 将把这个颜色动态变化"遗传"给自己的子元素 img,导致了图片边框的颜色变化。

```
</style>
</head>
<body>
<a href="images/jin-1.jpg">
 <img src="images/jin-1.jpg">
</a>
<a href="images/jin-2.jpg">
 <img src="images/jin-2.jpg">
</a>
<a href="images/jin-3.jpg">
 <img src="images/jin-3.jpg">
</a>
</body>
</html>
```

用浏览器打开本例,运行效果如图 5.50 所示。

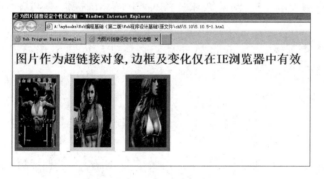

图 5.50　示例 5.10-6 的运行效果

5.10.6　改变超级链接的背景图

超级链接对象还可以用 CSS 链接样式设置不同的背景图案样式,也可以提高超级链接的视觉效果。

【示例 5.10-7】

```
<html>
 <head>
  <title>链接的背景图变化的链接</title>
  <style>
      a{text-decoration:none}
      a:link{background-image:url(bk1.jpg)}
```

```
            a:hover{
              background-image:url(bk2.jpg);
              font-family:黑体;
              }
            div{
                font-size:30 pt;
                font-weight:bold;
                text-align:center;
                margin-left:15%;
                margin-right:15%;
                padding:20 pt;
                background-color:#CCCCCC
                }
       </style >
    </head >
    <body >
    <div >
     <p >著名搜索引擎</p >
      <a href ="http://www.baidu.com" >百度</a >
        
      <a href ="http://www.google.com" >Google </a >
    </div >
    </body >
    </html >
```

本例在样式表中定义了 div 标记、a 标记和 a 的两种伪类。利用 link 和 hover 伪类样式改变,实现了 a 标记动态的背景图的变化。首先,定义 a 标记属性;其次,分别设定 a 的两个伪类样式。

在网页主体中,创建了一个 div 区域并且文字编排与示例 5.10-3 相同。用浏览器打开本例,效果如图 5.51 所示。

图 5.51   示例 5.10-7 的运行效果

5.10.7   设置不同的链接样式

在同一个页面或网站中,需要为不同的超级链接对象设置不同的链接样式,可以用 CSS 样式的多个类实现设置,可以丰富不同链接的视觉效果。

【示例 5. 10-8】

```
<html>
 <head>
  <title>页面中不同的链接样式</title>
  <style>
     a{text-decoration:none}
     a.a1:link{background-image:url(bk1.jpg)}
     a.a1:hover{background-image:url(bk2.jpg);
              font-weight:bold}
     a.a2:link{background-color:#0000FF;
              color:#FFFFFF}
     a.a2:hover{background-color:#FFFF00;
              color:#FF0000}
     div.1{
        text-align:center;
        font-family:"Arial Black";
        font-size:30 pt;
        background-color:#CCCCCC;
        border:2 px solid #0000FF;
        padding:5%
        }
     div.2{
        text-align:center;
        font-family:楷体_GB2312;
        font-size:20 pt;
        background-color:#DDDDDD;
        border:2 px solid #0000FF;
        padding:2%
        }
  </style>
</head>
<body>
<div class="1">
 <p>著名搜索引擎</p>
  <a class="a1" href="http://www.baidu.com">Baidu</a>
    
  <a class="a1" href="http://www.google.com">Google</a>
</div>
<div class="2">
<p>中国知名网站</p>
  <a class="a2" href="http://www.sina.com.cn">新浪</a>
    
  <a class="a2" href="http://www.sohu.com">搜狐</a>
    
  <a class="a2"  href="http://www.163.com">网易</a>
    
  <a class="a2" href="http://www.china.com">中华</a>
</div>
</body>
</html>
```

本例在上例基础上,在样式表中定义了 a 标记的两个子类,分别将其命名为“a. a1”和“a. a2”。对每个子类分别利用 link 和 hover 伪类改变该子类样式,在一个网页文件中实现了两种超级链接样式,更多的超级链接样式可以定义更多 a 标记的子类实现。

在样式表中,还定义了 div 的两个子类,分别命名为"1"和"2"。通过 css 属性定义了两类具有不同的文字及背景区域。

在网页主体中,创建了两个 div 区域,在两类超级链接中应用了不同的超级链接样式。用浏览器打开本例,运行效果如图 5.52 所示。

图 5.52 示例 5.10-8 的运行效果

5.10.8 用盒状模型设计链接样式

利用盒状模型的规则,我们可以方便地进行精确的排版设计。这个方法也可以用在设计超级链接上。也就是可以把 a 元素看作一个盒状对象,利用 CSS 设置 a 元素的大小、边框以及与其他元素的间距等,设计出整齐划一的超级链接导航栏效果。用浏览器打开本例,运行效果如图 5.53 所示。

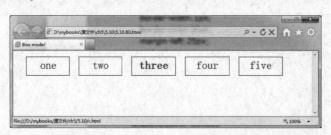

图 5.53 利用盒状模型设计的超级链接效果

```
<! DOCTYPE HTML >
<html >
<head >
 <title >
Box model link style
 </title >
 <style >
 a{width:120 px;
 height:50 px;
 font-size:30 px;
```

```
    border-style:solid;
    border-width:1 px;
    border-color:blue;
    margin-left:25 px;
    text-align:center;
    text-decoration:none;
    padding-top:5 px;}
```

上述代码定义了导航栏每一个 a 元素的共同特征,比如设定了 a 元素的宽和高的绝对值、a 元素文字大小和对齐方式等。定义了 a 元素边框特性,需要特别注意的是,用 margin-left 设定了 a 元素与左边其他对象的间距,在这里设置了 25 像素。因为 a 元素默认情况下是内联的(也就是每个元素不会自动换行),这样就形成了整齐的横向导航栏排版。

```
    a:link{color:blue}
    a:visited{color:gray}
    a:hover{color:red;font-weight:bold;}
    a:active{color:yellow}
```

上述代码用颜色改变的方式,设定了超级链接的动态变化效果。

```
    </style>

    </head>

    <body>

    <a href ="a.html" >
    one
    </a>
    <a href ="b.html" >
    two
    </a>
    <a href ="c.html" >
    three
    </a>
    <a href ="d.html" >
    four
    </a>
    <a href ="f.html" >
    five
    </a>

    </body>
    </html>
```

5.10.9 用盒状模型设计多种链接样式

前面我们利用盒状模型的规则,可以方便地进行精确的超级链接和导航栏的设计。可以利用 CSS 类型定义多种超级链接类型。在这个案例中,特意把超级链接分成两类,分别是站内文件和站外绝对地址链接。在网页中,这两类超级链接设计的不同样式可以为浏览者提供清晰的导航概念。

示例 5.10-9 把站内链接导航栏放在页面最上边,站外超级链接导航栏放在页面最下边。中间安排的是网页内容区域。这个案例也可以作为一个网站的首页原形,读者可以以此为起点,设计其他网页,自行完成其他个性化的细节。

用浏览器打开本例,运行效果如图 5.54 所示。

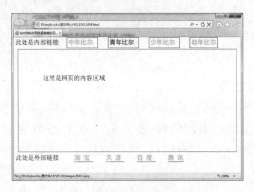

图 5.54 示例 5.10-9 的运行效果

【示例 5.10-9】

```
<! DOCTYPE HTML >
<html >
<head >
<title >站内和站外两类超级链接的示例 </title >
<style type ="text/css" >
a{
text-decoration:none;
margin-left:2em;
text-align:center;
font-family:黑体;
}
 a:link{color:#0f6} /*三位颜色#0f6 表示为#00ff66 * /
 a:visited{color:#aaa}
 a:hover{color:#00f}
 a:active{color:#f00}
```

上述代码定义了两类超级链接的共性特征,也就是说,不管内部链接还是外部链接,都统一设定了无下划线、居中对齐,黑体字体,与其他元素为左间距为 2 个字体。利用 LOVE/HATE 语法设定了超级链接不同状态颜色的动态变化效果。

```
a.in{
    font-size:25 px;
    border:solid 1 px #009;
    margin:20 px;
    padding:5 px;
        }
a.out{
    font-size:25 px;
    border-bottom:solid 1 px #009
        }
```

上述代码定义了两类超级链接的个性特征,也就是说,in 类的为内部链接,设为有边框的外观,而 out 类的外部链接只设定了下边框的外观。

```
    div{font-size:25 px;}
    </style>

    </head>

    <body>

     <div>
     此处是内部链接
    <a class ="in" href ="images/bill-2.jpg">
    中年比尔
    </a>
    <a class ="in" href ="images/bill-1.jpg">
    青年比尔
    </a>
    <a class ="in" href ="images/bill-4.jpg">
    少年比尔
    </a>
    <a class ="in" href ="images/bill-5.jpg">
    幼年比尔
    </a>
    </div>

    <div style ="height:200 px;padding:100 px;border:solid 1 px #000;margin:10
px;">
```

　　这个区域中简单地直接在其 style 属性中,设定好区域大小和边框,并大致让文字居中。在实际网页设计中,这里应该有丰富的图文内容,是网页的主区域。本例简化此区域是为了突出介绍超级链接导航。

```
      这里是网页的内容区域
    </div>

     <div>
     此处是外部链接
    <a class ="out" href ="http://www.taobao.com">
    淘 宝
    </a>
     <a class ="out" href ="http://www.tianya.cn">
    天 涯
    </a>
    <a class ="out" href ="http://www.baidu.com">
    百 度
    </a>
     <a class ="out" href ="http://www.tencent.com">
    腾 讯
    </a>
    </div>
    </body>
    </html>
```

5. 10. 10　模拟按钮的链接样式

　　利用 CSS 的强大边框颜色和排版能力,可以用超级链接来模拟软件中的按钮,代码如下。

```
<! doctype html >
<html >
<head >
<title >css button  </title >
<style >
  a{
  display:block;
  width:260 px;
  margin-top:10 px;
  text-decoration:none;
  }
```

上面的代码设定超级链接元素的基本属性,这里使用了 display 属性,把 a 元素从默认的内联状转变成了块状。这样就可以形成纵向排列的导航栏。

通过设定 margin-top 为导航栏每个 a 元素设定 10 像素的上下间距。

通过设定 width 把 a 元素设定为 260 像素的宽,但高度没有设定。从下面的代码中可以看出,高度将由 a 元素外部的边框和内部的文字大小和 padding 设定等多方因素共同决定。

```
a.button{
border-width:6 px;
border-style:solid;
background-color:rgb(230,230,230);
font-weight:bold;
font-size:35 px;
padding:5 px;
text-align:center;
}
```

上面的代码创造了 a 元素的 button 类型,button 只是自定义的名字,也可以用其他名字。上面的代码并定义了 button 类型的一些共性特征。这些共性包括:a 元素的边框为较明显的6 像素、边框为实线、背景颜色为灰白色、字体加粗显示、字体大小为 35 像素、a 元素内的文字居中排列。

请注意,a 元素的 button 类型设定了 padding 为 5 像素,本意是文字与周边框线的距离为5 像素,本例中确保了 a 元素内部文字与上下边框线间距为 5 像素,但超级链接文字与左右边框线间距却远远大于 5 像素。为什么呢? 因为 a 对象设定了宽度和文字的中间对齐,排版是由多种因素决定的,而不是参数设定多少就一定是多少。

```
a.button:link{
border-top-color:rgb(200,200,200);
border-left-color:rgb(220,220,220);
border-bottom-color:rgb(50,50,50);
border-right-color:rgb(50,50,50);
color:blue;
}
```

上面的代码为 a 元素的 button 类型的 link 状态设定了边框特征,分别定义 4 条边框线的颜色,上边和左边呈现浅色,下边和右边呈现深色。超级链接文字使用蓝色。

```
a.button:visited{
border-top-color:rgb(200,200,200);
border-left-color:rgb(220,220,220);
border-bottom-color:rgb(50,50,50);
```

```
border-right-color:rgb(50,50,50);
color:black;
}
```

上面的代码为 a 元素的 button 类型 visited 状态设定了边框特征,分别定义 4 条边框线的颜色,上边和左边呈现浅色,下边和右边呈现深色;超级链接文字使用黑色。

```
a.button:hover{
text-decoration:underline;
}
```

上面的代码为 a 元素的 button 类型的 hover 状态设定了变化的特征,这里没有定义 4 条边框线的颜色,边框将继承前面的颜色;超级链接文字设定了下画线。

```
a.button:active{
border-top-color:rgb(50,50,50);
border-left-color:rgb(50,50,50);
border-bottom-color:rgb(200,200,200);
border-right-color:rgb(220,220,220);
text-decoration:none;
}
```

上面的代码为 a 元素的 button 类型的 active 状态设定了边框特征,分别定义 4 条边框线的颜色,上边和左边呈现深色,下边和右边呈现浅色,这样导致视觉效果按钮是"被按下"的状态,同时清除超级链接文字的下画线。

用浏览器打开本例,运行效果如图 5.55 所示。

图 5.55　模拟按钮案例的运行效果

5.11　IE 浏览器特有的 CSS 滤镜

5.11.1　滤镜

滤镜最早是指传统摄影师在照相机镜头前面加上一个特殊的设施,这个设施可以用来过滤光或折射光,这样可以让感光照片被特殊处理。图像处理软件,例如,PhotoShop 专门有一些列出的"滤镜"菜单对图片进行类似处理,可以得到想要的特效。

当然,由于这类滤镜对浏览器要求较多,而且不对网页标准发展有较大异议,因此滤镜并不是 W3C 的标准,尽管微软的 IE 浏览器在很早的时候就支持 CSS 滤镜,但现在其他许多浏览器更注重于实现 W3C 的标准,并不支持 CSS 滤镜。

对于学习本书的初学者而言,可以使用 Windows 系统自带的 IE 浏览器学习使用 CSS 滤镜,既可以熟悉 CSS 语法,也可以增加一些"乐趣"。可以通过对比其他非 IE 的浏览器,切身感受一下不同浏览器的不同特点,了解浏览器之间的区别,为做出更加"通用"的网页积累一些经验。本节仅介绍一些简单有效的基于 IE 浏览器的滤镜,读者不需要了解所有的 IE 浏览器的特效滤镜。

滤镜作为样式表的一类属性,跟其他样式表元素的定义和应用方式一样,可以采用多种方式结合。

在该选择符范围内的内容,将按照小括号内的属性名所限定的对象,按属性值所设定的数值进行特效处理。每一种滤镜都有它特定的属性名及其属性取值。

5.11.2 Alpha 滤镜

Alpha 滤镜用于设置文本或图形对象的透明度。

语法

```
filter:alpha(opacity =参数值1,style =参数值2)
```

说明

该属性是把一个目标元素与背景混合。设计者可以指定数值来控制混合的程度。通俗来说,这种"与背景混合"就是一个元素的透明度。

opacity:代表透明度等级,可选值为百分比,大小从 0 到 100,0 表示完全透明,100 表示完全不透明。

style:是用来设置渐变风格的,它指定了透明区域的形状特征。style 的取值为 0、1、2、3,其中,0 代表统一形状,1 代表线形渐变,2 代表放射状渐变,3 代表长方形。

【示例 5.11-1】

```
<html >
  <head >
    <title >Alpha 滤镜——透明效果</title >
    <style >
      img{width:200 px}
      img.1{filter:alpha(opacity =40)}
      td{font-size:20 pt;text-align:center}
    </style >
  </head >
<body >
<table >
  <tr >
   <td >原图</td >
   <td >透明效果</td >
  </tr >
   <tr >
   <td >
    <img src ="images/girl.jpg" >
   </td >
```

```
   <td >
     < img class = "1" src = "images/girl.jpg" >
   </td >
   </tr >
</table >
</body >
</html >
```

本例假定在本例文件的 images 子文件夹下,还有一个图像文件 girl. jpg。在实际操作中,读者可以用其他图像文件替代。

本例在样式表中定义了 img 标记和 img. 1 子类,分别用来表现原图像和有滤镜效果的图像。此外,还定义了 td 标记内的文字样式。

在网页主体中,创建了一个 2 行 2 列的表格,在第二行每个单元格中分别插入图像,通过应用 img. 1 样式,产生了透明度为原图 40% 的效果。用浏览器打开本例,运行效果如图 5.56 所示。

通过设置 style 参数,将产生多种 Alpha 透明度渐变的效果。

图 5.56　示例 5.11-1 的运行效果

【示例 5.11-2】

```
<html >
  <head >
   <title >Alpha 滤镜——透明效果 </title >
   <style >
     img{width:150 px}
     img.0{filter:alpha( style =0,opacity =40)}
     img.1{filter:alpha( style =1)}
     img.2{filter:alpha( style =2)}
     th,td{
     font-size:18 pt;
     color:white;
     text-align:center;
     background-color:#0000FF;
```

```
            padding:10 px
            }
      </style>
      </head>
< body >
<table >
<tr >
   < th colspan =4 >Alpha 滤镜效果 </th >
</tr >
 <tr >
    <td >  原图 </td >
    <td >普通透明 </td >
    <td >线性透明 </td >
    <td >放射状透明 </td >
</tr >
<tr >
    <td >
     < img src ="images/girl.jpg" >
    </td >
    <td >
     < img class ="0" src ="images/girl.jpg" >
    </td >
    <td >
     < img class ="1"  src ="images/girl.jpg" >
    </td >
    <td >
     < img class ="2" src ="images/girl.jpg" >
    </td >
  </tr >
</table >
</body >
</html >
```

本例在样式表中定义了img 标记和img 的三个子类,分别命名为img. 0、img. 1、img. 2,分别用来表现原图像和三种 Alpha 滤镜效果。通过在 td 标记内定义文字、颜色、填充距等样式。

在网页主体中,创建了一个3 行4 列的表格,在第三行每个单元格中分别插入图像,通过应用 Alpha 滤镜样式,产生透明度滤镜三种效果。用浏览器打开本例,运行效果如图5. 57 所示。

图 5. 57　示例 5. 11-2 的运行效果

5.11.3　Blur 滤镜

当用手指在一幅尚未干透的油画上迅速划过时,画面就会变得模糊。Blur 滤镜可以产生同样的模糊效果。

语法

```
filter:blur(add =参数值1,direction =参数值2,strength =参数值3)
```

说明

该滤镜能够使对象表现一种模糊的效果,其效果是由小括号中的各参数值决定的。

add:有两个取值,分别为 true(也可写为 1)和 false(也可写为 0),用来设定是否确保原有目标的清晰度。0 表示在模糊处理中不确保原有目标,1 表示在模糊处理中确保原有目标。

direction:是指模糊拖影的方向,用数字表示角度。

strength:整数值,单位像素,表示模糊移动时的距离,即有多少像素的宽度将受到模糊影响。该默认值是 5 像素。

【示例 5.11-3】

```html
<html>
  <head>
    <title>Blur 滤镜——模糊效果</title>
    <style>
        img{width:150 px}
        img.0{filter:blur()}
        img.1{filter:blur(add =1,direction =45,strength =10)}
        img.2{filter:blur(add =0,direction =45,strength =10)}
        td{
        font-size:13 pt;color:white;
        text-align:center;background-color:#0000FF;
        padding:10 px
          }
    </style>
    </head>
<body>
<table>
  <tr>
    <td>原图</td>
    <td>缺省参数</td>
    <td>保留原图模糊</td>
    <td>不保留原图模糊</td>
  </tr>
<tr>
  <td>
    <img src ="images/girl.jpg">
  </td>
  <td>
    <img class ="0" src ="images/girl.jpg">
  </td>
  <td>
    <img class ="1"  src ="images/girl.jpg">
  </td>
  <td>
```

```
< img class = "2" src = "images/girl.jpg" >
   </td >
  </tr >
</table >
</body >
</html >
```

本例在样式表中定义了 img 标记和 img 的三个子类，分别命名为 img.0、img.1、img.2，分别用来表现原图像和三种 Blur 滤镜效果。通过在 td 标记内定义文字、颜色、填充距等样式。

在网页主体中，创建了一个 2 行 4 列的表格，在第二行每个单元格中分别插入图像，通过应用 Blur 滤镜样式，产生该滤镜三种效果。用浏览器打开本例，运行效果如图 5.58 所示。

图 5.58　示例 5.11-3 的运行效果

此外，用 Blur 滤镜还可以实现文字的模糊效果。

【示例 5.11-4】

```
<html >
    <head >
    <title >Blur 滤镜——文字模糊 </title >
    <style >
     div.1{
      width:600;
      filter:blur( add = 0,direction = 45,strength = 10)
         }
     div.2{
      width:600;
      filter:blur( add = 1,direction = 45,strength = 10)
         }
     p{font-family:Arial;
       font-size:80 px;
       font-style:bold;
       color:blue
       }
    </style >
    </head >
    <body >
    <div class = "1" >
      <p >Hello World     </p >
    </div >
    <div class = "2" >
```

```
    <p>Hello World    </p>
  </div>
  </body>
</html>
```

本例在样式表中定义了 div 标记的两个子类,分别命名为 div.1、div.2,分别用来表现两种 Blur 滤镜对文字的效果,用滤镜修饰的文字必须选择绝对定位或设定在矩形区域中。此外,还定义了 p 标记的文字、颜色等样式。

在网页主体中,创建了两个 div 区域,在每个区域中分别插入一段文字,通过在区域中应用 Blur 滤镜样式,产生该滤镜文字处理效果。用浏览器打开本例,运行效果如图 5.59 所示。

图 5.59　示例 5.11-4 的运行效果

5.11.4　Glow 滤镜

语法

```
filter:glow(color=参数值1,strength=参数值2)
```

说明

该滤镜能够在原对象周围产生一种类似发光的效果,其具体效果是由小括号中的各属性名及其对应的属性值来产生的。

color 参数是指定发光的颜色。

strength 参数指定光晕的范围,也即发光的强度;其值是从 1～255 之间的任何整数,数字越大,则光晕越强。

【示例 5.11-5】

```
<html>
<head>
<title>发光效果</title>
<style>
  div{position:absolute}
  div.1{filter:glow(color=#ff0000,strength=5)}
  div.2{
      top:100 px;
      filter:glow(color=#0000ff,strength=5)
      }
  div.3{
      top:200 px;
      filter:glow(color=#00ff00,strength=5)
```

```
        }
    p{
     color:#FFFF00;
     font-family:黑体;
     font-size:60 px;
     font-weight:bold
     }
</style >
</head >
<body >
<div class ="1" >
   <p >产生红色光晕 </p >
</div >
<div class ="2" >
   <p >产生蓝色光晕 </p >
</div >
<div class ="3" >
   <p >产生绿色光晕 </p >
</div >
</body >
</html >
```

本例在样式表中定义了 div 标记, 设定了绝对定位。此外, 设定了三个 div 的子类, 分别命名为 div. 1、div. 2、div. 3。三个子类设定了坐标和不同的 Glow 滤镜。此外, 还定义了 p 标记内文字、颜色等样式。

注意

文字和发光的颜色设置不同才可以有较明显的效果。

在网页主体中, 创建了三个 div 区域, 在每个区域中分别插入一段文字, 通过在区域中应用发光滤镜样式, 产生该滤镜文字处理效果。用浏览器打开本例, 运行效果如图 5.60 所示。

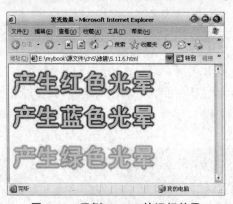

图 5.60   示例 5.11-5 的运行效果

5.11.5   翻转滤镜

语法

```
filter:fliph()
或者
    filter:flipv()
```

说明

该翻转滤镜能够使 HTML 对象进行左右或上下翻转,一般适用于图像对象。

其中,fliph( )用于左右翻转,flipv( )用于上下翻转。该滤镜没有参数。

【示例 5.11-6】

```
<html>
  <head>
    <title>Alpha 滤镜——Flip 效果</title>
    <style>
        img{width:150 px}
        .1{filter:fliph()}
        .2{filter:flipv()}
        th,td{
          font-size:12 pt;
          color:white;
          text-align:center;
          background-color:#0000FF;
          padding:0 0 0 0
          }
      table{margin-left:25%}
    </style>
    </head>
<body>
<table>
<tr>
    <th colspan=4>水平和垂直 Flip 滤镜效果</th>
</tr>

  <tr>
   <td>
    <img src="images/girl.jpg">
   </td>
   <td>
    <img class="1" src="images/girl.jpg">
   </td>
</tr>
<tr>
    <td>
    <img class="2"  src="images/girl.jpg">
    </td>
    <td class="1">
     <img class="2" src="images/girl.jpg">
   </td>
  </tr>
</table>
</body>
</html>
```

本例假定在本例文件同一位置下,存在 images 文件夹和其中的 girl. jpg 文件。

在样式表中定义了两个子类,分别命名为 1 和 2。另外定义了 td 和 th 的 CSS 样式。

在网页主体中,创建了一个 3 行 2 列的表格用于网页排版。分别在 4 个单元格嵌入 4 张图像文件,其中,最后一个单元格运用了水平翻转样式,结合图像的垂直翻转样式,形成了既水平又垂直的翻转效果。用浏览器打开本例,运行效果如图 5.61 所示。

图 5.61   示例 5.11-6 的运行效果

5.11.6   三种简单滤镜

语法

```
filter:gray()
filter:invert()
filter:xray()
```

说明

Gray 滤镜能够使一张彩色的图像转变为灰色调图像。

Invert 滤镜能够使图像产生照片底片的效果。

Xray 滤镜能够让对象显现 X 光片效果。

以上三个滤镜都没有参数,一般适用于图像对象。

【示例 5.11-7】

```
<html >
  <head >
    <title >三种简单滤镜</title >
    <style >
      img{width:150 px}
      img.0{filter:gray()}
      img.1{filter:invert()}
      img.2{filter:xray()}
      td{
      font-size:18 pt;
      color:white;
      text-align:center;
      background-color:#0000FF;
      padding:15 px
        }
    </style >
```

```
    </head>
<body>
<table>
  <tr>
    <td>  原图   </td>
    <td>  灰度   </td>
    <td>  反相   </td>
    <td>  X光片 </td>
  </tr>

<tr>
  <td>
    <img src="images/girl.jpg">
  </td>
  <td>
    <img class="0" src="images/girl.jpg">
  </td>
  <td>
    <img class="1"  src="images/girl.jpg">
  </td>
  <td>
    <img class="2" src="images/girl.jpg">
  </td>
  </tr>
</table>
</body>
</html>
```

本例在样式表中定义了 img 标记和 img 的三个子类,分别命名为 img.0、img.1、img.2,分别用来表现原图像和三种滤镜效果。通过在 td 标记内定义文字、颜色、填充距等样式。

在网页主体中,创建了一个 2 行 4 列的表格,在第二行每个单元格中分别插入图像,通过应用滤镜样式,产生滤镜的三种效果。用浏览器打开本例,运行效果如图 5.62 所示。

图 5.62　示例 5.11-7 的运行效果

5.11.7　对 IE 滤镜的反思

从功能上看,CSS 滤镜可以看作一些特殊的 CSS 属性,通过引用这些属性可以对网页内的对象(这里主要是图片或文字)产生特别效果。这些作用类似图像处理软件所提供的对图像处理的特效滤镜。

有了这些 CSS 特效滤镜,就可以直接在网页中对图片和文字进行特效处理,即可以不用专门的图片处理软件编辑图片,省去生成和处理许多图片的工作。而且使用 CSS 滤镜处理的网页,只需要保存原始图片,相对图片处理软件需要对每张图片都要保存而言,这可以节省大量不同图片的存储空间。

但是,这些滤镜其实是内置在 IE 中的一些特别的程序,在当前网络木马、病毒比较泛滥的情况下,对于这些"特殊程序",计算机系统有可能无法判断它们是好的还是坏的。为了网页安全,这些特殊程序执行的后果是计算机无法判断的,许多浏览器不能将这些滤镜作为必备的标准配置,这也是可以理解的。为了实现设计的网页跨不同浏览器的"通用性",我们在实际制作网页时,不建议大量使用滤镜作为主要的效果,如果确实有这类需要,则应考虑用图片处理的方式来实现。当然,处理图片时也需要考虑图片的大小,应避免图片过大导致网页运行缓慢的问题。

5.12　CSS 列表样式属性

CSS 也为网页提供了列表样式,可以对 ul(无序列表)、ol(有序列表)、li(列表项目)进行样式定义,还可以设置列表样式类型属性、列表样式图像属性。

5.12.1　列表样式类型属性

语法

```
list-style-type:列表样式类型属性值
```

说明

列表样式类型属性值可以选择如下:

(1)ol:有序列表。

(2)disc:默认值,实心圆。

(3)circle:空心圆。

(4)square:实心方块。

(5)ul:无序列表。

(6)decimal:阿拉伯数字。

(7)lower-roman:小写罗马数字。

(8)upper-roman:大写罗马数字。

(9)lower-alpha:小写英文字母。

(10)upper-alpha:大写英文字母。

(11)none:不使用项目符号。

【示例 5.12-1】

```
<html>
<head>
<title>列表样式类型 list-style-type</title>
<style type="text/css">
li{
   letter-spacing:12 px;
   font-size:20 px
```

```
    }
    ul.1{list-style-type:circle}
    ul.2 {list-style-type:square}
    ul.3 {list-style-type:disc}
    ol {list-style-type:upper-alpha}
  </style >
</head >
<body >
<ol >
<li >你喜欢什么体育运动？</li >
    <ul class = "1" >
     <li >篮球 </li >
     <li >排球 </li >
     <li >羽毛球 </li >
     </ul >
<li >你喜欢看哪一类书籍？</li >
    <ul class = "2" >
     <li >经济类 </li >
     <li >武侠类 </li >
     <li >人物传记 </li >
     </ul >
<li >你喜欢哪一种味道？</li >
    <ul class = "3" >
     <li >甜味 </li >
     <li >酸味 </li >
     <li >咸味 </li >
     <li >辣味 </li >
     </ul >
</ol >
</body >
</html >
```

本例在样式表中定义了 li 标记的字体、文本属性。为 ul 定义了三个子类,分别命名为 ul. 1、ul. 2、ul. 3,分别用来设计三种列表属性值。此外,ol 定义了 upper-alpha 属性。

在网页主体中,创建了一个 ol 列表,在其中定义了三对 ul 类型的列表,在三对 ul 列表中应用了三种子类。用浏览器打开本例,运行效果如图 5.63 所示。

图 5.63　示例 5.12-1 的运行效果

5.12.2　列表样式图像属性

语法

list-style-image:列表样式图像属性值

说明

该属性可以设置列表项标记的图像。

属性值可以选择 none(不指定图像,默认值),还可以使用 url(使用绝对或相对 url 地址指定图像)。

若此属性值为 none 或指定 url 地址的图像不能显示时,list-style-type 属性将发生作用。

【示例 5.12-2】

```html
<html>
<head>
  <title>列表样式类型 list-style-type</title>
  <style type="text/css">
  ul{list style image:url(ball.gif)}
  ol{list-style-type:decimal}
  </style>
</head>
<body>
<ol>
<li>你喜欢什么体育运动? </li>
  <ul>
  <li>篮球</li>
  <li>排球</li>
  <li>羽毛球</li>
  </ul>
</ol>
</body>
</html>
```

本例假定在本例文件所在的文件夹还有图像文件 ball.gif,在样式表中为 ul 定义项目图像属性,并调用该图像。此外,ol 定义了 decimal 属性。

在网页主体中,创建了一个 ol 列表,在其中定义了 1 个 ul 类型的列表,在列表项目中可以实现 ul 中的图像列表效果。用浏览器打开本例,运行效果如图 5.64 所示。

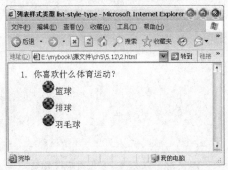

图 5.64　示例 5.12-2 的运行效果

5.13 综合应用 CSS 实例

应用标准的 Web 技术编写网站,有利于高效地制作和管理。Web 的标准主要由 W3C 组织制定和管理。我们学习了 HTML 与 CSS 结合编写网页代码后,要逐渐能够遵循规范的国际标准将网页按功能分为三大部分。第一部分是页面的结构及内容,这部分主要用 HT-ML 或 XHTML 技术实现;第二部分是页面的样式及表现,主要用于精确表现各类信息的字体、颜色、排版格式等,这部分主要用 CSS 技术实现;第三部分是控制页面的交互行为,即使用程序脚本响应浏览者的操作,这部分主要用 Script 脚本语言技术实现。

在本例中我们利用 div 元素对网页划分区域,并利用 CSS 技术进行各区域的设计排版。这种设计编写网页的方法也更符合标准和流行趋势,网页对尺寸稍作修改就可以适用于各种分辨率的上网终端。

5.13.1 首页文件 index-div.html 的设计和说明

本例按菜单选项,建立了 4 个外观排版几乎一样的文件(第 5 个菜单链接到一个电子邮件地址),分别显示"诗文欣赏"(文件名:index-div-1.html)、"写作背景"(文件名:index-div-2.html)、"诗文简析"(文件名:index-div-3.html)和"回到首页"(文件名:index-div.html)4 项内容。这 4 个文件首先都用 html 标记把网页内容进行组织和粗略排版,然后这 4 个文件都引用了同一个外部 CSS 文件,这个外部 CSS 文件是本例的难点,也设计和决定了这 4 个网页的外观细节。默认首页文件 index-div.html 在未加载 CSS 的设计效果如图 5.65 所示。

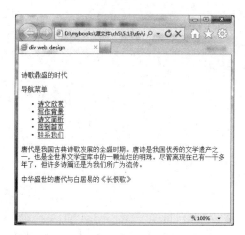

图 5.65 没有引用 CSS 文件时的运行效果

该首页文件 index-div.html 的代码如下。

```
<! DOCTYPE HTML >
<html >
<head >
 <meta charset ="UTF-8" >
```

```
<link rel ="stylesheet" type ="text/css"
                      href ="mycss-new.css" >
<title >div web design </title >
<style type ="text/css" >
</style >

</head >

<body >
  <div id ="container" >
  <br/>
   <div id ="header" >
    <p >诗歌鼎盛的时代 </p >
   </div >

   <div id ="menu" >
    <p >
    导航菜单
    </p >
     <ul >
      <li > <a href ="index-div-1.html" >诗文欣赏 </a > </li >
      <li > <a href ="index-div-2.html" >写作背景 </a > </li >
      <li > <a href ="index-div-3.html" >诗文简析 </a > </li >
      <li > <a href ="index-div.html" >回到首页 </a > </li >
      <li > <a href ="mailto:23979446@ qq.com" >联系我们
                    </a > </li >
     </ul >
   </div >

    <div id ="content" >
    <p >
唐代是我国古典诗歌发展的全盛时期。唐诗是我国优秀的文学遗产之一,也是全世界文学宝库中的一颗
灿烂的明珠。尽管离现在已有一千多年了,但许多诗篇还是为我们所广为流传。
    </p >
    </div >
   <div id ="footer" >
     <p >
     中华盛世的唐代与白居易的《长恨歌》
    </p >
    </div >
  <br/>
  </div >
 </body >
 </html >
```

以上代码的主要内容基本属于 html 技术,网页的内容也都在 <body > 元素内。在 <body > 元素内主要包括 5 对 div 标记,大体上把网页内容分成 5 个区域,分别通过 id 命名为 container、header、menu、content、footer,其中,以 container 定义的 div 区域包含了 body 元素的所有内容,也就是涵盖网页所有内容的区域。

从包含关系上看,container 包含了 header、menu、content、footer 4 个区域,是这 4 个区域的父元素,这样做可以通过控制 container 的一个对象较好地控制整体网页内容的舞台大小和背景等特征。

加载 CSS 文件后,该网页的独立浏览效果如图 5.66 所示。

图 5.66　加载 CSS 文件时的运行效果

上面的网页效果需要加载的外部 CSS 代码列出如下,后面将在代码下方的文字分别说明其作用。

```
#container{
    width:800 px;
    background-image:url(images/leaf2.jpg);
}
```

上面的代码定义了整个网页区域的特征,div 的 id 为 container,在本例中也就是整个网页区域内容的宽度为 800 像素,并设置该区的背景图。

```
#header{
    border:solid 1 px #ffffff;
    height:80 px;
    margin:10 px;
}
```

上面的代码定义了网页"头部"位置区域的特征,div 的 id 为 header,为该区域设定高度 80 像素。没有定义其宽度,则继承其父(container)的属性,也为 800 像素,并为 header 区域周边绘制一个白色边框,为了美观,让该边框与周边对象保持 10 像素的边距。这样,仅使用了 CSS 几条代码,就设计出一个网页的标题区。

```
#footer{
    border:solid 1 px #ffffff;
    margin:10 px;
    padding:10 px;
}
```

上面的代码定义了网页"底部"位置区域的特征,div 的 id 为 footer。上面代码没有用直接设定高度的方式,而是采用设定该区域 padding 属性确保 footer 区域内部的文字与其边框保持 10 像素内部距离,利用 margin 属性实现该区域与其他区域的间距,这样也就整齐地实现了排版效果。

同样,也没有对 footer 区域设定宽度,则继承其父(container)的属性宽度。同时,为其周边绘制一个白色边框,让该边框与周边对象保持 10 像素的边距。

```
#menu{
  width:220 px;
  height:420 px;
  float:left;
  border:solid 1 px #ffffff;
  margin:10 px;
  padding:10 px;
}
```

上面的代码定义了菜单区域的特征,div 的 id 为 menu。直接用绝对数字设定本区域宽度和高度,并利用 float 属性设定本区域为"向左浮动",这点下面 content 区域配合就实现了这两个区域并排的效果。这也是本案例排版方式的关键之处。

本区域的 margin 和 padding 以及 border 的设置与其他区域的目标一样,就不赘述了。

```
#content{
  border:solid 1 px #ffffff;
  height:420 px;
  margin-left:280 px;
  margin-top:20 px;
  margin-right:10 px;
  padding:10 px;
}
```

定义了网页主体区域的特征,div 的 id 为 content。也是直接用绝对数字设定本区域高度,将高度与 menu 区域设定一致,实现整齐的效果。

(1)配合 menu 浮动到左边,设定 content 区域的 margin-left 为 280 像素,实现这两个区域并排的排版方式。这个 280 像素可以调整,确保这两个区域横向有一定间距。

(2)content 区域宽度不需要定义,利用继承性质和设定 margin-right 为 10 像素,实现了与 footer、header 区域右边完美对齐效果。

(3)content 区域的 margin-top 设置是 20 像素,而不是 10 像素。

(4)content 区域的 margin 设置与其他区域的设置不一样,读者可以反复操作更改数据体会。

(5)content 区域的 padding 以及 border 的设置与其他区域的设置一样,在此不赘述了。

本节先把各区域的设计阐述清楚,各区域内元素的更细节的设计,将放在后面网页文件中再做说明。

5.13.2　内容文件 index-div-1. html 的设计和说明

本网页文件显示"诗文欣赏"的内容(文件名:index-div-1. html),这个文件也需首先用 html 标记把网页内容进行组织和粗略排版,然后引用同一个外部 CSS 文件(文件名:mycss-new. css)。继续采用了网页内容与网页视觉效果分离的思想设计,这个外部 CSS 文件的代码是本例的难点,也设计和决定了网页的外观细节,我们将在本节中继续说明一些 CSS 代码编写的细节。"诗文欣赏"网页文件 index-div-1. html 在未加载 CSS 设计效果和加载 CSS 后的效果分别如图 5.67 和图 5.68 所示。

图 5.67　没有加载 CSS 文件时的运行效果

图 5.68　加载 CSS 文件时的运行效果

该文件 index-div-1. html 的代码如下。

```
<! DOCTYPE HTML >
<html >
<head >
  <meta charset ="UTF-8" >
  <link rel ="stylesheet" type ="text/css"
                          href ="mycss-new.css" >
  <title >div web design </title >

</head >

<body >
  <div id ="container" >
  <br/>
    <div id ="header" >
      <p >诗文欣赏 </p >
    </div >

    <div id ="menu" >
    <p >
    导航菜单
    </p >
      <ul >
        <li > <a href ="index-div-1.html" >诗文欣赏 </a > </li >
        <li > <a href ="index-div-2.html" >写作背景 </a > </li >
        <li > <a href ="index-div-3.html" >诗文简析 </a > </li >
        <li > <a href ="index-div.html" >回到首页 </a > </li >
        <li > <a href ="mailto:239794460 qq.com" >联系我们 </a > </li >
      </ul >
    </div >

    <div id ="content" >
    <p class =kaiti >
长恨歌·白居易 <br/>
汉皇重色思倾国 <br/>
```

```
御宇多年求不得 <br/>
杨家有女初长成 <br/>
养在深闺人未识 <br/>
天生丽质难自弃 <br/>
一朝选在君王侧 <br/>
回眸一笑百媚生 <br/>
六宫粉黛无颜色 <br/>
  </p>
  </div>
  <div id="footer">
    <p>
    中华盛世的唐代与白居易的《长恨歌》
    </p>
  </div>

<br/>
</div>

</body>
</html>
```

以上代码主要内容基本属于 HTML 技术,用了与前一个网页相同的方式排版,主要区别只是 header 区域的文字发生变化,content 区域的内容和内部 p 元素类型发生变化,实现了古文书写方式。

注意

需要掌握 <body> 元素内这 5 个 div 元素的关系,熟悉这种排版风格。

下面,对上一节没有介绍的针对各个区域内的个性化 p 元素的 CSS 代码进行详细说明。

```
#header p{
  font-size:50 px;
  letter-spacing:0.8em;
  font-family:黑体;
  color:yellow;
  margin-top:10 px;
  text-align:center;
  filter:glow(color=red);
}
```

上面的代码定义了 header 内的所有 p 元素的特征,具体的每条语句比较简单,在此不再解释,读者可以一条条地在计算机面前检验和修改。

注意

在此使用了 #header p{ …… } 的 CSS 继承定义方式,明确代码仅对 # header 区域内的 p 元素有效。

```
#menu p{
  color:#FFFFFF;
  background-color:#8888FF;
  text-decoration:underline;
  font-size:30 px;
  line-height:0 px;
}
```

上面的代码定义了 menu 内的所有 p 元素的特征,具体的每条语句比较简单,在此不再解释,读者可以一条条地在计算机面前检验和修改。

注意

在此使用了#menu p{ ……}的 CSS 继承定义方式,明确代码仅对#menu 区域内的 p 元素有效。

```
#content p{
   color:#FFFFFF;
   font-family:黑体;
   font-size:30 px;
   line-height:50 px;
   text-indent:2 em;
   letter-spacing:10 px;
     }
```

上面的代码定义了 content 内的所有 p 元素的特征,具体的每条语句比较简单,在此不再解释,读者可以一条条地在计算机面前检验和修改。

注意

在此使用了# content p{ ……}的 CSS 继承定义方式,明确代码仅对# content 区域内的 p 元素有效。

```
#footer p{
   color:#FFFFFF;
   font-family:黑体;
   font-size:25 px;
   text-align:center;
   letter-spacing:0.3 em;
   line-height:0;
     }
```

上面的代码定义了 footer 内的所有 p 元素的特征,具体的每条语句比较简单,在此不再解释,读者可以一条条地在计算机面前检验和修改。

注意

在此使用了# footer p{ ……}的 CSS 继承定义方式,明确代码仅对 footer 区域内的 p 元素有效。

因为本网页划分为 4 个区域,4 个区域的 p 元素各有不同的外观需要,读者可以体会这种继承定义方式在未来维护网站时带来的便利和高效率。

```
#content p.kaiti{
   writing-mode:tb-rl;
   color:#FFFFFF;
   font-family:楷体;
   font-size:35 px;
   line-height:1.5 em;
   font-weight:bold;
   letter-spacing:3 px;
   text-align:center;
   text-indent:0 px;
     }
```

上面的代码是表现"诗文欣赏"中的内容,其 content 内 p 元素采用了自定义的类型 kaiti,其中,writing-mode 属性设定了古代的书写风格,其他的属性设定比较简单,在此不再解释。

5.13.3 内容文件 index-div-2.html 和 index-div-3.html 的设计和说明

这两个网页文件显示"写作背景"和"诗文简析"的内容(文件名:index-div-2.html 和 index-div-3.html),因为这两个网页的代码和引用的 CSS 代码几乎一模一样,所以在本节一并介绍。首先,这两个文件也先用 html 标记把网页内容进行组织和粗略排版,然后引用了同一个外部 CSS 文件(文件名:mycss-new.css)。

这两个网页例子演示了如何应用 CSS 技术,实现了网页内容与网页视觉效果分离的思想。通过改变网站特定的某个 CSS 文件的设计,来决定网站其他网页文件的外观效果。我们发现,网站采用类似排版效果的网页越多,网站整体的外观控制的效率就越高,也就越发突出 CSS 的优越性。

"写作背景"网页文件,在未加载 CSS 设计效果和加载后的效果分别如图 5.69 和图 5.70 所示,"诗文简析"的网页效果和代码在此不再赘述。

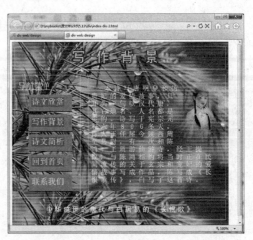

图 5.69 没有引用 CSS 文件时的运行效果　　图 5.70 引用 CSS 文件时的运行效果

该文件 index-div-2.html 的代码如下。

```
<!DOCTYPE HTML>
<html>
<head>
 <meta charset="UTF-8">
 <link rel="stylesheet" type="text/css" href="mycss-new.css">
 <title>div web design</title>
</head>

<body>
    <div id="container">
 <br/>
 <div id="header">
  <p>写作背景</p>
 </div>

 <div id="menu">
  <p>
   导航菜单
  </p>
```

```
    <ul>
        <li><a href="index-div-1.html">诗文欣赏</a></li>
        <li><a href="index-div-2.html">写作背景</a></li>
        <li><a href="index-div-3.html">诗文简析</a></li>
        <li><a href="index-div.html">回到首页</a></li>
        <li><a href="mailto:23979446@qq.com">联系我们</a></li>
    </ul>
</div>
<div id="content">
<p class="beijing">
<img src="images/girl.jpg">
本诗写唐明皇和杨贵妃的爱情故事,只开头一句以汉代唐,其他地名、人名都是实的。诗写于宪宗元和六
年806冬天,诗人正任屋今陕西周至县尉,有一次和陈鸿、王质游仙游寺,经王提议,与陈鸿相约将当时正
在民间流传的关于玄宗和宠妃的爱情故事写成作品,陈写成《长恨歌传》,白写了这首诗。
    </p>
    </div>
<div id="footer">
    <p>
中华盛世的唐代与白居易的《长恨歌》
</p>
    </div>

<br/>

</div>

</body>
</html>
```

　　以上代码主要内容基本属于 HTML 技术,用了与前一个网页相同的方式排版,主要区别是 header 区域的文字变化、在 content 区域内部 p 元素类型发生变化以及在该 p 元素中增加了一个图片元素。

　　下面是与这些变化相关的外部 CSS 设计代码。

```
#content p  img{
float:right;
width:150 px;
filter:alpha(style=2);
}
```

　　上面的代码采用了一系列继承语法来书写,如 #content p img{……}。明确精准定义了在 content 区域中 p 元素内的 img 元素特征,这里设定了三条,图文混排时,图向右排、宽度为 150 像素,采用方形透明滤镜效果(本条必须用 IE 浏览器方可显示)。

```
#content p.beijing{
font-family:宋体;
font-size:25 px;
line-height:1.1em;
}
```

　　上面的代码也采用了一系列继承语法来书写,如 #content p.beijing{……}。明确精准定义了在 content 区域中 p 元素内的 beijing 类型的特征,因内容简单,在此不再解释。

5.13.4　外部样式表文件 mycss-new.css

　　在上例中,整个网站一共有 5 个文件,其中,4 个 HTML 文件,1 个 CSS 文件。

4 个 HTML 文件结构基本一样,其实是设计好 1 个文件,其他 3 个仅稍作修改即可完成,这 1 个 CSS 文件包含了本例中 4 个网页需要的所有样式,也是最精华部分。

前面已经根据网页顺序陆续介绍了各个 CSS 设计,本节介绍如何在 menu 区域内,用 CSS 技术实现菜单导航。

为保证阅读的完整性,将前面已经讲解了的代码整合后一并给出。代码如下:

```
#container{
width:800 px;
background-image:url(images/leaf2.jpg);

}
#header{
border:solid 1 px #ffffff;
height:80 px;
margin:10 px;
margin-top:0 px;
   }
#menu{
width:220 px;
height:420 px;
float:left;
border:solid 1 px #ffffff;
  margin:10 px;
  padding:10 px;
}

#content{
  border:solid 1 px #ffffff;
   height:420 px;
  margin-left:280 px;
   margin-top:20 px;
   margin-right:10 px;
  padding:10 px;
}
  #footer{
  border:solid 1 px #ffffff;
  margin:10 px;
  padding:10 px;

}

  #content p{
color:#FFFFFF;  font-family:黑体;
font-size:30 px;
line-height:50 px;
text-indent:2em;
letter-spacing:10 px;

}

#footer p{
color:#FFFFFF;
font-family:黑体;
font-size:25 px;
text-align:center;
```

```
letter-spacing:0.3em;
line-height:0;

}

#content p.kaiti{
writing-mode:tb-rl;
color:#FFFFFF;
font-family:楷体;
font-size:35 px;
line-height:1.5em;
font-weight:bold;
letter-spacing:3 px
text-align:center;
text-indent:0 px;
}

#content p  img{
float:right;
width:150 px;
filter:alpha(style＝2);
}

#content p.beijing{
font-family:宋体;
font-size:25 px;
line-height:1.1em;
}

#header p{
font-size:50 px;
letter-spacing:0.8em;
font-family:黑体;
color:yellow;
margin-top:10 px;
text-align:center;
filter:glow(color＝red);
}

#menu p{
color:#FFFFFF;
background-color:#8888FF;
text-decoration:underline;
font-size:30 px;
line-height:0 px;
}
```

　　上面的代码在前面已经讲解过,在此不再赘述。下面,仅对利用 CSS 实现下拉菜单的代码进行说明。

```
#menu ul {
list-style:none;
}
```

　　上面的代码将 menu 区域内无序列表的外观特征取消,这是用无序列表设计菜单的常用手段。

```
#menu li {
 font-size:30 px;
 height:50 px;width:150 px;
 border-bottom:2 px solid #000000;
 background-color:#8888FF;
 margin-top:10 px;
 margin-right:20 px;
 padding-top:10 px;
 padding-left:10 px;
}
```

上面的代码对 menu 区域内的列表子项目进行定义特征,关键是设定了 height:50 px; width:150 px;相当于定义了每个子菜单的矩形区域大小,通过为每个列表子项目设定了底边和背景色,让菜单子项看起来更具有立体感。

仅仅需要设定每个字项目的 margin-top 就可以让每个子菜单上下有一定距离,设定 margin-right:是为了让每个子菜单与右边边界距离整齐划一。

margin-right 和 padding-left 的设置是为了让子菜单内的文字基本居于限定的矩形区域内部。

对于上面的每个参数,读者可以自行修改,选择自己满意的效果。甚至也可以不用上面的属性,用其他的属性也可以达到同样目的。

```
#menu a {
 text-align:center;
 color:#FFFFFF;
 text-decoration:none;
}
```

上面的代码对 menu 区域内 a 元素进行通用的外观设定,当网页的其他区域也有超级链接时,这种定义方式不会更改其他区域的 a 元素。

```
#menu a:link{background-color:#8888FF;}
#menu a:visited{background-color:#6666FF;}
#menu a:hover {
 background-color:#2222FF;
 color:#FFFF00;
}
```

上面的代码对 menu 区域内 a 元素的 link、visited、hover 状态的颜色区别设定,实现动态超级链接功能。

第6章 应用 JavaScript 编写 Web 程序

本章导读

本章主要介绍了与 JavaScript 相关的基本概念和计算机程序编写的基本方法,其中,包括 JavaScript 的背景知识、JavaScript 的基本语法、JavaScript 的对象、浏览器 Web 页的 DOM 标准模型及 JavaScript 对 DOM 的控制原理。最后,在综合 Web 程序的前端国际标准(HTML、CSS 和 JavaScript)内容基础上,介绍了 jQuery 的概念和 Web 前端程序编写的基本方法。

6.1 JavaScript 简介

通过应用 HTML 和 CSS 编写网页,我们发现,尽管利用这两项技术可以制作出漂亮的页面,但网页似乎缺些功能或灵气。即使用 CSS 和 HTML 技术的 Web 网页,除了超级链接外,网页中其他对象一般都不能与用户互动。另外,网页既不能做计算,也不能做判断,即 Web 网页没有传统计算机语言的能力。

为了提高网页的交互性,也让网页具备一些传统计算机程序的能力,本章开始介绍网页前端技术的第三大部分——JavaScript 语言。JavaScript 是所有 Web 入门研究者必须学习的三大语言之一。另外,这三大语言前端技术,在 Web 网页中用一句话概括为:"HTML 用来描述网页的内容、CSS 用来定义网页的外观和排版、JavaScript 用来编写程序为网页添加的行为。"

6.1.1 传统计算机程序语言与 JavaScript

可以说,计算机程序是自计算机硬件诞生之日起,就随之产生了。人类第一批程序员是处理早期计算机的复杂线路接线和开关的人,后来这些接线开关工作自然转变为用文字和数字表述,这才有了真正意义上的计算机程序。自 20 世纪 80 年代起,我国掀起了学习 Basic 计算机程序的大运动,后来在此基础上又引入了更加科学的 Pascal 和 C 语言。自个人计算机普及以来,这些计算机程序设计语言是所有编程学习者的必修课,也可以看作传统的计算机程序语言。

若读者有学习传统计算机程序语言的经历,就会发现,JavaScript 几乎就相当于 C 语言的一个简洁版。JavaScript 不仅具备各种传统程序语言的概念和语法,而且许多文字表达和命令规范都和 C 语言几乎一样。这点也间接说明,已经存在 50 多年的 C 语言在传统计算机程序语言中,是最符合科学规范和最有生命力的传统计算机程序语言。

JavaScript 是面向 Web 页开发的"短平快"特色而设计出来的,其源代码可以直接通过浏览器运行,这与多数传统计算机语言不同,传统的计算机程序运行前,其源代码必须翻译为0

和 1 机器码。把源代码翻译为 0 和 1 机器码可以称为"编译型"。可直接运行的源代码称为"解释型",即所有的 Web 网页代码都是浏览器临时运行、解释表达出来的。

也就是说,Javascript 是一种的解释型程序语言,用户打开含 JavaScript 的 Web 网页时,页面内的代码由浏览器软件临时进行解释并给予执行。运行结束后,Web 网页还是以源代码形式存在。

这点初学者可能要再深刻理解一下,传统计算机程序都与"解释型"的计算机语言不同,属于"编译型"的计算机语言,即编写好的程序源代码必须用特定的程序软件"翻译"为机器代码,计算机操作系统才能运行这些机器代码。例如,人们对手机 APP 有安装、运行的实际经验,手机 APP 都是已经被编译好的机器代码,因此可以直接在操作系统下运行,我们也没法看到 APP 源文件的样子。一般来说,规模大的程序为了提高速度和实现特别的功能,会选择编译模式的开发工具。其实,计算机上的客户端软件(包括浏览器本身)和操作系统本身都是采用这样的"编译"模式的软件程序。

在 Web 网页出现以前,也就是在桌面软件的时代,人们普遍认为"解释型"的程序很慢,会被"编译型"的程序淘汰,而事实上,随着计算机硬件进步和基于分布式互联软件模式的发展,Web 网页运行的快慢感受更多是由网速和具体的页面内涵所决定的,解释型的 JavaScript 就不存在速度方面的障碍了。另外,JavaScript 在用户端计算机的解释执行的方式其实更有优势,这样上网的用户无须为每个网站都安装 APP,服务器端无须对更新的网页进行编译,这也就极大降低了网络服务器端的负载和提高更新的效率。

6.1.2 JavaScript 广泛的适应性

JavaScript 语言的前身是 LiveScript。自从 Sun 公司推出著名的 Java 语言之后,Netscape 公司引进了 Sun 公司有关 Java 的程序概念,将自己原有的 LiveScript 重新进行设计,并改名为 JavaScript。经过多年的发展,JavaScript 以其优美精炼的语法和强大的能力,事实上已经取代了其他的网页脚本语言(如微软的 VBScript)。现在的 JavaScript 国际标准已经不是由哪一家国际公司来制定,而是由欧洲计算机制造协会来制定,如 ECMA-262 标准。当前 JavaScript 已经成为最为标准的脚本语言,几乎所有的浏览器都支持 JavaScript,如 Internet Explorer(IE)、Firefox、Netscape、Mozilla、Opera 等。

JavaScript 可以通过各种浏览器本身运行,与具体在哪一种操作系统运行无关,只要有浏览器的计算机或其他终端,就可以直接正确执行 JavaScript 程序。现在的 JavaScript 语言可以在 Web 前端和后端、智能手机、平板等软件开发中都占有重要地位。

6.1.3 简单的 JavaScript

JavaScript 具备简单的特点,但并不是说它的内容不够多、不可以开发功能强大且复杂的软件。实际上,除了 JavaScript 的语法相对简单外,其对浏览器的具体控制其实是很复杂的。包罗万象的 JavaScript 的传统教程可以达到上千页,初学者起步学习周期也很长。为初学者考虑,本书提取核心的 JavaScript 的简单基础知识,让初学者入门时,不会觉得那么难。

在学习 JavaScript 时只要有一台计算机,安装好 Windows 等操作系统即可。实际上,用浏览器打开网页,浏览器会综合解释和运行网页代码内的 JavaScript、HTML 和 CSS 等语句,其次序一般先由浏览器分析显示 HTML 和 CSS 的内容,然后解释处理 JavaScript 程序。若把整个网页当作一篇文章,整个运行就相当于一句句把句子朗读出来的过程,也就是说,所有语句都是被逐行地解释执行。当你的程序出错时,有些浏览器也会有出错行号和错误信息的提示,这点对编程者非常方便。

最后,JavaScript 的简单还体现在语法和对 Web 网页的控制上。JavaScript 的语法基本与 C 语言类似,但它又不像传统语言那样,需要遵守特别严格的语法和了解复杂的概念。要想完成 JavaScript 对 Web 网页控制的学习,在掌握 HTML 和 CSS 知识后,再学习基于 Web 网页需要的 JavaScript 程序即可。

6.1.4　JavaScript 给网页带来的交互性

JavaScript 可以与 HTML 和 CSS 语言配合,和 Web 网页的浏览者交互互动,给浏览者动态响应的感觉,也使 Web 网页变得生动起来。

JavaScript 能给 Web 网页带来了相应的交互性,是因为 JavaScript 具有事件驱动的特性。所谓事件驱动,就是指在网页中执行了某种操作动作,称为"事件"。例如,按下鼠标、鼠标是否到位、鼠标双击、移动窗口、选择菜单、打字等都可以视为事件。

当网页从服务器下载到用户浏览器后,网页内的 JavaScript 程序就可以直接对用户的键盘和鼠标等输入做出响应,无须再通过 Web 服务器来响应。这种响应机制,是以事件驱动的方式进行的。当事件发生后,浏览器就可以触发网页内用 JavaScript 编写的相应程序,也称为事件响应程序。例如,我们可以为某个图片设定一段程序。这段程序是当用户的鼠标移动到该图片上时发生。此外,我们可以结合 JavaScript 的 jQuery 提供的技术,鼠标移动到的事件称为 hover( ),为 hover( )编写的 JavaScript 语句或函数就是响应程序。

JavaScript 语言也可以看作一个语言工具,不仅能用于 Web 的前端开发,也同样能用于编写服务器端的程序。

6.1.5　JavaScript 的学习

尽管 Java 和 JavaScript 都有 Java 字样,似乎很类似。但实际上两者有很明显的区别。Java 是一种比 JavaScript 复杂很多的程序语言,而 JavaScript 相对是一种容易了解的语言。

JavaScript 作为一种 Script(脚本),其产生的目的不是为了开发传统的计算机软件,而 Java 是为了更好地开发计算机软件而设计的,其程序的源代码必须经过特殊的编译软件进行编译,生成可执行的软件方可执行。这和直接把 JavaScript 代码写到 HTML 文档中,就实现程序设计完全不同。当然,Java 程序设计也更适合复杂软件的编写开发,对读者起点要求较高;而读者能具备一些 JavaScript 经验后再学习 Java 开发,也是一条学习专业软件开发的捷径。

此外,没有任何其他计算机高级语言编写经验的读者,还可通过对 JavaScript 的学习,了解计算机程序的一些通用基本概念,训练编写程序入门的能力。JavaScript 的抽象方法和语法基本符合传统计算机高级语言的所有特点,如变量、各类逻辑判断、计算、函数等,语法和 C、C++语言基本一样,有些地方还更简单一些。

另外,许多网页中 JavaScript 写的代码都是以源代码的形式出现的。因此,当我们在一个网页里看到一段比较好的代码,完全可以直接学习,或者拷贝放到自己的网页中。这种可以借鉴、参考源代码的特点,也让读者对 JavaScript 的学习更为方便快捷。

JavaScript 程序既可以嵌入到 HTML 文档,也可以单独以文本的形式存在,文件的后缀名是 js。从输入程序角度看,编辑 JavaScript 程序就是纯文字编辑而已,任何可以编写文本或网页代码的软件都可以用来编写 JavaScript。我们可以用 Windows 自带的记事本作为编写工具,对初学者而言,记事本可以训练其分析代码的能力。此外,也可以使用专业网页制作软件(如 Dreamweaver、EditPlus)来编写,这样可以提高代码编写的速度和效率。

6.1.6 JavaScript 的 Web 编程

仅仅学会了抽象的 JavaScript 的语法,还不足以进行 Web 程序编写。因为标准的 JavaScript 没有直接控制网页内容的能力,为此,就要学习了解 W3C 组织推荐的处理可扩展标志语言的标准编程接口——DOM。DOM 是文档对象模型的简称(Document Object Model),DOM 可以作为 JavaScript 操作 Web 页内容的接口,DOM 与 JavaScript 不是一回事,任何计算机语言都要与 DOM 接口才可操作 Web 网页。

对于初学者而言,除了学习 JavaScript 这些通用的语言语法外,还要了解浏览器对 W3C 的 DOM 模型的支持。综合这两方面的知识,才能编写具备一定功能的 Web 程序,其实这样对初学者是很难的。

当前的浏览器种类很多,也各不相同,若你的程序不能兼容所有的浏览器,将会导致在互联网上不通用。业界为了解决这个难题,已经针对各种流行的浏览器和 W3C 的标准,全面系统地编写了一套优秀代码,来处理不同浏览器和 DOM 的细节;同时,应用了"软件复用"的思想,让初学者可以引用这些业界优秀的代码,而不用关心复杂的细节。这些优秀代码称为程序的 Library(开源库)。

JavaScript 的 Library(开源库)可以让我们引用他人函数,而不用重复前人千辛万苦的过程,可以轻易地解决我们遇到的复杂问题,同时避免重复前人的艰辛。学习 JavaScript 函数后,我们可以简单地把 JavaScript 开源库看作许多已经完善的函数的集合。

本章最后将介绍 JavaScript 语言最为经典的 Library——jQuery 的一些基本概念和编写一些案例。

6.2 JavaScript 与 Web 网页的结合

JavaScript 程序可以很方便地与 Web 网页结合。常见的结合有两种方式,一是将 JavaScript 程序嵌入网页文档;二是通过网页标记调用 JavaScript 程序的外部文件。

6.2.1 直接嵌入 HTML 文档

使用标记 < script > …JavaScript 程序… </ script >,几乎可以把 JavaScript 程序插入 HTML 文档的任意地方。但如果在含框架的网页中插入的话,就一定要把 JavaScript 程序插入在 < frameset >之前;否则,程序将不会被解析。

< script >应该属于 HTML 的标签,用来引入脚本程序,不属于 JavaScript 语言。

语法

```
<script  type="text/javascript">
<!--
...
(JavaScript 代码)
...
//-->
</script>
```

或者

```
<script>
...
(JavaScript 代码)
...
</script>
```

说明

<script type="text/javascript"> 标记用于在 HTML 中插入 JavaScript 程序,该语句有结束标记 </script>。若没有设定结束标记,则网页本身的 HTML 内容也会当作 JavaScript 程序看待,造成效果混乱。

我们在有些网页中可以发现,<script type="text/javascript"> 标记还可以写成 <script language="javascript">。以上都可以表示 <script>...</script> 里的代码是 JavaScript。不过 language 这个属性在 W3C 的 HTML 标准中已不再推荐使用。

与 <script> 标记相对应,还有一个 <server> 标记。<server> 标记所包含的,是服务器端(Server Side)的脚本。本书只讨论客户端(Client Side)的 JavaScript,服务器端脚本读者可以在了解本书的内容后再学习。

"<!--"和"//-->"的作用,是让不支持 <script> 标记的浏览器忽略 JavaScript 代码。双反斜杠"//"也是 JavaScript 里的注释标号。

由于互联网进展和上网需要,绝大多数智能终端的浏览器都已经能够很好地识别 <script> 语句,JavaScript 已经成为浏览器的标准脚本语言,不需要特别用属性 type="text/javascript"来指明插入的是 JavaScript 类型的代码。以前曾有过其他与 JavaScript 竞争的语言(比如微软的 VBScript),那时的代码需要特别指明。

简而言之,使用 <script>...</script> 标记就可以实现在网页中插入 JavaScript 代码,绝大多数浏览器都接受。

【示例 6.2-1】

```
<script type="text/javascript">
<!--
  alert("这是采用直接插入方法的 JavaScript 例子!");
//-JavaScript 结束-->
</script>
```

alert()是 DOM 的弹出窗口对象方法,其功能是弹出一个具有"确定"按钮的对话框并显示小括号中的字符串(字符串是一种文字数据,后面会有详解)。alert 中文的含义是警告、警示。用 IE 浏览器和 Firefox 浏览器打开本例执行后的效果分别如图 6.1 和图 6.2 所示。

图 6.1　用 Firefox 浏览器的运行效果　　　　图 6.2　用 IE 浏览器的运行效果

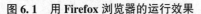

在示例 6.2-1 例子中,我们可以看出两类常用的浏览器在对 alert( ) 方法的处理上外观有所不同。因本网页没有任何内容,只是在 HTML 中运行了 < script > 标签程序,alert( ) 是一条很强烈的暂停所有 JavaScript 程序的功能语句。因此,上面这个程序一旦运行,浏览器就一直等着人单击"确定"按钮,使浏览器的其他功能一律暂停。所以从编程角度来看,要慎重使用 alert( ) 方法。但在学习时,alert( ) 方法却是 JavaSciprt 初学者使用编写的第一个程序,也是我们早期学习和实践 JavaScript 的好帮手。

6.2.2　调用 JavaScript 程序外部文件

另外一种插入 JavaScript 的方法,是把 JavaScript 代码写到另一个文件当中(此文件通常应该用 js 作扩展名),然后用格式为 < script src = "文件名. js" > … </script > 的标记把它嵌入到文档中。注意,一定要用 </script > 标记结束。

我们把上面例子中的源代码放在另一个文件 myjs. js 中,接着在主页面文件中进行嵌入调用,然后在浏览器中打开执行,我们会发现执行的效果是一样的。

【示例 6.2-2】

myjs. js 文件:

```
<!--
document.write("这是调用 JavaScript 程序外部文件方法!");
//-Javascript 结束
-->
```

*. js 文件中不能再次使用 < script > </script > 标记,因为在 HTML 文件中,已经使用了 script 标记调入外部 *. js 文件。如果在 *. js 文件中再次使用 < script > </script > 标记,会造成有两对 script 语句,则浏览器无法正确解释。

document. write( ) 是一个 JavaScript 对 DOM 文档对象的一个方法,它的基本功能是实现在 Web 网页输出时显示小括号中的内容。

【示例 6.2-3】

```
< html >
< head >
 < title >用 JavaScript 程序外部文件 </title >
</head >
< body >
 < script type = "text/javascript" src = "myjs.js" >
 </script >
</body >
</html >
```

用浏览器打开本例,运行效果如图 6.3 所示。

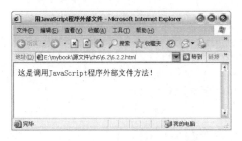

图 6.3　示例 6.2-3 的运行效果

　　在示例 6.2-3 例子中,我们在网页文件中的 < body > 元素内用了 < script > 嵌入 JavaScript 程序中,利用了 < script > 标签的 src 属性,该属性可以用来告诉浏览器嵌入 JavaScript 程序外部文件的 URL 地址,在本例中由于外部程序文件和网页文件在一起,就可以直接引用文件名。

　　< script > 标签可以放在 < body > 标签内,也可以放在 < head > 标签内。

6.2.3　JavaScript 和 HTML 的 DOM 结合

　　DOM 是 W3C 组织推荐的处理可扩展标志语言的标准编程接口。

　　简单来说,在网页中,把所有 HTML 元素组织在一个树形结构中,这个树根的起点就是网页文档(Documment)本身,其下面只有一个分支 HTML 元素。HTML 元素下有两个元素 head 和 body。我们用到的 DOM 对象主要内容基本都在 body 元素中。例如,body 元素内还有 a 元素和其他元素,而 a 元素内又有 href 属性和 text 文字内容,如图 6.4 所示。

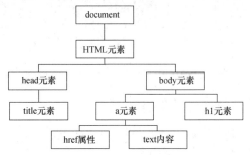

图 6.4　HTML 的 DOM 简单示意

JavaScript 可以通过 HTML 的 DOM 给出的框架,具体定位到某个元素,以改变该元素的具体属性或其他内容。例如,JavaScript 可以直接修改 document 对象,对整个 Web 网页进行修改,也可以找到图 6.4 中的 a 元素,仅对 a 元素的文字内容进行修改。

下面各节通过对 HTML 的表单元素、HTML 的事件介绍,结合 JavaScript 程序来让读者学习 Web 程序的基础入门知识。

1. DOM 对网页对象的简单输出方法

document.write("文字信息")方法可向网页文档写文字信息,这些文字信息立刻出现在网页上,我们可以用这种方式实现 JavaScript 程序直接对 Web 网页输出文字。

例如:

```
<html>
 <body>

  <script>
   document.write("Hello!")
   document.write("Welcome to my World!")

  </script>

</body>
</html>
```

程序运行的结果是,在网页中输出:

Hello! Welcome to my World!

document.write("HTML 表达式")方法可以向网页文档写 HTML 表达式,HTML 表达式是文字信息和 HTML 标签组成,与我们编写前面的 HTML 网页代码方式一样。文字信息立刻将以 HTML 标签修饰的方式出现在网页上,我们可以用这种方式实现 JavaScript 程序直接对 Web 网页输出文字和用标签修饰文字效果。

例如:

```
<html>
 <body>

  <script>
   document.write("<h1>Hello! </h1>")
   document.write("<h1>Welcome to my World! </h1>")
  </script>

</body>
</html>
```

程序运行结果是,用 1 号标题字在网页中输出以下文字:

Hello!

Welcome to my World!

document.write()是对 DOM 模型最根部的 document 进行重新"写",因此该 write()方法会用当前内容简单地覆盖网页以前所有内容。

例如：

```
<html >
  <head >
  <script type ="text/javascript" >
  function a(){
    document.write(" <h2 >Hello！ </h2 >")
    document.write(" <h2 >Again to my World！ </h2 >")
  }
  </script >
  </head >
<body onload =a( ) >
  <script type ="text/javascript" >
    document.write(" <h1 >Hello！ </h1 >")
    document.write(" <h1 >Welcome to my World！ </h1 >")
  </script >

</body >
</html >
```

在上面的代码中，程序运行将用2号标题字在网页中输出：

Hello！

Again to my World！

上面的程序看不到1号标题文字输出的"Hello！ Welcome to my World！"，只能看到2号标题文字输出的"Hello！ Again to my World！"，为了理解这个现象，还需要了解 JavaScript 的程序执行顺序，首先执行写在 <body >元素中的 JavaScript 程序，而写在 <head >元素内的 JavaScript 程序要看情况执行。在这个例子中，head 元素内的函数代码是通过写在 body 元素内的 onload 事件触发的。后面的 DOM 中的 document.write( )方法把整个页面以前的内容全部"覆盖"了。

上面的例子运用了事件、函数两个概念，这两个概念在后面会详细讲解。本小节的案例主要是让读者了解 JavaScript 程序的执行顺序，以及 DOM 中的 document.write( )方法的特点。

注意

document.write( )也可以写成 document.writeln( )。其中，ln 是 line 的缩写。

2. 表单元素的运用

以前，为了解决在网页端收集信息，HTML 设计了提交信息标记，这个标记就是表单标记 <form >，它也是最初的网页和人的互动。表单标记中可以包括文本框、单选按钮、复选框、列表框、菜单等常见的可视化软件的控件对象。也就是说，这些对象必须包含在表单标记中。HTML 仅仅能显示这些对象，需要结合 JavaScript 程序才能直接处理这些对象收集的信息。

HTML 表单还允许网页以标准格式向 Web 服务器提交数据，此类内容属于服务器端脚本程序的编写，不在本书的讨论范围内。网页创建者可以通过网页的表单标记，结合 JavaScript 处理数据。另外，每个表单的对象必须定义每个控件对象的 name 标签属性方可被脚本程序访问。

语法

```
<form>
...
form elements
...
</form>
```

说明

form 表单标记表示了 HTML 文档的表单对象范围,在此范围内可以添加各类表单的元素,用来让浏览者输入信息。

form elements 是指 HTML 表单内包含表单元素,可以由不同类型的 input 元素、复选框、单选按钮、提交按钮等。

【示例 6.2-4】

```
<!DOCTYPE html>
<html>
 <head>
 </head>
<body>
  <form>
   <h2>表单开始</h2>
    <input type="button" name="b1" value="我的按钮1" />
    <input type="button" name="b2" value="我的按钮2" />
    <input type="button" name="b3" value="我的按钮3" />
   <h2>表单结束</h2>
  </form>
 </body>
</html>
```

用浏览器打开本例,运行效果如图 6.5 所示。

图 6.5 示例 6.2-4 的运行效果

注意

<input>标记没有相应的结束标记"</input>"配合,按较为 W3C 严格的语法建议要写成"<input ……/>",更加规范。前面章节有些网页在单独使用换行和插入图片标记时,也可以写成
和<img ……/>。

当然在学习时为了节约时间,也可以不多写这个"/"符号,浏览器可以正常解释。为了不给初学者带来不便,本书中的有些案例地对于这些独体元素略去了这个字符。

表单语法

```
< form name = "表单名称"   action = "url 地址" method = "数据传送方式" >
...
</form >
```

其中,name 属性用来指定表单的名称。

其中,action 属性用来设定表单数据将传送的地址,作为服务器脚本可以指定服务器处理数据的网页。由于本书仅涉及客户端网页,因此可以不指定本属性,默认将指定网页本身。

method 属性也是针对服务器脚本来设定的数据传送方式。method 属性可以取值为 GET 或 POST。

3. 常用表单元素内的 input 对象

语法

```
< form name = "表单名称" >
  < input type = "对象类型"   name = " 对象名称" />
</form >
```

说明

input 对象可以有很多类型,用于浏览者输入文字信息或做出选择。每种对象都有各自的相应属性值,type 属性常见的属性值如下:

- text:设定文本输入框。
- password:设定密码输入框。
- button:设定自己的按钮。
- submit:设定提交按钮。
- reset:设定重置输入框。
- checkbox:设定复选框。

上述对象都有 name,name 属性用以指定对象的名称,该名称可以被 JavaScript 等脚本程序访问,具体控件的属性有所不同,我们在案例中会根据需要介绍,读者不必了解太多细节,仅仅了解部分内容,供 JavaScript 实现浏览器内文字输入输出即可。

为了实现用户输入的限制,HTML 还针对 input 对象,设定了一些输入限制属性,常用的输入限制值如下:

- max:规定输入字段的最大值。
- min:规定输入字段的最小值。
- size:规定输入字段的宽度(以字符计)。
- value:规定输入字段的默认值。
- maxlength:规定输入字段的最大字符数。

对于 input 控件输入限制也可以看作一个属性,仍然用属性" =取值"的模式来书写。

【示例 6.2-5】

```
<! DOCTYPE html >
 <html >
 <head >
```

```
 </head >
 < body >
 < form name = "login" >
 用户名：
  < input type = "text"  name = "t1"  >
  < br >
 密码：
  < input type = "password"  name = "t2"  maxlength = "6" >
  < br >
  < input type = "submit" value = "确定" >
  < input type = "reset" >
 </form >
 </body >
 </html >
```

用浏览器打开本例，运行效果如图 6.6 所示。

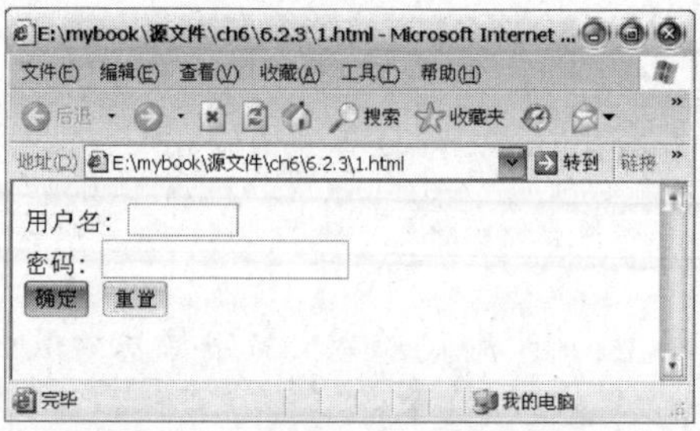

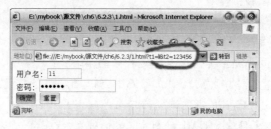

图 6.6　示例 6.2-5 的运行效果

在图 6.6 中输入信息，单击"确定"按钮后，可以发现网页以文字形式在 URL 地址中增加刚才输入的信息，运行效果如图 6.7 所示。

图 6.7　在程序中输入信息后的运行效果

其实，这是网页向 Web 服务器提交所输入的信息，学习服务端的程序编写可以获取这些信息，本书不涉及服务端程序，因此不再过多介绍。实际上，通过本书学习，我们可以用很多方式在前端，通过程序处理这些信息。这也是当前 Web 技术的趋势，用户信息交互的工作，只要能在浏览器前端完成，就不会交给服务器后端去处理。

4. JavaScript 对表单内的对象的属性的表示

为了学习和实践 JavaScript 的抽象语法，本书仍然使用浏览器这个平台，实现 JavaScript 语言的结果输入和信息输出。为此，要引用 HTML 表单。HTML 表单也是让浏览器与上网用户产生信息交互的最初模式。JavaScript 等脚本语言引用表单内对象的方式，类似于前面介绍过的 DOM 方式，即直呼其名的方式直接访问表单及其内部的对象。为了方便学习

JavaScript,本节仅对表单内部对象的 JavaScript 引用做出以下简单说明。

若某网页表单中名称为 myform,其中,含有文本框对象名称为 mytext。JavaScript 可以使用下面的"点语法"方式访问该文本框对象的内容:

```
document.myform.mytext.value
```

其中,document 指本网页,myform 指表单的名字,即利用网页对象的包含表单,表单包含文本控件的关系,用"点语法"隔开不同对象,最终指明对象的属性。

"点语法"方式可以让我们用 JavaScript 来读或者写表单和其中控件的信息。它可以快速地用 JavaScript 来编写 Web 程序,学习实践 JavaScript 的抽象语法。

5. 在 HTML 文档内的触发 JavaScript 程序

有些 JavaScript 程序不是网页一打开就能运行,而是需要在一定条件才可以运行。也就是说,只有遇到了触发事件,才运行某段 JavaScript 程序。

HTML 为了能够做到触发 JavaScript 脚本程序,针对网页各层次对象的操作设定了触发事件,以对应不同的情况。

常用的事件如下。

(1)onload: 整个 Web 网页结束加载之后触发本事件。

(2)onunload: 当 Web 网页已下载时(或者浏览器窗口刚被关闭),触发本事件。

(3)onblur: 当某元素(比如按钮或文本框等)失去焦点时,触发本事件。

(4)onchange: 在元素值被改变时,触发本事件。

(5)onfocus: 当元素获得焦点时,触发本事件。

(6)onclick: 当元素上发生鼠标单击时,触发本事件。

(7)ondblclick:当元素上发生鼠标双击时,触发本事件。

(8)onmouseover:当鼠标指针移至元素之上时,触发本事件。

在新版本的 HTML 还增加了许多其他事件,读者若有兴趣可以参考相关资料。在 JavaScript 的一般使用和学习中,使用上面列出的事件就已经足够。这些事件也是在用户访问 Web 网页时,响应用户的互动基础。本书最后介绍的 jQuery 实现的丰富的事件功能也是在基于这些事件的基础上编写的,jQuery 的事件处理使用起来也更加方便。读者在学习 jQuery 前,仅需要了解 HTML 事件的基本使用语法即可。

使用 HTML 调用事件的一般语法:

```
<html 元素 属性 ="属性值"　事件 ="JavaScript 程序函数" >……</html 元素 >
```

【示例 6.2-6】

```
<html >
<head >
 <script >
 function s(){
//定义函数 s
var a =document.login.t2.value;
//声明变量 a,JavaScript 利用 DOM 模型获取元素 t2 的文字内容
```

```
      alert("Your password is " + a);
   }
   </script>
</head>

<body>
  <form name = "login" >
  用户名：
    <input type = "text"  name = "t1"  >
    <br >
    密码：
     <input type = "password"  name = "t2"  maxlength = "6" >
    <br >
    <input type = "submit" value = "输出密码" onclick = "s()" >
    //在按钮对象中，可以加入 onclick 事件，当鼠标单击时运行函数 s
    <input type = "reset" >
  </form>
</body>
</html>
```

用浏览器打开本例，运行效果如图 6.8 所示。输入信息后，单击"输出密码"按钮后，运行效果如图 6.9 所示。

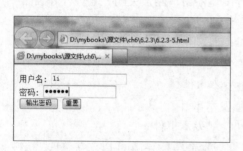

图 6.8　示例 6.2-6 的运行效果

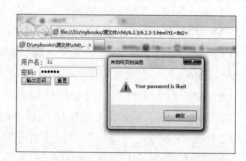

图 6.9　在程序中输入信息后的示意

6.3　JavaScript 语法入门

JavaScript 的语法基于传统的高级语言 Perl 和 C 的语法规则。如果读者对这类传统的高级语言有所了解的话，可以非常方便地学习和理解 JavaScript。如果读者没有任何学习计算机高级语言的经验，也可以通过学习 JavaScript 语法来进入高级语言程序设计的新天地。

6.3.1　数据类型

现实世界的信息非常复杂，可以分为文字、数字等很多类型，JavaScript 提供了 6 种数据类型来表现数据信息，分别为：数值数据类型（number）、字符串数据类型（string）、布尔数据类型（boolean）、undefined 数据类型、null 数据类型、对象数据类型（object）。

这些数据在使用时都是存放在计算机内存中，每种类型的数据占据的空间不同，为了明确需要多少内存空间，在程序运行时，必须确认数据类型。

（1）数值数据类型：JavaScript 支持整数和浮点数。整数可以为正数、0 或者负数；浮点数可以包含小数点，也可以包含一个 e（大小写均可，在科学记数法中表示"10 的幂"），或者同时包含这两项，如 100、3.14159 等。

（2）字符串数据类型：字符串是用单引号或双引号来说明的。（若字符串本身包含引号，则可以使用单引号来输入包含引号的字符串）。比如，"John Doe" 和 ' Volvo XC60 ' 都是字符串数据。

（3）布尔数据类型：boolean 值有 true 和 false 两种。这是两个特殊值，不能用作 1 和 0 代替。

（4）undefined 数据类型：一个为 undefined 的值，就是指在变量被创建后，未给该变量赋值以前所具有的值。

（5）null 数据类型：null 值就是没有任何值，可以想象为真正的"空"，读者不要把数字 0 当作"空"。

（6）对象数据类型：除了上面提到的各种比较好理解的常用数据类型外，对象也是 JavaScript 中的重要组成部分，这部分将在后面详细介绍。

6.3.2　常量

JavaScript 的数据分为常量和变量。常量就是直接用字符表示的数据本身，例如，1、2、3、1.0 等数字常量；'a' "hello" "您好" 等文字属于字符串类型的常数；true、false 是两个布尔类型常数值。

null 是一个特殊的空值。当变量未定义，或者定义之后没有对其进行任何赋值操作，它的值就是"null"。当函数企图返回一个不存在的变量时，也会出现 null 值。

在 JavaScript 的内置 Math 对象中还有一系列数学常数，这将在 6.5 节中介绍。

6.3.3　变量

程序中的变量更像是计算机内存中用来存放数据的"房间"，当需要这个数据时，可以通过使用变量名称来引用该数据，当该数据发生变化时，程序也可以很方便地通知这个"房间"内部做出变化。变量可以存放数字、文本或其他一些数据。

JavaScript 是一种对数据类型变量要求不太严格的语言（这一点和 C 语言不一样，C 语言是一种强类型语言，而 JavaScript 是一种弱类型语言），所以不需要声明每一个变量的类型，而且即使声明了类型，在以后的使用过程中还可以给变量赋予其他类型的值，这点虽然不够严谨，但对初学者也是很方便的。

变量使用前必须声明，在编写程序的主要内容前，把所有要使用的变量集中进行声明是一种好的习惯。

1. 变量的声明

可以使用 var 语句来进行变量声明。

语法

```
var 变量名称 [ =初始值 ];
```

例如：

```
var men = true;
```

定义一个名为 men 的变量,而且该变量中存储的值为 boolean 数据类型。

2. 变量命名规则

JavaScript 是一种严格区分大小写(case-sensitive)的语言,因此将一个变量命名为 computer 和将其命名为 Computer 是不一样的。

另外,变量名称的长度是任意的,但必须遵循以下规则。

(1)第一个字符必须是一个字母(大小写均可)或一个下画线(_)或一个美元符号($),变量名称的第一个字符不能是数字。

(2)后续的字符可以是字母、数字、下画线或美元符号。

(3)变量名称不能是保留字,保留字是指 JavaScript 语言中有特殊含义的单词,在后面的章节中会详细介绍。

(4)JavaScript 语言是区分大小写的。写错大小写的情况,是初学者最常见的错误之一。

给变量命名,最好避免用单个字母或简单字母组合,如"a""ab""abc"等,而需要考虑是否能清楚地在字面体现该变量在程序中的作用,最好是一个单词或单词组合。这样,不仅能让别人更好地了解你的程序,而且在以后要修改程序的时候,也可以较好地理解该变量的作用,回忆起当时的编程思路。

变量名一般用小写字母,如果是由多个单词组成的,那么第一个单词用小写,其他单词的第一个字母用大写。例如,myVariable 和 myAnotherVariable。这样做不仅仅是为了美观和易读,而且有利于养成良好的程序编写风格。

JavaScript 自身的属性和功能函数也比较丰富,也是用上面的方法命名的,如 indexOf; charAt 等。

3. 变量声明举例

(1)一次声明一个变量,例如:

```
var a;
```

(2)同时声明多个变量,变量之间用逗号相隔,例如:

```
var a,b,c;
```

(3)声明一个变量时,同时赋予变量初始值,例如:

```
var a = 2;
```

(4)同时声明多个变量,并且赋予这些变量初始值,变量之间用逗号相隔,例如:

```
var a = 2,b = 5;
```

JavaScript 语句的结尾都是以英文的分号";"结尾的。

4. 字符串变量声明举例

在 Web 程序中,我们经常用到字符串和字符串变量,该类型变量的声明如下:

```
var carName = "Volvo XC60";   //用双引号
var carName = 'Volvo XC60';   //用单引号
```

如果需要在字符串中含有引号,则需要做好严格的匹配,即最外层是定义字符串用的引号,而不能让字符串内部的引号被 JavaScript 误解。

例如:

```
var answer = "It's alright";            //字符串内部含有一个单引号
var answer = "He is called 'Johnny'";   //字符串内部含有一对单引号
var answer = 'He is called "Johnny"';   //字符串内部含有一对双引号
```

5. 对象变量声明举例

在 JavaScript 中,具有表示对象数据的能力,对象符合人类对信息的完整性认知。例如,如果要定义"人"对象,就不能简单地把人的名字或年龄信息当作这个人。"人"对象应该包括:姓名、年龄、性别等不同类型的信息。例如,在 JavaScript 中,可以定义"人"对象如下:

```
var person = {firstName:"白",lastName:"李",age:59,sex:"男"};
```

为了书写更美观,可以将对象的属性和取值整齐排列,例如,上例可以写成:

```
var person = {
firstName:"白",
lastName:"李",
age:59,
sex:"男"
};
```

对象建立后,我们可以用"对象变量.属性"的简单方式获取对象的属性值。

例如,person. age 可以获取该对象的年龄值,就是数字 59。

6.3.4 注释

在 JavaScript 中可以用双斜杠 "//" 对程序内容进行注释。注释是给人阅读的,计算机程序运行时会忽略这些内容。但这条语句注释必须写在一行内。

为了一次书写多行注释,在 JavaScript 中还可以用/……/来注释多行的内容。

语法

```
//单行注释内容
/*
  这可以多行注释……
  这可以多行注释……
*/
```

例如:

```
Var x =100;/定义了一个名为 x 的变量,并且给这个变量赋了一个初值 100。
```

像其他所有语言一样,JavaScript 的注释在运行时也是被忽略的。注释只给程序员提供备忘信息。

如果以后需要改动程序,或者需要和他人合作编写,则注释能更好地让人现解程序。

还有一种情况是,在程序调试的时候,暂时需要屏蔽某一段代码。也就是说,在不想删除那些不确定的代码,又不想让它们运行时,也可以用注释,把暂时不要的代码"隐"去,直到找到问题并完成调试后,再删除或恢复代码也不迟。

6.3.5 表达式与运算符

在 JavaScript 中,表达式是指用运算符把常数和变量连接起来可以运算得出结果的代数式。一个表达式可以只包含若干常数或若干个变量。

常见的运算符有三类,包括算术运算符、逻辑运算符和赋值运算符。

1. 算术运算符

算术运算符对数字类型的数据运算符合数学的四则运算法则,与数学不同的是,字符串数据可以通过加号" + "连接起来,如表 6.1 所示。

表 6.1　算术运算符

运算符	运算符说明	表达式示例	示例说明
+	加法	x + y	(1)如果变量 x 为整数 3,变量 y 为整数 5,则表达式 x + y 等于 8; (2)如果变量 x 为字符串"have",变量 y 为字符串"fun",则表达式 x + y 等于"havefun"; (3)表达式 x + ' ' + y 等于"have fun"
−	减法	x − y	如果变量 x 为整数 3,变量 y 为整数 5,则表达式 x-y + 2 等于 0
*	乘法	x * y	如果变量 x 为整数 3,变量 y 为整数 5,则表达式 x-y * 2 等于 − 7
/	除法	x / y	如果变量 x 为整数 10,变量 y 为整数 5,则表达式 x / y 等于 2
%	两者相除后求余数	x % y	如果变量 x 等于 10,变量 y 等于 3,则表达式 x % y 结果等于 1
+ +	递增	x + +	如果变量 x 等于 10,则表达式 x + + 等于 11
− −	递减	y − −	如果变量 y 等于 10,则表达式 y − − 等于 9

2. 逻辑运算符

"是"和"非"是数字信息的基础。在程序设计中,用布尔数据类型来表示。布尔变量和常量只有 true 和 false 两种情况,逻辑运算符就是对一些事实进行真假判断,比如 5 > 3。此外,就是对一些已经有了 true 和 false 的数据进行逻辑运算,例如,true = = false 这个表达式的结果就是假的,即值为 false,如表 6.2 所示。

表 6.2　逻辑运算符

运算符	运算符说明	表达式示例	示例说明
= =	等于	x = = y	(1)如果变量 x 等于"hello",变量 y 等于"hello",则表达式 x = = y 为 true; (2)如果变量 x 等于整数 1,变量 y 等于整数 2,则表达式 x = = y 为 false

运算符	运算符说明	表达式示例	示例说明
= = =	全等于 (结果值相等, 数据类型也相等)	x = = = y	如果变量 x 等于整数 2,y 为字符串"2", 则表达式 x = = = y 不成立,值为 false
>	大于	x > y	如果变量 x 等于整数 2,变量 y 等于整数 2, 则表达式 x > y 为 false
> =	大于等于	x > = y	如果变量 x 等于整数 2,变量 y 等于整数 2, 则表达式 x > = y 为 true
<	小于	x < y	如果变量 x 等于整数 2,变量 y 等于整数 2, 则表达式 x < y 为 false
< =	小于等于	x < = y	如果变量 x 等于整数 2,变量 y 等于整数 2, 则表达式 x < = y 为 true
! =	不等于	x ! = y	(1)如果变量 x 为字符串"hello",变量 y 为 字符串"hello",则表达式 x ! = y 为 false; (2)如果变量 x 等于整数 1,变量 y 等于整 数 2,则表达式 x ! = y 为 true
! = =	不全等于	x ! = = y	如果变量 x 等于整数 2,y 为字符串"2", 则表达式 x ! = = y 成立,值为 true
&&	与(and)	x < 10 && y > 1	如果变量 x、y 等于整数 2,则表达式 x < 10 为 true,表达式 y > 1 为 true,表达式 x < 10 && y > 1 成立,值为 true
!	非(not)	! (x = = y)	如果变量 x、y 等于整数 2,则表达式 x = = y 的值为 true,而表达式 ! (x = = y) 的值 为 false
‖	或(or)	x = = 8 ‖ y = = 8	如果变量 x 等于 8,则变量 y 等于整数 2,表 达式 x = = 8 为 true,表达式 y = = 8 为 false, 表达式 x = = 8 ‖ y = = 8 的值为 true

3. 赋值运算符

从来没有学过高级语言的读者,需要重新认识这个" = ",在程序中赋值" = "更像一个动作,把" = "右边的结果"放入"" = "左边的变量。" = "示例如表 6.3 所示。

表 6.3 赋值" = "示例

运算符	运算符说明	表达式示例	示例说明
=	赋值	x = 5 + y	如果变量 y 等于整数 2, 表达式 5 + y 等于整数 7 整数 7 这个值赋给变量 x

注意:请注意赋值"="和等于"=="的区别。

在表达式运算中,这些运算符从高优先级到低优先级分别为:非运算符,算术运算符(先乘除、后加减),逻辑运算符,赋值运算符。若编写表达式时对于优先级没有把握,则可以用括号来表示优先级,例如:(a==0)||(b==0)。

除运算符"+"外,其他与四则运算有关的运算符都不能作用在字符串型变量上。字符串可以使用"+""+="作为连接两个字符串的运算符号。

一些用来赋值的表达式,由于有返回的值,可加以利用。例如,用以下语句:a=b=c=10,可以一次对三个变量赋值。

6.3.6 语句和语句块

1. 语句

一个 JavaScript 程序就是一个语句(Statements)的集合。一个 JavaScript 语句相当于一句完整的句子。JavaScript 语句将表达式用某种方式组合起来,得以完成某项任务。

一个语句可以包含一个或多个表达式、关键词和运算符。一般来说,一个语句的所有内容写在同一行内。不过,也可以把一个语句写在多行。此外,多个语句也可以通过用分号";"分隔,写在同一行内。

建议将每个语句以显示的方式结束,即在每个语句最后加分号";"来表示该语句的结束。

例如,下面这句语句表示将字符串"Mike"和"Jackson"连接起来 结果赋值给变量 hisname。

```
hisname = "Mike" + "Jackson";
```

JavaScript 的语句可以识别变量和常量以及运算符,在程序运行时,JavaScript 语句内多余的空格将被忽略掉。有时为了让程序的可读性强,可以在语句中增加一些空格。

比如,下面的两条语句的功能完全相同:

```
var per = "Mike";
var per = "Mike";
```

2. 语句块

用花括号——"｛若干语句｝"括起来的一组 JavaScript 语句称为语句块(Blocks)。语句块通常可以看成一段有逻辑意义代码的单元集合。一种情况是语句块构成函数的内容被其他 JavaScript 代码调用,另一种情况是因某些逻辑结构的需要而定义的语句块。例如,for 和 while 循环语句的循环部分。

在语句块里面的每个语句以分号";"结束,但是语句块本身不用分号。

语句块的起始花括号可以看作一个独立功能的开始,结束花括号可以看作一个独立功能的结束。

下面的例句中,花括号中间的 4 条语句构成一个语句块,语句块组成函数 t 的内部功能,一般具有逻辑性。而最后 3 行语句,不在语句块内,与函数没有直接逻辑关系。

```
function t(inches)
{
   feet = inches /12;
   miles = feet /5280;
   cm = inches * 2.54;
   meters = inches /39.37;
}
km = meters /1000;
kradius = km;
mradius = miles;
```

6.3.7　保留字

JavaScript 保留字(Reserved Words)也称为关键字,是指在 JavaScript 语言中已有特定含义的特殊文字。JavaScript 保留字是不能作为程序的变量名和函数名(在 6.4 节中讲述)使用的。使用 JavaScript 保留字作为变量名或函数名,会使 JavaScript 在载入过程中出现运行错误,我们在编写程序的时候一定要避免在变量或函数命名中误用。JavaScript 中的保留字如表 6.4 所示。

表 6.4　JavaScript 中的保留字

break	delete	function	return	typeof
case	do	if	switch	var
catch	else	in	this	void
continue	false	instanceof	throw	while
debugger	finally	new	true	with
default	for	null	try	

考虑到 JavaScript 的发展需要,JavaScript 还预留了一些在将来使用的保留字。考虑到这点,我们在编写大型程序设置的变量名和函数名时,要用前面讲过的变量命名的安全方法,尽量避免用到这些 JavaScript 保留字。

6.4　函　　数

6.4.1　函数的概念

数学中的函数和计算机语言的函数有类似之处,例如,数学中的 sin 函数,它有一个名称"sin",还有一定的功能,比如 sin90°可以得出结果为"1"。计算机语言中的所谓"函数",也有这样的功能,这种类似数学函数的功能在 JavaScript 中称为"方法"。计算机语言中的函数可以实现更多的工作,如在 Java、JavaScript、C ++ 等标准的语言中,函数可以看作构成软件的"基石",不仅计算机语言本身提供了很多成熟的函数供编程者调用,编程者还可以把自行设计的某段程序包装成一个函数,这样就可以把复杂的软件划分为一个个模块——函数。同时,这些函数还可以互相联系、共享数据。

JavaScript 中常见的函数如下。

（1）功能函数。无须定义和编写，在程序中的任何地方都可以直接调用的方法，可以看作语言提供的快捷功能。如 alert( )，可以在 JavaScript 中的任何地方使用，用以弹出对话框。

（2）自定义函数。是根据自己的需要，自行设计和编写的程序单元块。如果我们要编写具有复杂功能的程序，那么一定要把这些功能分解成许多具有独立功能的自定义函数。

从编程者的角度来看，功能函数是语言本身提供的功能而已，这些函数内部代码如何编写，我们无须关心，它们给我们编写程序提供了便利。

自定义函数是编程者设计的，要用花括弧定义程序块，用来实现自己对软件的功能设计，了解自定义函数的编写是本节的重点。针对 Web 的多数 JavaScript 程序基本上都必须包装成函数，通过函数名来调用。

6.4.2　函数的运行

函数内语句代码什么时候才能运行呢？对于 alert( )之类的 JavaScript 自带的功能函数而言，在程序的任何地方，直接写出该函数的名字就可以运行，而且运行次数不受限制。

对于自定义函数，我们依然可以在定义该函数后，在程序的任何地方，直接调用自己编写的自定义函数。请注意，我们还可以在自定义函数内部调用其他自定义函数（自定义函数的自调用属于高级程序算法，不在本书的讨论范围之内）。

对于 Web 程序设计而言，还有一种更多的调用自定义函数的方法，就是利用“事件”调用该自定义函数，专业的说法就是“利用事件触发”自定义函数。Web 网页的事件在 6.2.3 节中已经做了介绍。通过程序和通过事件触发函数的次数都不受限制，这也体现了函数这种语法机制给程序提供的强大能力。

6.4.3　自定义函数

初学者掌握自定义函数的编写难度较大，要一步步了解自定函数中最重要的几部分，最简要的方式是按如下语法进行定义。

语法

```
function 函数名称( )
{
    函数内部;
}
```

说明

function 是定义函数的关键字，后面紧接着函数名称。

函数名称与变量名遵循一样的起名规定，即只包含字母、数字、下划线，字母放在首位，不能与保留字重复等。

函数的名称后面是一对圆括号，圆括号内部可以放置参数，但即使没有参数，圆括号也不能省略。

函数的一对花括号表明了函数的开始和结束。花括号绝对不能错位，即便整个函数没有一条语句，也不可以省去。

函数内部可以有一至多行语句（当然也可以没有任何语句），这些语句并不会在定义时被立即执行,只有程序中其他地方调用该函数时,程序才执行这些函数内的语句。从软件重复利用来看,函数也可看作某些软件代码重复利用的机制。

基于 Web 程序设计的一种常用调用函数的方法,就是利用"事件"触发函数,即网页和内部元素发生某个事件时,函数才会运行,而且可以反复运行。例如,发生了"火灾"这个事件,这个事件将触发"消防救火"函数。另外,常见的 Web 网页可触发的事件详见 6.2.3 节 5 中的介绍。

【示例 6.4-1】

```
<html >
<head >
  <script type = "text/javascript" >
    function say()
    {
      alert("Hello World!")
    }
  </script >
</head >
<body onload = say() >
</body >
</html >
```

用浏览器打开本例,运行效果如图 6.10 所示。

图 6.10　示例 6.4-1 的运行效果

本例中我们用到了 DOM 提供的 alert( )功能函数,它会生成一个有提示信息的对话框,并有一个"确定"按钮。

利用网页的 onload 事件触发函数 say 的运行,onload 是指"本网页文档调入浏览器"这个事件。

【示例 6.4-2】

```
<html >
<head >
  <script type = "text/javascript" >
    function a()
    {
    document.write(" <h1 >Hello,World!  </h1 >");
    }
</script >
</head >
  <body onload = a() >
  </body >
</html >
```

用浏览器打开本例,运行效果如图 6.11 所示。

图 6.11　示例 6.4-2 的运行效果

onload( )是 HTML 中的一个常见事件,当 Web 网页文件被载入浏览器后,该事件就立刻触发,这在前面的章节中已经介绍过。

【示例 6.4-3】

```
<html>
<head>
  <script type="text/javascript">
  function b(){
     alert("嗨! 你按下了按钮!");
  }
  </script>
</head>
<body>
 <form>
  <input type="button" name="b1" value="按这里" onclick="b()">
 </form>
</body>
</html>
```

用浏览器打开本例,运行效果如图 6.12 所示,单击"按这里"按钮后的效果如图 6.13 所示。

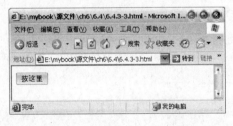

图 6.12　示例 6.4-3 的运行效果

图 6.13　单击"按这里"按钮后的运行效果

本例中,<head>内自定义了一个名为 b 的函数,而且这个函数代码在网页被浏览器解释前就会被载入并存于内存中,<form>标签<input　type="button"……>将产生一个按钮,这个按钮告诉浏览器,可以在后面的 onclick 事件触发 b( )函数。

6.4.4　函数的参数

函数的参数是函数外部向函数内部传递信息的桥梁。例如,如果想让一个函数返回 3

的立方,就需要让函数知道"3"这个数值。此时需要有一个变量来接收数值,这个变量就叫作参数。

语法

```
function 函数名称(参数1,参数2,……)
{
    函数内部;
}
```

说明

参数集是由一个或多个逗号分隔开来的参数的集合,如 a、b、c。函数的参数可有可无,但圆括号是必须有的。

在函数的内部,参数可以直接当作变量来使用,并可以用 var 语句来新建一些变量,函数内部用 var 语句定义的变量称为局部变量,但是这些变量都不能被函数外部的其他程序调用。

【示例 6.4-4】

```
<html>
<head>
    <script type="text/javascript">
    function add(a,b,c)
    {
      var d=a+b+c;
      alert("运算结果:"+d)
    }
    </script>
</head>
<body onload=add(1,2,3)>
</body>
</html>
```

用浏览器打开本例,运行效果如图 6.14 所示。

图 6.14　示例 6.4-4 的运行效果

【示例 6.4-5】

```
<html>
<head>
<script type="text/javascript">
function b(i){
    alert("嗨! 你按下了第"+i+"按钮!");
}
```

```
</script >
</head >
<body >
 <form >
  <input type ="button" name ="b1"
        value ="按钮 1" onclick ="b(1)" >
  <input type ="button" name ="b2"
        value ="按钮 2" onclick ="b(2)" >
  <input type ="button" name ="b3"
        value ="按钮 3" onclick ="b(3)" >
 </form >
</body >
</html >
```

用浏览器打开本例,运行效果如图 6.15、图 6.16 所示。

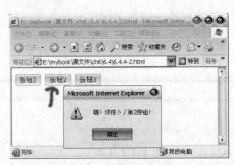

图 6.15　示例 6.4-5 的运行效果　　　　图 6.16　单击"按钮 2"后的运行效果

6.4.5　函数的返回值

语法

```
function 函数名称(函数参数)
{
函数内部执行部分;
return 表达式;
}
```

说明

return 语句指明函数将返回的表达式值。

函数的内部有一至多行语句,这些语句中可能包含 return 语句。在执行一个函数的时候,碰到 return 语句,函数立刻停止执行,并返回到调用它的程序中。如果 return 语句后面带有表达式,则退出函数的同时返回该表达式的值。

要使函数内部的信息能被外部调用,要么使用 return 语句的返回值,要么使用全局变量。全局变量是指在函数外部定义的变量,它能在程序的任意地方被调用和更改。

【示例 6.4-6】

```
<html >
<head >
   <script type ="text/javascript" >
   function addAll(a,b,c)
```

```
        var t = a + b + c;
        return t;
        }
    </script>
</head>
<body>
  <script type = "text/javascript" >
    var t1 = addAll(1,2,3);
    var t2 = addAll(3,4,5);
    document.write(" <h1 >1 +2 +3 =" + t1 +" </h1 >");
    document.write(" <h1 >3 +4 +5 =" + t2 +" </h1 >");
  </script>
</body>
</html>
```

示例 6.4-6 建立了一个叫 addAll 的函数,它有 3 个参数:a、b、c,作用是返回三个数相加的结果。在函数外部,利用"var t2 = addAll(3,4,5);"语句接收函数的返回值。用浏览器打开本例,运行效果如图 6.17 所示。

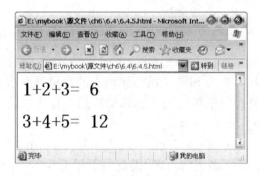

图 6.17　示例 6.4-6 的运行效果

更多的时候,函数是没有返回值的,这种函数在一些传统计算机语言中叫作"过程"。例如, Basic 类语言的 Sub、Pascal 语言的 procedure 都是这种概念。

6.4.6　函数内的变量

语法

```
function 函数名称()
{
var 变量名;
}
```

说明

在函数内部可以用 var 定义变量,这种变量仅供函数内部使用,因此也称为"局部变量"。局部变量的定义规则与前面讲的变量定义相同。

函数内部的局部变量不能被函数外部访问,也就是说,在函数外部的程序直接使用函数内部的局部变量,将会导致系统出现"变量未定义"之类的错误。同样,A 函数也不能使用 B 函数的局部变量。函数这种局部变量的机制,让内部数据井井有条,即使数据名称重复也不会出现相互干扰的情况。

例如,你和张三各有自己的冰箱(函数内部的局部变量),如果没经过对方允许,那么彼此都不能直接获取、改变对方家里冰箱内的任何东西。也就是说,你和张三都只能直接操作自家的冰箱。当然你可以把自家冰箱里的东西交给张三,就如同通过函数的返回值可以把函数内部的信息对外输出一样。

【示例6.4-7】

```html
<html>
<head>
    <script>
    function mybox(){
    var myb="我家的冰箱里面的东西";
    document.write("<h1>主人访问:"+myb+"</h1>");
    }
    </script>
</head>
<body onload=mybox()>
  <script>
    document.write("客人访问情况如下:");
    document.write("<h1>客人访问:"+myb+"</h1>");
  </script>
</body>
</html>
```

用浏览器运行示例6.4-7时,没有调试程序能力的浏览器一般仅会用标题1号字输出"主人访问:我家的冰箱里面的东西",而不会输出我们在程序中设定的"客人访问:我家的冰箱里面的东西"。

因为程序在执行 document. write("<h1>客人访问:"+myb+"</h1>");语句时,会无法识别 myb 这个变量,导致这条语句出现"没有定义变量 myb"的大错误。若我们在 Editi-Plus(该软件具备程序的调试功能)中运行该程序,则报出的错误如图6.18所示。

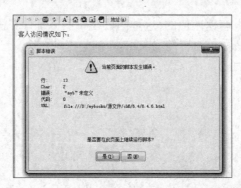

图6.18　在 EditiPlus 中运行示例6.4-7时报出的错误

发生这种错误,其根本原因是 body 元素中的 JavaScript 程序根本不知道,也不能访问在 head 元素中的 mybox() 函数中定义的 myb 变量,因为 myb 变量是局部变量。

上例还留下了一个细节的疑问,为什么该错误语句的上面一条语句,即 document. write("客人访问情况如下:");语句的语法和意义没有任何错误,似乎也没有出现在屏幕中。

其实,该语句已经实现输出,文字"客人访问情况如下:"已经在第一时间就出现在浏览器中,但几乎马上被"主人访问:我家的冰箱里面的东西"替代了。

为了看清楚程序的执行过程,我们还是使用 alert( )函数,等用户单击"确定"按钮以后才继续下一步操作,一步一步地执行程序。

【示例 6.4-8】

```html
<html >
<head >
<script type ="text/javascript" >
  function mybox( ){
    var myb ="我家的冰箱里面的东西";
      alert(" 主人访问:" +myb);//第 3 次弹出
  }
</script >
</head >
<body onload =mybox( ) >
 <script type ="text/javascript" >
    alert("客人访问情况如下:");//第 1 次弹出
    alert("客人访问你家冰箱:" +myb);//第 2 次弹出
  </script >
</body >
</html >
```

我们发现程序设计的第 2 次弹出窗口程序:

```
alert("客人访问你家冰箱:" +myb);//第 2 次弹出
```

程序中,这条语句根本没有被执行。其根本原因,是在 Javscript 等高级语言中,全局函数[如 alert( )]无法访问自定义函数内的局部变量[如本例的 myb]。如果发生此类情况,则将导致程序出现较大的错误,像 Editplus 等有调试能力的软件就会报错,而许多浏览器只好忽略错误语句,导致语句根本没有被执行。用浏览器打开本例,程序运行效果如图 6.19、图6.20 所示。

图 6.19　实际运行第 1 次弹出窗口

图 6.20　实际运行第 2 次弹出窗口

当然,如果在 <script >元素内,若定义有一个变量叫 myb(在函数外),则这个变量可以被 alert( )访问,此时函数外的变量 myb 与函数 mybox( )内的局部变量 myb 完全是两个不同的变量,只是名字恰好相同而已。在函数外定义的变量被称为"全局变量"。

6.5 JavaScript 的对象

编写程序解决现实问题前,要分析现实世界的信息或者数据,把现实世界的信息和编写程序中的数据对应起来。如果人们仅仅通过"数字""文本"等简单的数据类型组合来表达信息,则随着软件数据的复杂度增加,会造成程序开发和修改难度加大。

对象(Objects)概念,是一种理解信息和编写程序的重要思想。一般程序中的对象都具有两个最基本的特性:一是具有属性(Properties),这些属性可以存放对象的相关数据信息;二是具有方法(Methods),这些方法是一些和该对象相关的程序(也是函数)。例如,有一个"小孩"对象,该对象就可以具备身高、体重、年龄、性别等数据,也就是属性;该对象还可以具备"吃饭""走路""哭闹"等具有一定功能的独立的程序段,这些独立的程序段分别称为方法。

把现实世界的数据看作对象,同时把对象的数据和方法"封装"起来,形成计算机程序很好表示的"对象"。这是在 20 世纪八九十年代就已成熟的思想和技术——面向对象软件开发的方法,JavaScript 也具备这些特性。

例如,以一个名字叫 Barack. Obama 的体重为 18 千克的小孩为例。用 JavaScript 的语法表示,对象名为 child,属性分别是:child. lastname = ' Obama ',child. firstname = 'Barack ',child. weight = 18,child 的走路方法可以是 child. walk( ),child 的哭闹方法可以是 child. cry( )。

6.5.1 对象建立和操作

为了简便程序编写,JavaScript 内部已经编制好了一些常用对象。我们可以直接新建这些对象的具体变量,然后使用这些对象已经设定好的属性和方法。

可以说,对象是 JavaScript 推荐的主要数据类型。在 JavaScript 高级程序中,一切数据都可以是对象,而且,数据最好也是按对象的方式来定义和操作。

甚至简单的数据(null 和 undefined 除外),如数字变量 Number、布尔变量 Boolean、字符串变量 Strings 都可以当作对象来操作。此外,还有日期对象 Dates、数组对象 Arrays、数学对象 Maths 等。

1. 建立对象

语法

```
新建对象名称 = new   对象类型;
```

说明

new 语句是一种对象构造器,可以用 new 语句来定义(或称建立、构造)一个新对象。站在严格的面向对象语言角度来看,JavaScript 的对象类型是类(class)的概念,通过 new 这个动作产生的是一个类的具体的实例(instance)。

例如,我们可以定义一个日期对象:

```
var curr = new Date();
```

变量 curr 就成为一个日期对象,并具有了 Date 对象的属性和方法。

2. 操作对象

语法

```
with(对象名称){
    对象的相关方法
    对象的相关属性
    }
```

说明

如果你想使用某个对象的多个属性或方法时,只要在 with 语句的括号( )中写出这个对象的名称,然后在下面的执行语句中直接写出这个对象的属性名或方法名即可。

this 运算符总是指向当前的对象。

下面,我们将通过学习 JavaScript 内置的一些对象方式,来了解 JavaScript 程序对信息和数据的处理方式。

6.5.2　Date 日期对象

Date 对象可以让程序很容易地使用年、月、日、分钟、秒等数据概念。

显示当前时间,Date 对象也可以是一个函数,我们可以直接在网页中调用它,可以显示当前时间。

1. 显示当前时间

```
<script >
  document.write(" <h1 >现在时间:" +Date( ) +" </h1 >");
</script >
```

上面的程序在网页中输出如下文字:

现在时间:Tue Nov 08 10:59:01 2017

若你需要使用到日期对象,则要定义 Date 对象变量,也就是"先定义,后使用"。

定义一个日期对象:

var 变量名 =new Date( );

这与定义变量的方法一样,定义一个日期型的对象。定义后这个对象已有初始值,也即是当前时间。

```
<script >
  var myd =new Date( );
  document.write(" <h1 >现在时间:" +myd +" </h1 >");
</script >
```

上面的程序在网页中输出如下文字:

现在时间:Tue Nov 8 11:16:53 UTC +0800 2017

上面输出中多了 UTC 字样,时间本身比较复杂,说明如下。

UTC 是世界统一时间、世界标准时间、国际协调时间。中国、蒙古、新加坡、马来西亚、菲律宾、西澳大利亚州的时间与 UTC 的时差均为 +8,也就是 UTC +8。

2. 使用日期对象的方法

```
对象名称.方法;
或
width(对象名称){
 方法
}
```

获取时间信息的方法如表 6.5 所示。

表 6.5　获取时间信息的方法

方法名称	功能解释
getDate( )	获取当前时间的日期数据,返回数字(1～31)
getDay( )	获取当前时间的星期数据,返回数字(0～6) 1 至 6 表示星期一至星期六,0 表示星期天
getFullYear( )	获取当前时间的年份数据,返回数字(yyyy)
getHours( )	获取当前时间的小时数据,返回数字(0～23)
getMilliseconds( )	获取当前时间的毫秒数据,返回数字(0～999)
getMinutes( )	获取当前时间的分钟数据,返回数字(0～59)
getMonth( )	获取当前时间的月份数据,返回数字(0～11)
getSeconds( )	获取当前时间的秒数据,返回数字(0～59)
getTime( )	获取 1970-1-1 至当前时间的毫秒数据,返回一个很大的数字

【示例 6.5-1】

```html
<html>
<body>
 <script>
 var d = new Date();
 with(d){
 document.write(" <h3>今天是:" +getFullYear() +"年");
 document.write(getMonth() +1 +"月");
 document.write(getDate() +"日 </h3>");
 document.write(" <h3>现在是:" +getHours() +"时");
 document.write(getMinutes() +"分 </h3>");
 document.write(" <h3>距离1970-1-1 的时间是:" +getTime() +"毫秒 </h3>");
 }
 </script>
</body>
</html>
```

用浏览器打开本例,运行效果如图 6.21 所示。

图 6.21　示例 6.5-1 的运行效果

6.5.3　数字和 Number 数字对象

数字是人类信息中比较特殊的一种,数学也是最深奥的学问,数字与文字本质不同,我们可以用前面介绍的算术运算符来对数字类型进行计算。

1. 保留字 NaN(Not a Number)

为了明确一个变量或结果是否是数字,JavaScript 引入了保留字 NaN 来表达"非数字"这个概念。程序中的变量和数据只有都是数字类型时,才能用算术运算符进行运算。若当参加运算的数据有字符或其他非数字类型时,结果就是 NaN,这几乎相当于出错信息。JavaScript 还提供了一个全局函数 isNaN(变量名)来判断该变量"非数字"的情况。如果返回的结果是 true,则说明该变量是非数字;如果返回的结果是 false,则说明该变量是数字。

例如:

```
var x = 100 / "Apple";    //x 为 NaN
var y = 100 / "10";       //y 为 NaN
var z = 100 / 0;          //z 不是 NaN,z 是 Infinity,Infinity 是无穷大的意思
```

2. 把变量转化为数字

有三个 JavaScript 的全局函数可以把变量转化为数字。分别是:Number()、parseInt()、parseFloat()。我们只能把数字构成的字符串数据转化为数字,布尔变量也能转换为数字,但并不是所有的数据类型都可以转为数字。

函数 Number()举例如下。

```
x = true;
Number(x);          //返回 1
x = false;
Number(x);          //返回 0
x = "10"
Number(x);          //返回 10
x = "10 20"
Number(x);          //返回 NaN
```

函数 parseInt()举例如下。

```
parseInt("10");        //返回 10
parseInt("10.33");     //返回 10
parseInt("10 20 30");  //返回 10
parseInt("10 years");  //返回 10
parseInt("years 10");  //返回 NaN
```

函数 parseFloat()举例如下。

```
parseFloat("10");        //返回 10
parseFloat("10.33");     //返回 10.33
parseFloat("10 20 30");  //返回 10
parseFloat("10 years");  //返回 10
parseFloat("years 10");  //返回 NaN
```

3. Number 对象

Number 对象的部分属性和方法如表 6.6 所示。

表 6.6　Number 对象的部分属性和方法

属性和方法	说　　明
. MAX_VALUE	用法：Number. MAX_VALUE 返回：JavaScript 能表示的最大数字
. MIN_VALUE	用法：Number. MIN_VALUE 返回：JavaScript 能表示的最小数字
. toString( )	用法：数值变量. toString( ) 返回：把数字变成字符串形式

【示例 6.5-2】

```
< html >
< body >
 var max = Number.MAX_VALUE;
 var min = Number.MIN_VALUE;
 var a,b;
 document.write(" < h3 >JavaScript 能表示的最大数：
    " + max + " </h3 > < br >");
 document.write(" < h3 >JavaScript 能表示的最小数：
    " + min + " </h3 > < br >");

 b = 1/0;
 document.write(" < h3 >没有类型的变量：" + a + " </h3 > < br >");
 document.write(" < h3 >无穷大：" + b + " </h3 > < br >");
</body >
</html >
```

用浏览器打开本例，运行效果如图 6.22 所示。

图 6.22　示例 6.5-2 的运行效果

【示例 6.5-3】

```
< html >
< body >
  < script type = "text/javascript" >
   var a = 100;
   var b = 100;
   var c;
   c = a + b;
   document.write(" < h2 >100 + 100 </h2 >");
```

```
   document.write(" <h3 >以数字形式相加:" +c +" </h3 > <br >");
   c =a.toString() +b.toString();
   document.write(" <h3 >以字符形式相加:" +c +" </h3 > <br >");
 </script >
</body >
</html >
```

用浏览器打开本例,运行效果如图 6.23 所示。

图 6.23 示例 6.5-3 的运行效果

6.5.4 字符串和 String 字符串对象

程序用字符串来表示文本信息,可以使用数学运算符" +"将字符串数据(不管是变量还是常量)连接在一起。

1. 用" +"连接字符串数据

【示例 6.5-4】

```
<html >
<body >
 <script type ="text /javascript" >
 function a(){
 var n =document.f1.t1.value;
 var p =document.f1.t2.value;
 document.write(" <h3 >您的用户名是:" +n +" </h3 >");
 document.write(" <h3 >您的密码是:" +p +" </h3 >");
 }
 </script >

 <form name ="f1" >
 用户名:
 <input type ="text" name ="t1" >
 <br >
 密码:
 <input type ="password"  name ="t2" >
 <br >
 <input type ="button" value ="登录系统" onclick =a(); >
 <input type ="reset"  value ="重新输入" >
 </form >
</body >
</html >
```

用浏览器打开本例,运行效果如图 6.24、图 6.25 所示。

图 6.24　示例 6.5-4 的运行效果　　　图 6.25　单击"登录系统"按钮后的运行效果

字符串(String)作为一个对象,除了前面经常使用的"＋"把字符串连接起来外,针对字符串对象还有一些常用的方法需要了解,这样可以给 JavaScript 程序编写带来一些便利。

2. String 对象

String 对象的部分属性和方法如表 6.7 所示。

表 6.7　String 对象的部分属性和方法

属性和方法	用法和说明
. length	用法:是对象的属性,字符串对象名. length; 说明:返回该字符串的长度
. charAt( )	用法:字符串对象名. charAt(位置); 说明:返回该字符串位于第"位置"位的单个字符; 字符串中的一个字符是第 0 位的,第二个字符是第 1 位的,最后一个字符是第 length−1 位的
charCodeAt( )	用法:字符串对象名. charCodeAt(位置); 说明:与上面方法类似,但返回的数据是该字母的 Unicode 编码
. toLowerCase( )	用法:字符串对象名. toLowerCase( ); 说明:返回把原字符串中的所有大写字母都变成小写字母的字符串
. toUpperCase( )	用法:字符串对象名. toUpperCase( ); 说明:返回把原字符串中的所有小写字母都变成大写字母的字符串

【示例 6.5-5】

```
<html >
<body >
  <script type ="text /javascript" >
  var a ="Hello World!";
  document.write(" <h3 >字符串为:" +a +" </h3 >");
  document.write(" <h3 >该字符串长度:" +a.length +" </h3 >");
  document.write(" <h3 >转为小写:"
              +a.toLowerCase() +" </h3 >");
  document.write(" <h3 >转为大写:"
              +a.toUpperCase() +" </h3 >");
```

```
        document.write(" <h3 >H 的 Unicode:"
                          +a.charCodeAt(0) +" </h3 >");
    </script >
 </body >
 </html >
```

用浏览器打开本例,运行效果如图 6.26 所示。

图 6.26　示例 6.5-5 的运行效果

6.5.5　数组变量和 Array 对象

数组也是变量的一种,既然有变量,为什么还需要数组变量呢?

假如需要定义一批变量,每个变量存放一个汽车品牌信息,那么用变量定义如下:

```
var car1 ="Benz";
var car2 ="Volvo";
var car3 ="BMW";
```

如果有现实中有 300 个汽车品牌,那么需要定义 300 个变量吗?

这时,我们可以用数组来轻松解决这个问题。

数组变量是一组变量的集合,数组的每一个成员对象(称为数组元素)都具有相同的名字,但都有一个不同的"下标"(一般为整数),用来表示它在数组中的位置(该位置是从零开始的)。另外,JavaScript 数组元素中的数据可以是不同类型的,这点可能与其他高级程序设计语言不同。

1. 定义数组变量

```
var 数组对象名 =[0 号元素,1 号元素,2 号元素,……];
 <script >
  var cars =["Benz","Volvo","BMW"];
  document.write(cars);
  document.write(" <h1 >" +cars[1] +" </h1 >");
 </script >
```

程序输出如下:

Benz,Volvo,BMW

Volvo

new 是创建对象的关键字,数组变量也可以当作对象看待,用 new 的语法也可以定义一个数组。

2. 把数组作为对象的定义方法

```
var 数组对象名 = new Array();
```

要添加数组元素，用以下方法：

```
数组对象名[下标] = 表达式;
```

注意

这里的方括号是不能省略的，数组的下标表示方法就是用方括号括起来的。

如果想在定义数组的时候直接初始化数据，可用以下方法：

```
var 数组对象名 = new Array(0 号元素,1 号元素,2 号元素,……);
```

例如，var myArray = new Array(1,4.5,'Hi');定义了一个数组 myArray，相当于执行下面三条语句：myArray[0] = 1;myArray[1] = 4.5;myArray[2] = 'Hi'。

注意

数组的各个元素可以是不同的数据类型。

另外，JavaScript 只有一维数组，所以不能用"Array(3,4)"这种方法来定义 4 × 5 的二维数组。

3. Array 对象

Array 对象的部分属性的方法如表 6.8 所示。

表 6.8 Array 对象的部分属性的方法

属性和方法	用法和说明
. length	用法:数组对象.length; 说明:返回数组的长度，即数组里有多少个元素。它等于数组里最后一个元素的下标加 1。所以，想添加一个元素，只需要：myArray[myArray.length] = ...
. pop( )	用法:数组对象.pop(); 说明:把数组的最后一个元素移除
. push( )	用法:数组对象.push(数据); 说明:在数组的最后位置增加一个元素
. reverse( )	用法:数组对象.reverse(); 说明:使数组中的元素顺序反过来。如果对数组[1,2,3]使用这个方法,则它将使数组变成[3,2,1]
. sort( )	把元素按字母排序

【示例 6.5-6】

```
<html>
<body>
  <script type="text/javascript">
      var a = new Array(1,3,5,7,9);
      a[5] = 11;
      document.write("<h3>该数组长度:"
                      + a.length + "</h3>");
```

```
        document.write("<h3>该数组元素为:"+a+"</h3>");
        document.write("<h3>该数组第一个元素为:"
                                +a[0]+"</h3>");
        document.write("<h3>该数组最后一个元素为:"
                                +a[a.length-1]+"</h3>");
        document.write("<h3>该数组翻转为:"
                                +a.reverse()+"</h3>");
    </script>
</body>
</html>
```

用浏览器打开本例,运行效果如图 6.27 所示。

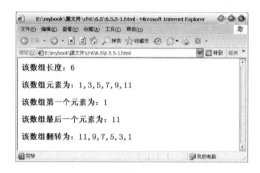

图 6.27 示例 6.5-6 的运行效果

4. Array 对象与对象变量

数组对象也是对象,可以说是 JavaScript 对象的一种类型。但数组与对象变量还有所不同。数组的定义和使用在前面已经介绍过,在此介绍一下 JavaScript 对象变量的定义和使用,供有兴趣的读者参考。

如果要定义一个对象 person,则可以按如下方式定义:

```
var person = {firstName:"John",lastName:"Doe",age:46};
```

同样的数据,数组按如下方式定义:

```
var person = ["John","Doe",46];
```

此外,访问数据的方式也不同,对象变量使用名称结合属性名的方式,数组对象采用名称结合下标的方式。

person 对象的访问,比如用 person. firstName 获取"John",而用 person 数组却是用 person[0] 的方式获取"John"。

6.5.6 Math 对象

在一般的程序中经常要用到数学概念和数学意义上的函数,JavaScript 为了方便此类程序编写,提供了大量的数学计算的数据和方法。Math 对象的部分属性和方法如表 6.9 所示。

表 6.9　Math 对象的部分属性和方法

属性和方法	用法和说明
. PI	用法:Math. PI; 说明:返回 π(3. 1415926535...)
. cos(x)	用法:Math. cos(x); 说明:返回 x 的余弦
. max(a,b)	用法:Math. max(a,b); 说明:返回 a,b 中较大的数
. min(a,b)	用法:Math. min(a,b); 说明:返回 a,b 中较小的数
. random()	用法:Math. random(); 说明:返回大于 0 小于 1 的一个随机数
. round(x)	用法:Math. round(x); 说明:返回 x 四舍五入后的值
. sin(x)	用法:Math. sin(x); 说明:返回 x 的正弦值
. sqrt(x)	用法:Math. sqrt(x); 说明:返回 x 的平方根
. tan(x)	用法:Math. tan(x); 说明:返回 x 的正切值

【示例 6.5-7】

```
<html>
<body>
 <script type="text/javascript">
  function a(){
   var area;
   r=document.f1.t1.value;
   area=Math.PI*r*r;
   document.write("<h3>圆半径是:"+r+"</h3>");
   document.write("<h3>圆面积是:"+area+"</h3>");
   }
  </script>
<h3>输入半径,计算圆形面积</h3>
  <form name="f1">
   半径
   <input type="text"  name="t1"  >
   <br>
   <input type="button" value="计算面积"  onclick=a()>
   <input type="reset">
  </form>
</body>
</html>
```

用浏览器打开本例,运行效果如图 6.28、图 6.29 所示。

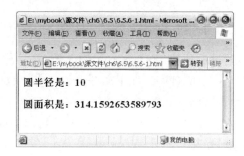

图 6.28　示例 6.5-7 的运行效果　　　　图 6.29　输入半径值后的运行效果

【示例 6.5-8】

```
<html >
<body >
  <script type ="text/javascript" >
  function a(){
   var n =new Array();
   n[1] =100 * Math.random();
   n[2] =100 * Math.random();
   n[3] =100 * Math.random();
   n[4] =100 * Math.random();
   document.f1.t1.value =Math.round(n[1]);
   document.f1.t2.value =Math.round(n[2]);
   document.f1.t3.value =Math.round(n[3]);
   document.f1.t4.value =Math.round(n[4]);
  }
  </script >

<h3 >每次产生一组幸运号码 </h3 >

<form name ="f1" >
  <input type ="text"   name ="t1" value ="00" >
  <input type ="text"   name ="t2" value ="00" >
  <input type ="text"   name ="t3" value ="00" >
  <input type ="text"   name ="t4" value ="00" >
  <br >
  <input type ="button" value ="抽奖开始" onclick =a() >
</form >
</body >
</html >
```

用浏览器打开本例,运行效果如图 6.30、图 3.31 所示。

图 6.30　示例 6.5-8 的运行效果　　　　图 6.31　单击"抽奖开始"按钮后的运行效果

6.5.7 函数、变量和函数对象

通过单独使用 JavaScript 的函数、变量、对象后，我们可以对 JavaScript 的这三大抽象概念有了一定的理解。如果离开函数，变量和对象仅仅是一种数据的定义，比较简单明确。但与函数结合后，问题就变得复杂了。例如，变量在函数内部和外部完全是两个概念，加上 JavaScript 的函数能力比较强大，它既可以当成"程序过程"（此时我们称为'函数'），又可以当成变量，甚至还可以当成对象。

为了进一步深入了解函数与变量、函数与对象的关系，本节通过 5 个案例来分别演示和说明。

接下来，我们将在一个 Web 网页中，了解全局变量和局部变量，了解函数如何变成对象，以及局部变量、全局变量、对象的属性的关系。

本节内容已经涉及软件开发的核心问题，难度较大也比较抽象，初学者一般无法深刻理解示例 6.5-12、6.5-13，不过这并不影响对 Web 的基础程序编写。初学者可以在具备一定编写程序的经验后，再回头来阅读本节示例 6.5-12 及示例 6.5-13。

1. 程序的全局变量和函数的局部变量演示

在 JavaScript 程序中，如果变量定义在函数内部，则为函数的局部变量（简称为"局部变量"）；如果变量定义在函数外边，则为函数的全局变量（简称为"全局变量"）。局部变量仅仅供函数本身语句使用，全局变量可以如果供所有的函数或函数外面的所有程序使用。

在示例 6.5-9 中，从输出界面上看，创建了两个按钮，一个用来输出函数内部的局部变量，因为这个局部变量仅由本函数专用，因此我们也称其为"私有变量"。

用浏览器打开本例，选择不同按钮，运行效果如图 6.32 所示。

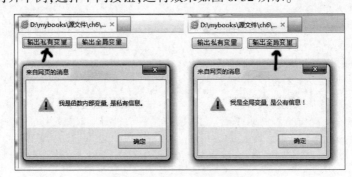

图 6.32 示例 6.5-9 的运行效果

【示例 6.5-9】

```
<! DOCTYPE html >
<html >
<head >
<script >
 var info ="我是全局变量,是公有信息!";
```

上面的代码定义了全局变量，命名为 info，并在其中存储了文字信息。

```
function obj(){
  var info = "我是函数内部变量,是私有信息。";
    return info;
}
```

上面的代码定义了函数,命名为 obj( ),在函数内部定义了局部变量,也命名为 info。通过函数的 return 返回语句,把这个内部变量传递给函数,即成为函数的值。

```
function out(i){
  if(i = =1)
  {
      alert(obj());
      }
 if(i = =2)
 {
      alert(info);
      }
}
```

上面的代码定义了函数,命名为 out( ),给函数设定了参数,若用参数 1 调用该函数,则输出函数的返回值,即演示了局部变量的输出;若用参数 2,则直接输出变量 info,因为 out( )函数内部没有 info 局部变量,所以该函数输出全局函数。该函数利用了 if 条件语句,读者可能需要先了解 if 条件语句,具体内容见 6.6 节。

```
</script >
</head >
<body >
 <form >
  < input type = "button" name = "b1"
   value = "输出私有变量" onclick = "out(1)" >
  < input type = "button" name = "b2"
   value = "输出全局变量" onclick = "out(2)" >
 </form >
```

在表单内的按钮设定好按钮信息,利用 onclick 事件,用按钮触发调用编写的函数 out( ),实现局部变量和全局变量的输出。

```
</body >
</html >
```

注意

以上全局变量和局部变量可以同名,这时在函数内部,引用该变量名时实际上是访问内部的局部变量。这种机制可以有效地将局部变量"封装"在函数内部,有利于开发无限多个函数来丰富你的 JavaScript 程序功能。此外,如果程序规模大,在使用全局变量时需要特别注意:否则,会造成无法预料的逻辑"陷阱"。

2. 将函数变成对象使用

对象变量的定义与普通变量的定义没有本质区别,在上面小节中已经介绍。若读者需要了解,还可以复习一下对象类型变量的使用和定义。在 JavaScript 程序中,函数也可以当作对象使用。这时,定义函数就是定义一个类,然后我们可以像对待 JavaScript 基本对象一样,使用 new 新建一个函数对象的实例。

用浏览器打开本例,选择输出对象的属性按钮,运行效果如图 6.33 所示。

图 6.33　示例 6.5-10 的运行效果

【示例 6.5-10】

```
<! DOCTYPE html >
<html >
<head >
<script >
 function obj(){
   var info ="我是函数内部变量,是私有信息。";
      this.info ="我是对象内部属性,是对象信息……";
      return info;
 }
```

上面的代码定义了函数 obj()。在函数中,用 this 关键字代表对象本身,用来定义属性 info。

```
 function out(i){
  if( i = =1)
     {alert(obj());}
  if( i = =3)
    {
     var x =new obj();
      alert(x.info);}
  }
```

注意

上面的代码把 obj() 函数当作对象类,使用 new 关键字创建一个对象的具体实例 x。然后,用对象的经典"点语法"——x. info 直接访问该对象的属性。

```
 </script >
 </head >
 <body >
 < form >
  < input type ="button" name ="b1"
    value ="输出私有变量" onclick ="out(1)" >

  < input type ="button" name ="b3"
    value ="输出对象属性" onclick ="out(3)" >
  </form >
 </body >
 </html >
```

在本例中,我们把函数当作对象,在使用前利用 new 创建了对象的实例,通过实例 x. info 来访问对象的具体属性。我们发现,即使函数对象的属性和函数内部的局部变量同名,两者之间也不会有冲突,函数可以很好区分内部变量和自己作为对象的属性。

3. 全局变量和对象属性演示

如果让函数作为对象,尝试一下对象的属性和全局变量同名的情况。

【示例 6.5-11】

```
<! DOCTYPE html >
<html >
<head >
<script >
 var info ="我是全局变量,是公有信息!";

 function obj(){
     this.info ="我是对象内部属性,是对象信息……";
 }
 function out(i){

 if(i ==2)
   {alert(info);}

 if(i ==3)
   {
     var x =new obj();
     alert(x.info);
     }

 }
</script >
</head >
<body >
 <form >

 <input type ="button" name ="b2"
   value ="输出全局变量" onclick ="out(2)" >
 <input type ="button" name ="b3"
   value ="输出对象属性" onclick ="out(3)" >
 </form >
</body >
</html >
```

在本例中,我们仍然把函数当作对象,在使用前利用 new 创建对象的实例。通过实例 x. info 来访问对象的具体属性,我们发现,即使对象的属性和某个全局变量同名,两者之间也不会有冲突,也可以很好区分。用浏览器打开本例,选择"输出全局变量"按钮,运行效果如图 6.34 所示。

图 6.34　示例 6.5-11 的运行效果

4. 把函数当作对象使用的错误示例

在上面的三个示例中,以函数为基础,我们特意让内部变量、全局变量、对象属性具备同样的名称 info,我们发现 JavaScript 基于函数和对象,能够很好地同时区分两个概念。

本例中,我们将把三个概念(内部变量、全局变量、对象属性)设定在一个程序中,看看JavaScript 基于函数和对象,是否能同时区分三个概念。

用浏览器打开本例,单击"输出私有变量"按钮,然后再单击"输出全局变量"按钮,运行效果如图 6.35 所示。

图 6.35　示例 6.5-12 的运行效果

【示例 6.5-12】

```
<! DOCTYPE html >
<html >
<head >
<script >
  var info ="我是全局变量,是公有信息!";

  function obj(){
    var info ="我是函数内部变量,是私有信息。";
      this.info ="我是对象内部属性,是对象信息……";
      return info;

  }

  function out(i){
    if(i = =1)
      {alert(obj());}
    if(i = =2)
      {alert(info);}
    if(i = =3)
      {
        var x =new obj();
        alert(x.info);}

  }

</script >
```

```
</head >
<body >
 <form >
  <input type ="button" name ="b1"
   value ="输出私有变量" onclick ="out(1)" >

  <input type ="button" name ="b2"
   value ="输出全局变量" onclick ="out(2)" >

  <input type ="button" name ="b3"
   value ="输出对象属性" onclick ="out(3)" >
 </form >
</body >
</html >
```

　　我们发现,按照示例中的单击次序操作后,程序居然无法识别全局变量,但局部变量和对象属性都很正常。程序是综合前面三个例子写成的,但效果却不符合我们在程序设计时的预期。

　　读者可以多次尝试不同的单击次序,查看输出的结果。可以发现,只要单击"输出私有变量"按钮,然后再单击"输出全局变量"按钮时,就会输出错误的信息。实际上,该按钮变为"输出对象属性"的功能,但整个程序逻辑似乎没有出现任何问题。

　　分析这个案例的前提,需要读者深刻理解函数和对象变量的特征,当我们首先单击"输出私有变量"按钮时,函数对象 obj( ) 的实例还未产生,这时

```
this.info =" 我是对象内部属性,是对象信息……" ;
```

　　语句将会把 this 理解为网页本身,也就是 this. info 实际上就是指网页程序中的全局变量 info。因此,实际上是全局变量 info 被这条语句改成了"我是对象内部属性,是对象信息……"。所以单击"输出私有变量"按钮后,无论我们如何输出全局变量 info,该变量都已经被函数改变,无法复原。

　　究其出错的根本原因是,我们函数内的这条语句 this. info = "我是对象内部属性,是对象信息……";具有两种含义。一是函数作为对象使用时,也就是用 new 产生实例后,才能达到我们设计对象属性的目的;二是函数若作为普通函数执行的话,将会导致函数更改全局变量。

　　因此,建议读者在 JavaScript 设计程序时要明确函数使用的规范,不要把函数既作为函数又作为对象,而且与全局变量同名并同时使用。

　　5. 示例 6.5-12 的更正

　　为了避免示例 6.5-12 可能错误地改变全局变量,本例中我们把函数对象的属性名称改为 info1。

【示例 6.5-13】

```
<! DOCTYPE html >
<html
<head >
<script >
 var info ="我是全局变量,是公有信息!" ;
```

```
function obj(){
  var info ="我是函数内部变量,是私有信息。";
      this.info1 ="我是对象内部属性,是对象信息……";
      return info;
}
function out(i){
 if(i = =1)
    {alert(obj());}
 if(i = =2)
    {alert(info);}
 if(i = =3)
    {
    var x =new obj();
      alert(x.info1);}
 if(i = =4)
   {alert(info1);}

 }

</script >
</head >
<body >
 <form >
   <input type ="button" name ="b1"
    value ="输出私有变量" onclick ="out(1)" >

   <input type ="button" name ="b2"
    value ="输出全局变量" onclick ="out(2)" >

   <input type ="button" name ="b3"
    value ="输出对象属性" onclick ="out(3)" >

    <input type ="button" name ="b4"
     value ="输出未定义的全局变量" onclick ="out(4)" >
   </form >
</body >
</html >
```

在未单击"输出私有变量"按钮的情况下,单击"输出未定义的全局变量"按钮,浏览器不会有任何输出,能调试 JavaScript 的 EditPlus 提示的错误信息如图 6.36 所示。

在第 1 步单击"输出私有变量"按钮后,第 2 步单击"输出未定义的全局变量"按钮。用浏览器打开本例,运行效果如图 6.37 所示。

图 6.36　Editplus 提示的错误信息 　　　　　图 6.37　示例 6.5-13 的运行效果

本例说明，若 obj( ) 函数在未用 new 新建对象实例前运行，其中的语句 this. info1 我是对象内部属性，是对象信息"……"会在网页中产生一个全局变量 info1。而再用 new 新建对象实例后，会为实例创建一个属性 info1。这两个，一个是全局变量，一个对象实例的属性，名称都为 info1，其中内容都是相同的文字，但实际上是两个变量。特别是全局变量 info1，我们并没有声明它，它是在函数当作过程函数(非对象函数)运行时产生的。

JavaScript 作为一个简洁的面向对象语言，对于函数对象的属性和方法的使用要求并不严格，以至于发生本节讨论的语句产生"二义性"的问题。建议读者在 JavaScript 设计程序时，不要让自定义函数同时作为对象和过程函数同时使用。

6.6　程序流程控制

程序块如果有多条语句，这些语句将一条一条从上到下，从左到右，按我们习惯的书写顺序执行。这样的程序称为顺序结构，前面的 JavaScript 程序都采用这种流程。

在编写程序时，有时需要根据情况改变程序的流程，这样的程序也更加"智能"。这些不同的情况，是通过变量和表达式来判断的。这个变量的值和表达式的值是布尔型的 true 或者 false，程序的流程根据这个布尔值"是""否"来有逻辑地智能选择执行。JavaScript 和传统的计算机程序一样，具有条件分支语句、循环语句两类用于控制程序逻辑走向的方式。

6.6.1　if 条件语句

1. 语法 1

```
if(条件){
语句1;
语句2;
……
}
```

说明

如果"条件"表达式的计算结果为 true，则执行花括弧内的所有"语句"。注意条件最好用小括弧包起来。

示例 6.6-1 实现了 4 种水果的选项，选项是通过单击复选框来"选择"。在此增加对表单内输入控件的说明。当表单内的 input 控件为 checkbox 类型时，可以创建出下面的复选框列表，如图 6.38 所示。单击"提交选择"按钮后的运行效果如图 6.39 所示。

该复选框的语法为：

```
< input type = "checkbox" name = "控件名" value = "控件的值">
```

当没有选择该控件时，控件处于未打勾状态；当选择该控件被时，控件处于打勾状态。在 JavaScript 中可以用语法：控件名. checked 获取布尔值 true 和 false，以便来判断是否该项被选择。

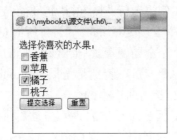

图 6.38　示例 6.6-1 的运行效果　　图 6.39　选择"苹果""橘子"复选框
提交后的运行效果

【示例 6.6-1】

```
<html>
  <head>
  <script type = "text/javascript">
    function ss(){    //定义函数 ss()用于获取选择信息,并输出到页面
  var c = new Array();   //定义局部数组变量 c,用来存放控件是否被选的布尔值
  var d = new Array();  //定义局部数组变量 d,用来存放控件的值
  with(document.f1){   //利用 with(对象)的语法,可以针对对象内部简化代码
  c[1] = b1.checked;
  c[2] = b2.checked;
  c[3] = b3.checked;
  c[4] = b4.checked;
  d[1] = b1.value;
  d[2] = b2.value;
  d[3] = b3.value;
  d[4] = b4.value;
  }
  document.write("<h1>你选择了:</h1>");
  document.write("<h2>");   //为输出数组中的内容设定 h2 的标题

   if(c[1]){ document.write(d[1]+"、");}   //用 if(是否被选){输出}
   if(c[2]){ document.write(d[2]+"、");}   //让程序具备简单的逻辑
   if(c[3]){ document.write(d[3]+"、");}
   if(c[4]){ document.write(d[4]);}

  document.write("</h2>");//为输出数组中的内容结束 h2 的标题
  }//函数 ss 结束

  </script>

    </head>
  <body>

  <form name = "f1">
  选择你喜欢的水果:<br>
  <input type = "checkbox" name = "b1" value = "香蕉">香蕉
```

注意

checkbox 的 value 值不能在网页中看到,因此在标记外再用文字标明。

```
  <br >
< input type ="checkbox" name ="b2" value ="苹果" >苹果
  <br >
< input type ="checkbox" name ="b3" value ="橘子" >橘子
  <br >
< input type ="checkbox" name ="b4" value ="桃子" >桃子
  <br >
< input type ="button"  value ="提交选择" onclick =ss( ) >
< input type ="reset" >
</ form >

</ body >
</ html >
```

2. 语法 2

```
if(条件){
    语句 1
    }
  else{
      语句 2
      }
```

说明

上面是根据条件选择分支语句,简写为 if... else。如果"条件"表达式的计算结果为 true,则执行花括弧内的所有"语句 1";"else"是英文"否则"的意思,否则的情况即是"条件"表达式结果为 false,此时执行花括弧内的所有"语句 2"。

有的人在编写程序时,会把 if 语句和花括弧中的内容写成一行,建议书写时采用良好的习惯,不是在一行中写完,而是在每个左花括号后立刻换一行再继续写。不管程序分几行写,浏览器都不会混淆,只是分多行编写有利于阅读和修改。

同时,在编写程序时,每行使用缩进也是很好的习惯,当某些语句与上面的一两句语句有从属关系时,处于从属地位的句子可以适当缩进,能使程序看起来更优美也更易读。好的代码就像一篇好的文章,让程序员心情愉快。

下面的案例,要求用户输入圆半径信息,用 if 语句判断半径是否合法。如果合法,则计算圆面积;否则,输出错误信息。

【示例 6.6-2】

```
<html >
<head >
 <script type ="text /javascript" >
  function a( ){
   var a,b;
   r =document.f1.t1.value;
   if(r >0){
   a =Math.PI * r * r;
   b =2 * Math.PI * r;
   document.write(" <h3 >圆的半径是:" +r +" </h3 >");
```

```
        document.write(" <h3 >圆的面积是:" + a + " </h3 >");
        document.write(" <h3 >圆的周长是:" + b + " </h3 >");
            }
    else    //否则的情况是:大于零之外的所有数字和其他字符
        alert("半径输入有错误!")
    }
}
</script >
</head >
<body >
<h3 >输入圆的半径 </h3 >
< form name = "f1" >
半径
< input type = "text"  name = "t1" >
< br >
< input type = "button" value = "计算圆形面积和周长" onclick = a( ) >
< input type = "reset"  value = "重新输入圆的半径" >
</ form >
</ body >
</ html >
```

当有意输入错误的数字"95r"时,条件"r > 0"会返回 false。读者可以体会一下这个 "r > 0"的逻辑,即只有用户输入大于 0 的数字,条件"r > 0"才会为 true,其他情况(字母、汉字、负数、标点等),条件计算结果将一律为 false。

用浏览器打开本例,当有意输入错误数字时的运行效果如图 6.40 所示。

图 6.40　示例 6.6-2 在判断逻辑出错后,程序的运行效果

3. 语法 3

```
    if(条件1){
        if … else 嵌套
         }
    else{
        if … else 嵌套
         }
```

说明

上面是根据条件选择分支语句,分支语句又可能是另一个 if … else。最简单的情况是,if 语句中的语句 1 和语句 2 是普通语句。复杂的情况是,计语句中的语句 1 和语句 2 可以是一个完整的 if … else 语句,这种情况简称为"if 嵌套",可以嵌套很多重 if … else 结构。

下面这个案例就演示了多重的 if … else 结构逻辑。

示例 6.6-3 要求用户输入一个数字代表年龄,程序用了一个多重 if 语句对这个输入进行判断,根据输入的不同,程序反馈不同的信息。

本案例的 if 条件如何设定,需要具备一定的思维能力,其中如何书写条件表达式也是两重以上 if 嵌套的关键。另外,if 嵌套时要注意程序书写的缩进,确保结构清晰。

【示例 6.6-3】

```html
<html>
 <head>
<script type="text/javascript">
function sayhello(){
 var age=document.f1.t1.value;
 if(age>0&&age<130){  //用运算符 && "并且"的逻辑
    if(age<10){  //在前面的条件约束下,本句条件真实逻辑是 0 至 10 之间的数字
       alert("小朋友,你真是个好孩子!");
       }
     else //在前面的条件约束下,本句条件真实逻辑是 10 至 20 之间的数字
       if(age<20){
          alert("年轻人,要少上网多锻炼!");
          }
        else
          if(age<60){
          alert("朋友,请注意身体健康!");
            }
           else
             if(age<100){
          alert("祝福您老人家身体健康!");
            }
                else
                 {alert("老寿星,长命百岁!");}
                       }  //结束最初的 if 花括号
  else{  //最初的 if 的否则,也就是除了 0 至 130 内的数字,其他一切输入反馈非法
     alert("年龄输入有错误!")
       }
}
</script>
 </head>

<body>

 <h3>输入你的年龄</h3>
 <form name="f1">
年龄:
 <input type="text"  name="t1">
 <br>
 <input type="button" value="来打招呼" onclick=sayhello()>
 <input type="reset"  value="重新输入">
```

```
  </form >
  </body >
  </html >
```

用浏览器打开本例,在界面中输入"13"和"103"两个数字,运行效果分别如6.41 和图6.42 图所示。

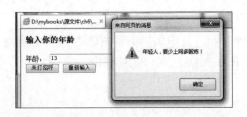

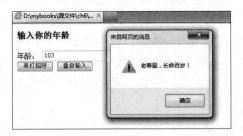

图 6.41　示例 6.6-3 中输入"13"后的运行效果　　图 6.42　示例 6.6-3 中输入"103"后的运行效果

6.6.2　switch 分支语句

当用 if 语句来按逻辑分支程序时,一般建议不要嵌套太多;否则,程序会很难读,毕竟人脑不像计算机那样逻辑清晰。为了解决程序分支较多的问题,还可以选择 switch 分支语句。switch 分支语句可以根据一个变量的不同取值,采取不同的分支处理方法,这种结构很容易表达且不易出错。

语法

```
switch(表达式)
{
    case  值1:语句串1;
    case  值2:语句串2;
    case  值3:语句串3;
    ......
    default:语句串;
}
```

在一般情况下,使用 switch 分支语句时,表达式的计算结果是数字,根据表达式的值,来选择执行的语句串。如果语句串的最后一句是 break,则程序执行到此跳出 switch 结构。若没有匹配到一个值,则进入 default(中文含义为"默认")处执行。

示例 6.6-4 让用户输入年龄数字,用年龄除以 10 取整数,这样把人的一生年龄分为 12个阶段,用 switch 语句实现每个阶段的反馈信息不同。

【示例 6.6-4】

```
 <html >
 <head >

<script type ="text /javascript" >
 function a(){
  var age =document.f1.t1.value;
  var i =parseInt(age /10);
//其中,全局函数 parseInt()的作用是取整。把一个数的整数位取出,若有小数就舍弃。
  var s ="你现在处于";
```

```
    switch(i){
        case 0:
        case 1:s = s +"学习的黄金时间";
                break;
          case 2:s = s +"工作的黄金时间";
                break;
        case 3:s = s +""而立"之年";
                break;
        case 4:s = s +""不惑"之年";
                break;
        case 5:s = s +""知天命"之年";
                break;
        case 6:s = s +""耳顺"之年";
                break;
        case 7:s = s +""随心所欲"之年";
                break;
        case 8:
        case 9:
        case 10:
        case 11:
        case 12:s = s +""杀人不偿命的老寿星"";
                break;
        default:s ="你的年龄输入有问题,请重新输入!";
        } //end switich
        alert(s +"的人生阶段!");
    } //end function
</script >
 </head >
< body >
<h3 >输入你的年龄</h3 >
< form name ="f1" >
年龄:
< input type ="text"  name ="t1" >
< br >
< input type ="button" value ="查看你所处的人生阶段" onclick = a( ) >
< input type ="reset"  value ="重新输入年龄" >
</ form >
</ body >
</ html >
```

用浏览器打开本例,在界面中输入"18"和"58"后的运行效果分别如图 6.43 和图 6.44 所示。

图 6.43　示例 6.6-4 中输入年龄"18"后的运行效果　　**图 6.44　示例 6.6-4 中输入年龄"58"后的运行效果**

6.6.3　while 循环语句

循环语句是指可以重复执行的语句。当然,这里说的"语句的重复执行"是有条件的,即当条件成立时循环执行,条件不成立就退出循环。如果条件永远成立,那就一直执行,但这就是死循环了,碰到这种程序,计算机只有死机了。

语法

```
while(条件){
    执行语句
    ……
}
```

说明

while 的中文是当……的意思,程序进入 while 循环时,首先就要判断条件是否为 true。如果条件为 true,则进入执行语句;否则,条件为 false,则退出循环,进入循环外的语句。当 while 循环体内的语句执行完成后,程序会再次来到条件位置,判断是否要"再来一遍"。

在 while 循环体内,人们一定会用程序语句改变条件,让循环条件变为 false,以便跳出循环。如果循环体内没有改变循环的判断条件,则这个 while 循环设计就失败了。例如,语句 while(2 > 1){a = a + 1},循环条件 2 > 1 永远都是 true,则该循环就不会有退出机制。碰到类似这样的程序,任何计算机都只有"死路一条"。

当然,在 while 循环体内还可以用 break 语句结束当前的各种循环,并执行循环的下一条语句。

此外,还可以用 continue 语句结束当前的循环,并马上开始下一个循环。这一点在 6.6.4 节介绍的 for 循环中也一样适用。

示例 6.6-5 让用户输入三项数据,分别是资金的现有金额、最终金额和年利率。计算到底要多少年,才能达到目标。用现有金额和利率很容易计算这一年的收入资金,但不能直接知道要多少年才能达到目标。这时,可以使用一个 while 循环语句来计算,循环条件就是资金是否达到最终金额。

【示例 6.6-5】

```html
<html>
  <head>
<script>
function a(){
 var y = 0;     //用一个变量 y 来记录循环次数
 var r = document.f1.t0.value;
 var a = parseInt(document.f1.t1.value);
 var b = parseInt(document.f1.t2.value);
 while(a < b){
 y ++;   //循环一次,相当于过了 1 年
 a = a * (1 + r/100);//计算加上利息后当年的资金
 }
 alert("按您的设定计算,存银行需要" + y + "年!");
}
</script>
  </head>
```

```
<body >

<p>设定银行年利息(不需输入百分号),输入你起始的金额和你想最终获得的金额,本程序帮你计算需要在银行存多少年。</p>
<form name = "f1" >
设定利率:
<input type = "text"  name = "t0" >
<br >
现有金额:
<input type = "text"  name = "t1" >
<br >
最终金额:
<input type = "text"  name = "t2" >
<br >
<input type = "button" value = "查看要存款年限" onclick = a( ) >
<input type = "reset"  value = "重新输入" >
</form>
</body>
</html>
```

用浏览器打开本例,运行效果如图 6.45 所示。

图 6.45　示例 6.6-5 的运行效果

读者可以试一试故意输入错误的信息,看看运行结果。并尝试判断,解释原因。这个程序还可以改善,利用前面学习的 if 语句,要求用户输入正确数据,读者可以自己尝试进一步完善。

6.6.4　for 循环语句

如果你明确知道循环的次数,可以直接使用 for 循环。

1. 语法 1

```
for(初始化变量部分;循环变量条件部分;更新循环变量部分){
    执行语句
    ……
}
```

说明

for 循环语句在传统的计算机语言中使用的很多,但初次学习循环语句的读者,相对 while 循环语句而言,可能不好理解。下面详细描述 for 循环语句的循环过程。

for 循环语句在第一次循环时,循环变量初始化,然后进入循环体的执行语句。进入第二次循环前,for 循环语句更新循环变量,然后进入循环变量的条件,条件成立就继续循环,条件不成立就退出循环。

只要循环的条件成立,循环体就被反复地执行。

示例 6.6-6 编写了三个按钮执行三个函数,分别计算三套循环。

第一个循环,将 1,2,3,…,10 个数字用 10 次循环,算出总和。在程序中,为了了解每次循环变量和总和的动态,我们利用能够优先执行的 alert 函数暂停循环,并输出每次循环的动态信息。

第二个循环,计算了 1～100 的奇数之和,第三个循环计算了 1～1000 的偶数之和。你可以发现,虽然循环次数多,但给人的感觉就是程序是"立刻"完成的。如果发现计算机明显卡住,多数情况可能是程序陷入死循环。

【示例 6.6-6】

```
<html>
  <head>
<script>
function a(){
 var s =0;
 for(i =1;i <=10;i ++){   //i ++是 i =i +1 的简写,通常 for 循环变量每次增加 1
    s =s +i;
         if(i <10)
           alert("这是第" +i +"次。" +"和为" +s);
        else
           alert("这是循环的最后一次,也就是第" +i +"次。" +"和为" +s);
        } //for 循环结束
 document.f1.t1.value =s;
 } //第一个函数结束
function b(){
 var s =0;
 for(i =1;i <=100;i =i +2){ //i 初始为1,通过 i 每次循环增加 2 实现 i 总是奇数
    s =s +i;
            }
 document.f1.t1.value =s;
 }

function c(){
 var s =0;
 for(i =0;i <=1000;i =i +2){ //计算上千次,其实只要一瞬间
    s =s +i;
            }
 document.f1.t1.value =s;
 }
</script>

  </head>

<body>
<form name ="f1">
<input type ="button" value ="把 1 到 10 相加,每加一次暂停" onclick =a()>
<br>
<input type ="button" value ="把 1 到 100 内的奇数相加" onclick =b()>
<br>
<input type ="button" value ="把 1 到 1000 内的偶数相加" onclick =c()>
```

```
<br>
输出结果：<input type="text" name="t1">
</form>

</body>
</html>
```

用浏览器打开本例，运行效果如图 6.46、图 6.47 所示。

图 6.46　示例 6.6-6 第 1 个循环中
的第一次循环运行效果

图 6.47　示例 6.6-6 第一个循环
中的第 10 次循环运行效果

另外，本例第二个和第三个循环的输出结果类似，在此就不介绍了。

2. 语法 2

```
for(……){
    外层循环
        for(……){
            内层循环
        }

    }
```

说明

for 循环还可以把两个 for 循环（甚至多个，这里只讨论两个）嵌套在一起。假设外层的循环设置执行 m 遍，内层循环设置循环 n 遍。这时，外层循环语句每执行 1 遍，内层循环语句就会执行 n 遍。整个两层 for 循环的执行语句次数不是 m 加 n，而是 m 乘 n。

其实，对于 JavaScript 程序而言，你可以自由地把 for、while、switch、if 4 种结构嵌套重叠在一起使用，只要逻辑清晰、语法正确，计算机都能迅速可靠地执行。从程序结构难度角度来看，示例 6.6.4-2 是本书中最难的案例，但对于许多程序员而言，也许这个程序算是比较简单的结构而已。

案例简介，本例两个函数都是输出 19 行的星形，每行输出 1 至 19 个星星符号。a() 函数第 1 行输出 1 个星形、第 2 行输出 2 个星形，……，第 19 行输出 19 个星形。b() 函数输出星形的方式相反。

【示例 6.6-7】

```
<!DOCTYPE html>
<html>
  <head>

<script>
function a(){
  for(j=1;j<=19;j++){
    for(i=1;i<=j;i++){
```

```
        document.write(" * ");
          }
    document.write(" <br/>");   //启动下一行
    }
  }
function b(){
 document.write("
      <span style ='font-family:Webdings;font-size:25 px;color:red'>
          ");
//先输出一个含 css 的 span 标记,让后面输出的星号颜色和外形有点特色
for(j =19;j > =1;j - -){
   for(i =1;i < =j;i + +){
     document.write(" * ");
         }
     document.write(" <br/>");//启动下一行
   }
 document.write(" </span >");//结束 span 标记
 }
</script >
 </head >

< body >

< form name ="f1" >
< input type ="button" value ="输出正立的三角星" onclick =a( )/>
  
< input type ="button" value ="输出倒立的三角星" onclick =b( )/>
</ form >

</ body >
</ html >
```

用浏览器打开本例,运行效果如同 6.48 所示

图 6.48　字例 6.6-7 的运行效果

单击"输出正立的三角星"按钮和"输出倒立的三角星"按钮后的运行效果分别如图 6.49 和图 6.50 所示。

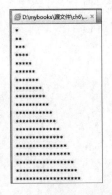

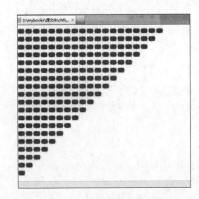

图 6.49　a( )函数的运行效果　　　　**图 6.50　b( )函数的运行效果**

6.7　用 jQuery 编写 Web 程序

JavaScript 程序、HTML、CSS、DOM 的结合,可以解决 Web 网页程序开发的许多问题,我们在前面也已经做了一些介绍和演示案例。但是,仅仅利用以上这些国际标准的语言和技术模型,开发实用 Web 程序的难度其实非常之大。主要原因有两点,一是浏览器情况比较复杂,在不同时间的不同厂商的浏览器都有差异;二是前端 Web 程序的国际标准主要是解决各项技术的标准问题,不以给普通人提供开发代码便利为目标。

其实软件开发的思想界早已提供了解决方案——"软件复用",即在前人编写好的软件基础上再开发自己的软件。JavaScript 的 Web 程序开发的困境直到最近几年才得以解决,以前的 Web 程序开发都由专业软件工程师来做,普通人需要学习的教材达上千页。现在人们已经用 JavaScript 开发了许多 Libraries,在这些库中,我们可以使用大量针对 Web 程序开发的 JavaScript 函数,再经过业界长期的发展和完善,今天形成了能够用以编写 Web 程序的功能强大的"核武器"。JavaScript 函数可以被多次使用,也可以被别的函数使用。

本节开始就介绍最为流行的一种源码开放的 JavaScript Library——jQuery。Query 是查询的意思。jQuery 开发者如此谦虚地命名,其原意也许表示为广大 JavaScript 开发者提供一个 Web 开发工具和仅供咨询吧。

6.7.1　进一步了解 DOM

前面大量地使用了 DOM 中最简单也是最简捷的 document. write( )和 alert( )方法编写有关案例,其教学目的是淡化对浏览器内对象的控制,让读者专注于 JavaScript 国际标准的抽象语法学习。当学习完传统的抽象语法,了解核心的 JavaScript 国际标准的知识后,这时再面对 Web 网页开发的实际需要,还会发现,其实简单的 DOM 方法局限很大,而学习庞杂的 DOM 内容却又让学习非常烦琐。在编程前,还要进一步了 DOM 的一些本质(因为它是 Web 网页对浏览器的国际标准)。

1. DOM 中的 document. write( )方法的缺陷

示例 6.7-1 的原页面中有两个元素,分别设定 id 为 a 和 b。原页面可以显示"hello world"字样和一个人物的背景图。

本例特意选择 IE 9 浏览器打开程序,是因为该浏览器在执行本地网页的 JavaScript 前会提示风险。在确认执行前,可以看到 JavaScript 执行前的 Web 网页。

【示例 6.7-1】

```
<! DOCTYPE html >
<html >
<head >
<meta charset ="UTF-8" >
<title >DOM-abc </title >
 <style >
 body{
  background-image:url('tu/beauty.jpg');
```

```
    background-repeat:no-repeat;
   }
 </style >

<script >
function start(){
 var txt1 ='Hello DOM World!,Let us output by document.write()';
 var txt2 = '<h1 >这里是用 document.write()语句对页面的输出 </h1 >';
  document.write(txt1);
  document.write(txt2);
 }
</script >

</head >

<body onload = start() >

<p id ="a" >hello </p >
<div id ="b" >world </div >

</body >
</html >
```

用 IE 9 浏览器打开本例,运行效果如图 6.51 所示。

图 6.51　用 IE 9 浏览器打开 JavaScript 程序时出现的警示暂停效果

当单击“允许阻止的内容”按钮执行 JavaScript 时,其主要函数 start()在页面就绪时立刻执行;当函数内的语句用 document. write()输出时,原来 Web 网页上的东西都被清除了! 不管是原 p 元素、div 元素,还是 style 内设定的背景图,都全部消失,仅剩下 write 语句的一些输出文字, 如图 6.52 所示。

图 6.52　允许 IE 9 浏览器运行 JavaScript 程序后的运行效果

2. DOM 中解决 document. write( ) 缺陷的方法

示例 6.7-2 中 DOM 的 document. write( )方法会让网页原有内容清除。为此,DOM 创建了 document. getElementById ("元素 id")方法和元素 id. innerHTML 属性来解决此问题。getElementById 方法从字面上就可以理解,即先通过元素的 Id 来选择元素,然后再通过 innerHTML 属性来改变元素内部的 HTML 代码。

【示例 6.7-2】

```html
<! DOCTYPE html >
<html >
<head >
<meta charset ="UTF-8" >
<title >DOM-adv </title >
 <style >
 body{
   background-image:url('tu/beauty.jpg');
   background-repeat:no-repeat;
  }
  div{color:red;}
 </style >

<script >
function start(){
 var txt ='Hello DOM World! ';
 var ss =document.getElementById("a");
   ss.innerHTML =txt +'本句通过 ID 选择元素,保留了原 Web 页的元素';
 var txt1 =
'《h1'+'》'+'本句也通过 ID 选择元素,增加对保留字符的输出。'+'《'+''h1'+'》';
  //上面的语句带转义字符\,可以用来表达 HTML 标记
document.getElementById("b").innerHTML =txt1;
  }
 </script >

</head >

<body onload =start() >

<p id ="a" > </p >
<div id ="b" > </div >

</body >
</html >
```

程序的运行效果如图 6.53 所示,我们发现 p 和 div 以及 body 以前的性质还在,程序也得到了执行。

读者通过实践和演示上例的代码,可以发现 DOM 的 innerHTML 属性不接受直接输入标记的关键字符,如 < 、> 、/等。为了解决这个问题,我们了用“\保留字符”的表达方式,来输出这些保留字符。比如,为表示 <h1 >标记,可以采用‘《h1’ + ‘》’的字符串表达方式。这样方可实现 JavaScript 程序修改网页中的已有元素 html 标记。

部分读者可能无法接受这么麻烦的规则,比如,document. getElementById(“元素 id”)方法和元素 id. innerHTML 属性。但读者即使不太理解也不用担心后面的学习,本例是为深刻理解 JavaScript 和 DOM 而设计的,是让读者理解 jQuery 如何实现浏览器和 DOM 沟通的。

图 6.53　DOM 修改现有页面的元素内 HTML 代码的演示

这是本节介绍 DOM 的最后一个案例,后面将介绍如何使用 jQuery 把这些复杂细节全部封装,而程序编写者不去涉及。读者只需理解,jQuery 不是一项新的语言或者 W3C 标准,jQuery 本质上就是基于 JavaScript 和 DOM 开发的一些精品 JavaScript 函数而已。尽管如此,读者在建构认知时需要明确,DOM 和 JavaScript、CSS、HTML 地位一样,都是 Web 的标准,而 jQuery 是基于前面三者开发的最为流行的开源库之一。

以后的 jQuery 学习将不再直接使用 DOM 这个复杂的模型。但本节最后的演示是让我们明确一个道理,即 jQuery 之所以可以用来轻松地搭建 Web 程序,不是因为 DOM 的存在,而是因为 jQuery 提供了非常方便的 JavaScript 函数,来直接操作 DOM。

6.7.2　jQuery 入门

jQuery 提供的所有函数都是以源代码的形式存放在一个文本文件(＊．js 格式)内,我们很容易从网上查到和下载这个文件,区别只是版本不同。例如,本书使用的这个文件的名字为"jquery-1.12.1.min.js",这个文件只有 96KB 大小,从文件名看版本为 1.12.1,其中 min 的含义是精简版。这个文件是开放的源码,许多发烧友喜欢学习 jQuery 源码,因此他们会使用其他含有大量的注释源码而非 min 的版本。min 的版本不含这些注释,因此文件会小很多。

如何将 jQuery 的文件引入网页中呢? 这点和插入外部 JavaScript 程序一样,可以使用如下语句:

```
<script src ="jquery-1.12.1.min.js"> </script>
```

由于 jQuery 流传性很广,也许浏览器在浏览其他网站时已经下载了 jQuery 文体,只是存在于浏览器的缓存中。此时,浏览器就会直接从本地缓存获取该文件,引入你的网页。

插入 jQuery 源码文件后,还可以像以前写 JavaScript 程序那样,在另一个 < script > 元素内编写 JavaScript 程序。当然,主要是应用 jQuery 提供的函数编写的 JavaScript 程序(简称"jQuery 程序")。

1. 语法 1

```
$(document).ready(function(){
......
  }
);
```

说明

从整体上来看,所有的 jQuery 程序都是写在一个特殊的美元函数 $( ) 内。$( ) 函数在开始和后面具体操作 Web 网页的元素时都要用到。初学者可以先把 $( ) 函数看作 jQuery 程序提供的万能选择函数。

其中,$(document)是指选择本 Web 网页文档,". reday( )"是指"准备好了,就绪"。"$(document).ready( )"完整的含义是指整个网页中有元素已经被浏览器载入,浏览器准备好了执行 Script 程序。

真正的玄机在 ready( )方法内部,我们发现里面嵌入了一个函数 function( )┊ ······ ┊。

也就是说,我们将来所有的 jQuery 程序,都是写在一个函数内,这个函数没有名字,只要网页中的文档全部载入浏览器,就会执行。这个函数是专门为 $(document).ready( )而写。因此,你会发现整个语法最后是以一个")"结束的。即所有的 jQuery 程序结束于文档的 ready( );方法。

2. 语法2

```
$(选择器).html(字符串);
```

说明

"选择器"完全和 CSS 的选择器定义时的概念一致,我们可以轻易地在学习 jQuery 程序中延续以前编写的 CSS 习惯。常用的选择器包含 HTML 元素、id 标识符、元素类名称、包含选择符(继承的子元素),它还有其他的使用方式,本书不再详细介绍。这个选择器功能简单而且比 DOM 的 getElementById( )方法强大很多。

.html( )是 jQuery 的提供的一个强大的方法,用于对选择器所选择的对象内部输出 HT-ML 代码。当然,这个代码必须用字符串来表示,.html(字符串)方法可以识别和执行这个字符串内的 HTML 标记,这点是 DOM 对象的 innerHTML 属性无法比拟的。

本例是使用 jQuery 的第一个 JavaScript 程序,主要是让初学者学会利用 jQuery 程序,书写自己的 Web 程序的标准步骤和格式。基于这个标准格式,学会利用 jQuery 内部神奇的 $( )函数,完成对 Web 网页现有各种元素的修改。

(1)第一步:建立一个有各种对象的 Web 网页。

```html
<! DOCTYPE html >
<html >
 <body >
  <div >   </div >

  <p id = "a" >   </p >

  <p class = "a" >   </p >

  <span id = "last" >   <p>   </p>   </span >

  <div id = "last" >   <p>   </p>   </div >
 </body >
</html >
```

前面,我们建立了元素 div,建立了两个 p 元素分别用 id 和 class 属性识别,为了体现 jQuery 强大的识别能力,我们把这两个识别属性都命名为 a。

建立了 id 都为 last 的 span 和 div 元素,这两个元素内部还有子元素 p。

（2）第二步：建立 jQuery 程序的基本框架。

```
<! DOCTYPE html >
<head >
<meta charset ="UTF-8" >
<title >jquery-abc </title >
 <script src ="jquery-1.12.1.min.js" > </script >
<script >
$(document).ready(function(){
 }//end function
 );//end ready
</script >
</head >
```

程序都按标准放在 head 标记内的 script 元素内。注意，程序有两个 script 元素，分别用于引入外部 jQuery 文件和书写自己的程序。

（3）第三步：在 function 的花括号内书写程序。

程序的完整代码如下。

【示例 6.7-3】

```
<! DOCTYPE html >
<html >
<head >
<meta charset ="UTF-8" >
<title >jquery-abc </title >
 <script src ="jquery-1.12.1.min.js" > </script >
<script >
$(document).ready(function(){

 //jQuery 所有程序都可以写在 ready 中的函数内
$('div').html('
    <h2 >Hello jQuery! 本句通过 div 标记选择了元素输出 html。</h2 >
          ');
$('#a').html('
<h2 >Hello jQuery!   本句通过 ID 选择了 id 为 a 的元素输出 html。</h2 >
          ');
$('.a').html('
    <h2 >Hello jQuery!    本句通过类型选择了类为 a 元素输出 html。</h2 >
          ');
$('#last p').html('
<h2 >Hello jQuery!   本句通过继承方式选择了子元素输出 html。</h2 >
          ');
$('#last1 p').html('
<h2 >Hello jQuery!   本句通过继承方式选择了子元素输出 html。</h2 >
          ');
 }//end function
);//end ready
</script >
</head >

<body >

  <div >   </div >

  <p id ="a" >   </p >
```

```
    <p class ="a">    </p>

    < span id ="last">    <p>    </p>    </span>

    <div id ="last1">    <p>    </p>    </div>
</body >
</html >
```

用浏览器打开本例,运行效果如图 6.54 所示。

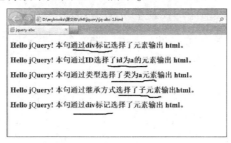

图 6.54 示例 6.7-3 的运行效果

分析源码和效果后,可以发现,最后一个 div 元素:

```
    <div id ="last">    <p>    </p>    </div>
```

上述元素似乎既可以被 $(div) 选择,也可以被 $(#last p) 选择,但实际发生的情况是前者。读者也可试一试,在 $(document).ready(function(){……});函数中,把 $('div').html('……');放在函数的最后一句,你会发现最后一句没有任何变化。这说明 $()优先选择元素本身,而与程序的次序无关。

首先,读者需要多写、多理解 jQuery 的起步程序;其次,需要熟悉领会 $()函数的语法。你会发现,其实就是某些特定函数及方法的写法与以前学的 JavaScript 有点不同,但函数、方法、语句几乎都一样。

6.7.3 jQuery 对 Web 网页对象的操作(一)

jQuery 提供的强大美元函数 $(),实现了对 Web 网页各个层面对象的选择。选择对象以后,就可以再利用 jQuery 提供的方法(其实也是对象的函数)来操作这些对象。例如,前面已经使用的文档对象 document、文档对象的方法 .ready()、元素对象的方法 .html()。

为了对 Web 网页各个层面对象进行动态操作,与用户交互操作,jQuery 提供了事件响应函数,对应 HTML 事件。本节通过案例对这些函数做一个演示,可以让读者的思想迅速从 HTML 事件升级到 jQuery 的事件函数。此外,还将介绍 jQuery 提供的修改对象 CSS 属性的方法。

1. 语法 1

```
    $(选择器).css('css 属性名','值');
```

说明

该选择器对选择的页面对象的 CSS 属性进行修改,页面在运行这个程序以前,原 CSS 的设置不变。请注意,元素的属性名和属性的取值都要放在一个字符串内。

2. 语法 2

```
    $(选择器).事件(function(){……});
```

说明

本语法与前面 jQuery 入门的第一条语句 $(document).ready(function(){……});相比有些相似。选择器首先选择的是页面中的某个对象，并为该对象的事件定义一个无名函数。

语法 1 的事件与我们前面学习使用的 HTML 事件概念一样，主要也是鼠标单击(click)、鼠标双击(dblclick)、鼠标接触(hover)。需要说明的是，这里的事件本质上就是 jQuery 内部实现了强大的 JavaScript 函数，用来响应用户的交互，也是基于标准的 HTML 事件。

这个语法的核心是，可以随便选择某个对象，并为发生在这个对象上的某个事件编写一个 JavaScript 处理函数。通过这条 jQuery 提供的强大的语句，在 Web 网页上的任何对象(只要你能选择)，用户对它的任何鼠标操作，都可以通过编写程序来响应，这样 Web 网页就立刻"活"了起来。

对于示例 6.7-4，首先，在 Web 网页中建立三个最简单的元素，分别是 h1、h2、h3；其次，利用 jQuery 提供的 $() 函数分别选择这三个元素，然后为它们设置 click 事件；最后，为 click 事件编写处理函数。在每个处理函数中，再次使用 $() 函数选择对象，然后利用 CSS 方法改变元素的 CSS 属性设置。

对于最后一个 h3 元素，程序为它设计了两个事件处理函数，一个是 click 单击事件，一个是 dblclick 双击鼠标事件。在 h3 元素的事件处理函数中，该元素的程序没有改变自己的 CSS 属性，而是改变了网页的背景图，即改变了 Web 网页 body 元素的属性。

总之，示例 6.7-4 实现了单击对象改变对象自身和其他对象的 CSS 属性的互动。

【示例 6.7-4】

```
<! DOCTYPE html >
<html >
<head >
<meta charset ="UTF-8" >
<title >jquery-abc</title >
    <script src ="jquery-1.12.1.min.js" ></script >

<script >
 $(document).ready(function(){

  //jQuery 所有程序都可以写在 ready 函数内
 $('h1').click(function(){
    $('h1').css('color','red');
});//click 事件结束

 $('h2').click(function(){
    $('h2').css('color','#0000FF');
});//end click

 $('h3').click(function(){
    $('body').css('background-image','url(tu/beauty.jpg)');
    $('body').css('background-repeat','no-repeat');

});//click 事件结束

 $('h3').dblclick(function(){
 $('body').css('background-image','');
});//dblclick 事件结束

});//ready 事件结束
   </script >
```

```
</head>

<body>
<h1>
Click to Change to Red
</h1>
<h2>
Click to Change to Blue
</h2>
<h2>
单击文字黑色变蓝色
</h2>
<h3>
单击文字增加图案背景,双击文字消除图案背景
</h3>
</body>
</html>
```

用浏览器打开本例,运行效果如图 6.55 所示;单击文字后的运行效果如图 6.56 所示。

图 6.55　单击前面三行文字和消除背景图

图 6.56　单击文字变色和显示背景图

6.7.4　jQuery 对 Web 网页对象的操作(二)

前面我们发现进入 jQuery 的第一道门就是美元函数 $()$,其可以实现对 Web 网页文档本身和 Web 网页内各个层面元素的选择,选择的方式就像定义 CSS 选择器一样容易。下面通过示例演示其他一些细节;同时,方便读者利用本书第 5 章学到的 CSS 知识做好 Web 网页的互动设计。

(1)Web 网页中的 document jQuery 针对 Web 网页文档本身的第一个 $()$ 函数,其中,可以不写参数 document。

比如可简单写成:

```
$().ready(function(){
......
 }
);
```

因为 Web 网页的文档是所有 HTML、CSS、JavaScript 程序的基础,文档参数 document 可以不写;即使不写,jQuery 的函数 $()$ 也会默认选择 document。在 document 的 ready 事件的处理函数内部,其他所有 $()$ 函数都必须有特指对象,不能省略。

（2）$( )函数中的 this 关键字。

在编写事件处理程序中,如果是改变对象自己的 CSS 属性,可以直接用 $(this)表示选择自己。

初学者可能会疑惑为什么 this 不能加引号,而其他选择器一定要加引号,如 $('h2')。JavaScript 程序把 this 当作一个全局变量,特指对象自己,使用变量是不用加引号的;若变量加引号,就变成字符串了。

用 this 关键字可总结写成:

```
$(选择器).事件(function(){
    $(this).css('css 属性名','值');
    }
);
```

示例 6.7-5 设计了一个 div 元素,将其 id 命名为 a。在 CSS 声明中,使用#a 在 style 元素中为其设定外观信息。然后,还是运用前面介绍的基本框架为 div 元素增加了三个事件处理函数。其中,有两个常用的事件前面没有使用,分别是:

```
$(选择器).mouseover(function(){    //mouseover 是鼠标触到对象的事件
    ……
    }
);
$(选择器).mouseout(function(){    //mouseout 是鼠标刚离开对象的事件
    ……
    }
);
```

【示例 6.7-5】

```
<! DOCTYPE html >
<html >
<head >
<meta charset = "UTF-8" >
<title >jquery-abc</title >
        <style >
        #a{
            width:400 px;
            text-align:center;
            font-family:"Arial Black";
            font-size:30 px;
            background-color:#CCCCCC;
            border:2 px solid #0000FF;
            padding:10%
            }
        </style >
    <script src ="jquery-1.12.1.min.js" > </script >
        <script >
$().ready(function(){
  //第一个美元函数可以不写 document
 $('#a').mouseover(function(){
    $(this).css('background-color','#DDDDDD');
});//mouseover 事件结束

 $('#a').mouseout(function(){
```

```
      $(this).css('background-color','#CCCCCC');
});//mouseout 事件结束

$('#a').dblclick(function(){
      $(this).css('background-color','#FFCCCC');
});//mouseout 事件结束


});//ready 事件结束
   </script >
  </head >

<body >

  <div id = "a" >
Move in to light <br/>
Double Click to red
  </div >

  </body >
  </html >
```

用浏览器打开本例,运行效果如图 6.57 所示,实现了当鼠标移入该灰色区域时、灰色变亮一些后、移出该区域灰色又会恢复原样时的变化效果。双击该区域,背景会增加一点红色调。

jQuery 提供的 CSS 修改功能与常用事件的结合可以形成很多效果,读者可以发挥想象力,自行仿此示范进行设计。

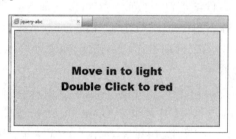

图 6.57　示例 6.7-5 的运行效果

6.7.5　jQuery 对 web 页对象的操作(三)

本节继续结合 CSS 介绍 jQuery 如何控制 Web 网页内的对象。包括对象的隐藏和再次显示出来,还有 jQuery 对 Web 网页对象提供的 hover 事件,以及对 hover 事件的标准处理函数。

1. jQuery 隐藏 Web 网页内对象的方法

```
$(选择器).hide();
```

其实,jQuery 的 hide()方法就是基于 CSS 提供的元素对象的显示属性 display,当这个 CSS 属性值为 none 时,对象就不会出现在 Web 网页内。同时,Web 网页的其他对象会侵占该对象的排版空间,就好像该对象被删除了一样。其实,该对象与其他对象一样一直存在于 DOM 模型中,也占用着计算机的内存,所以我们才能用程序迅速让隐藏的对象显示出来。

2. jQuery 显示 Web 网页内对象的方法

```
$(选择器).show();
```

jQuery 的 show() 方法与 hide() 方法作用相反,是将被隐藏的对象显示出来,如果该对象没有被隐藏,那么执行 show() 方法就不会有任何效果。

实际应用时,被隐藏的对象突然显示出来可能会造成周边的对象重新排版,会显得很突兀。这点要求,在 Web 设计时要考虑如何避免不要影响其他对象。

3. jQuery 的处理对象 hover 事件的标准方法

```
$(选择器).hover(
function(){
   $(选择器).方法();
},        //mouseover 事件结束
function(){
   $(选择器).方法();
}        //mouseout 事件结束
);  //hover 事件结束
```

注意

上面符号"//"后面的语句的注释部分是解释,实际在程序中可以不写。

jQuery 的 hover 事件处理了鼠标移动到对象上和移出对象范围的两种情况。实际上就是把前面已经学习和使用的 jQuery 的两个方法,即 mouseover 和 mouseout 二者合并为 hover。

在注释"// mouseover 事件结束"的前面,大家可以发现有一个逗号",",这个逗号就是把两个无名函数隔开的关键。第一个函数用于处理 mouseover 事件,第二个函数用于处理 mouseout 事件,我们把这两个函数分别看作一个整体,就能很好地理解这个语法。

例如,可以抽象为以下语句:

```
$(选择器).hover(mouseover 函数,mouseout 函数);
```

上面的语句不是真实的语句,仅用于理解 jQuery 的 hover 函数方法。

示例 6.7-6 运用上述语句和概念,模拟了动态下拉式菜单,当鼠标移动到主菜单时,具有 5 个栏目的子菜单会自动拉出来;当鼠标移出主菜单时,子菜单就马上消失。菜单和子菜单的实现我们利用了 CSS 知识,相关内容参见本书第 5 章。

【示例 6.7-6】

```
<! DOCTYPE html >
<html >
< head >
<meta charset ="UTF-8" >
<title >jquery-abc </title >
      <style >
         #menu{
            width:150 px;
            text-align:center;
            font-family:"Arial Black";
            font-size:30 px;
            color:white;
            background-color:blue;
            }
               #submenu{
```

```
                width:150 px;
                text-align:center;
                font-family:"Arial Black";
                font-size:25 px;
                color:white;
                background-color:#5555FF;
                    }
                    li{
                    border-top:1 px solid white
                    }
        </style >
       <script src ="jquery-1.12.1.min.js" ></script >
       <script >
$(document).ready(function(){

    //jQuery 所有程序都可以写在 ready 函数内
$('#submenu').hide();

$('#menu').hover(
  function(){
      $('#submenu').show();
      },//mouseover 事件结束
  function(){
      $('#submenu').hide();
  }//mouseout 事件结束
);//hover 事件结束

});//ready 事件结束
  </script >
  </head >

<body >

 <div id ="menu" >
  Menu
</div >
 <div id ="submenu" >
  <li >第 1 子项   </li >
  <li >第 2 子项   </li >
  <li >第 3 子项   </li >
  <li >第 4 子项   </li >
  <li >第 5 子项   </li >
 </div >
</body >
</html >
```

　　用浏览器打开本例,运行效果如图 6.58、图 6.59 所示。

　　从实际菜单的使用经验来看,这个程序还是有问题的。鼠标移出#menu 对象,试图选择子菜单时,子菜单却消失了。在实际使用时的需求是,当鼠标移动到子菜单时,子菜单就必须存在;当鼠标移出子菜单时,子菜单必须消失。

图 6.58　鼠标移出菜单的效果　　　　图 6.59　鼠标移入菜单的效果

为了解决上面的需求,我们只要增加一段程序即可,程序将对子菜单中所有的 li 元素进行选择,然后仍然用 hover 事件函数来处理,增加的代码如下:

```
$('li').hover(
  function(){
   $('#submenu').show();
  },//end mouseover
  function(){
   $('#submenu').hide();
  }//mouseout 事件结束
);//hover 事件结束
```

示例 6.7-6 只是从外观上完成了弹出式菜单,真实每个子菜单的超级链接功能都还未实现,读者可以自行继续完善研究,本节限于篇幅,就不继续给出这类程序。

6.7.6　jQuery 对图像文件和 CSS 类的基本操作

前面介绍的基本都是用 jQuery 提供的函数直接修改元素的 CSS 属性。在 Web 程序开发中还有两种需求,一个就是修改 HTML 元素的属性,另一个是直接为某个元素增加或减少一个 CSS 类的特征。本节将通过一个案例来讨论如何实现上述需求。改变元素的属性案例选择了最重要的图像元素的 src 属性,读者在写 Web 程序时可以模仿这个语法来修改其他 HTML 元素的属性。

1. jQuery 对 Web 网页内图像对象的 URL 修改

```
$(图像元素选择器).attr('src','图像文件的 URL');
```

attr"attribute"的缩写,中文意思是特征、属性。用这个 jQuery 方法,可以实现通过程序给现有 Web 网页的 HTML 元素更换属性值。我们在此选择介绍图像元素,更换其 src 属性值,可以让 Web 网页的图像元素动态改变图片文件。

2. jQuery 对 Web 网页内对象的 CSS 类的增减方法

```
$(选择器).addClass('类名称');//为选择器选择的元素叠加上 CSS 定义的类
$(选择器).removeClass('类名称');//为选择器选择的元素减去 CSS 定义的类
```

通过直接修改元素的 CSS 属性虽然简单直接,在程序上会造成 JavaScript 程序内 CSS 类似语句太多,不利于程序的结构优化,而且 CSS 属性再改回来又会造成代码冗余。建议在 style 元素中先实现 CSS 类定义,再到 script 元素中利用 jQuery 中的 addClass 方法把已经定义好的类叠加到指定对象。要使对象恢复原始状态,只要再调用 removeClass 方法即可。

示例 6.7-7 定义了一个 div 元素模拟一个蓝色背景白色字体的按钮,当鼠标处于 mouseover 状态时,调用 jQuery 中 addClass 为按钮增加一个类,该类背景颜色变为亮浅蓝色; 当鼠标处于 mouseout 状态时,调用 jQuery 中 removeClass 为按钮消除这个增加类的影响,该 类背景颜色变回蓝色。

按钮被单击后,调用 $ ('img').attr('src','文件夹/图片文件名')的方法,改变了 Web 网页 内的图片文件,直接实现了将图像元素读入到图片文件(该文件可以处于 URL 描述的任何 位置)的功能。

【示例 6.7-7】

```
<! doctype html >
<html >
<head >
<title >用区域来模拟按钮,让用户选择图片 </title >
 <style >
   div{
   width:150 px;height:50 px;
   color:white;background-color:blue;
   font-size:35 px;
   }
   .mhover{
   color:white;background-color:rgb(100,100,255);
  }
</style >
<script src ="jquery-1.12.1.min.js" > </script >
<script >
$(document).ready(function(){

  $('#pre').hover(function(){
   $(this).addClass('mhover');
      },//mouseover 事件结束
       function(){
   $(this).removeClass('mhover');
    }
       )//hover 事件结束

  $('#next').hover(function(){
    $(this).addClass('mhover');
      },//mouseover 事件结束
       function(){
$(this).removeClass('mhover');
    }
       )//hover 事件结束

  $('#pre').click(function(){
  $('img').attr('src','tu/btg1.jpg');
  alert("you click pre");
     }
  )//click 事件结束

  $('#next').click(function(){
```

```
    $('img').attr('src','tu/btg3.jpg');
    alert("you click next");
          }
      )//click 事件结束

  }//ready 函数结束
)//ready 事件结束
  </script>
</head>
<body>
  <div id = "pre" >Pre</div>
    <img   src = "tu/btg2.jpg">
  <div id = "next" >Next</div>

</body>
</html>
```

用浏览器打开本例,程序运行效果和单击按钮后的运行效果如图 6.60~图 6.62 所示。

图 6.60　Web 网页效果　　　图 6.61　单击 Pre 按钮后的效果　　　图 6.62　单击 Next 按钮后的效果

3. 用 jQuery 改变 Web 网页内对象的透明度

语法

```
$(选择器).addClass('类名称');
$(选择器).removeClass('类名称');
.类名称{ opacity:透明度值;}
```

在 CSS3 新标准中,元素都可以用 opacity 属性设定透明度,这个元素可以是图像也可以是文字。opacity 中文含义其实是"不透明度",其值从 0 至 1,0 为完全透明,1 为完全不透明,设为 0.1 可以解释为:假设 opacity 共有十成,则为一成不透明,有九成透明。

我们对示例 6.7-7 稍做修改,并结合 jQuery 提供的增减类的方法,用来改变和恢复 Web 网页中图像元素的透明度。

【示例 6.7-8】

```
<! doctype html >
<html >
<head >
<title >增加对 CSS 图片透明度的控制 </title >
 <style >
  div{
  width:150 px;height:50 px;
  color:white;background-color:blue;
  font-size:35 px;
  display:inline; //让所有按钮处于一行
  margin-right:1em;
  }
  i mg{height:500 px;}
   .mhover{    background-color:rgb(100,100,255);    }
   .p{ opacity:0.2;  /* CSS3 标准 */}
</style >
<script src ="jquery-1.12.1.min.js" >
</script >
<script >
$(document).ready(function(){

 $('div').hover(function(){
  $(this).addClass('mhover');
    },//mouseover 事件结束
     function(){
  $(this).removeClass('mhover');
   }
    )//hover 事件结束

 $('#pre').click(function(){
 $('img').attr('src','tu/btg1.jpg');
  }
   )//click 事件结束
 $('#next').click(function(){
 $('img').attr('src','tu/btg3.jpg');
  }
   )//click 事件结束
 $('#a1').click(function(){
 $('img').addClass('op');
    }
   )//click 事件结束

  $('#a2').click(function(){
  $('img').removeClass('op');
    }
   )//click 事件结束

 }//ready 函数结束
```

```
) //ready 事件结束

 </script >
</head >

<body >
<head >

</head >
<body >

  <div id ="pre" >Pre </div >
    <img  src ="tu/btg2.jpg" >
  <div id ="next" >Next </div >

  <div id ="a1" >透明度设为20 </div >
  <div id ="a2" >透明度复原</div >

</body >
</html >
```

示例 6.7-8 将 pre 和 next 两个按钮的 hover 事件的函数合并,写在 div 元素的 hover 事件中。这样,冗余的代码精简了,同时其他两个控制透明度的按钮也具备了 hover 事件的函数,这点是对示例 6.7-7 的改进。用浏览器打开本例,运行效果如图 6.63 所示。

图 6.63 程序改变图像元素透明度的效果

6.7.7 运用 jQuery 编写 Web 网页的综合案例

本节编写一个个性化浏览图文的 Web 网页的综合案例,将综合利用到 jQuery 和 JavaScript 语法,同时结合 CSS 技术的表现能力。案例的创建从简单到复杂,同时逐步再补充一些前面没有介绍到的一些 jQuery 常用技术,逐步让读者学习 Web 网页前端程序的基本技能和领会 Web 浏览器端开发的基础知识。

1. 再次自定义 a 元素

我们在 CSS 中可以自定义 a 元素的个性化效果,有了 jQuery 后,我们再次重新定义 a 元素。回顾前面我们用 jQuery 制作的案例,在 Web 网页操作时,鼠标移动到我们自己设计的按钮上时,其鼠标指针处于非手指状图标,虽然也可以单击达到程序的目的,但给用户的提示却不够明确。不像我们之前常用的超链接元素 a,鼠标移到可单击的内容上时,鼠标指针会变为手指状。究其原因,是我们定义了 div 元素作为按钮,浏览器并不认为鼠标移动到 div 元素上是为了单击,所以不会给出手指状指针。也就是说,只有当对象为 a 元素时,才能使鼠标改变指针为可单击的手指状。

a 元素作为天生的超链接对象,其内部有一个基本功能,即单击后让浏览器跳转到某个地址。而在 jQuery 的 Web 网页的按钮功能中,拒绝 a 元素的这个跳转地址的功能(否则,用户浏览器就会载入其他 Web 网页,也就离开你开发的 Web 程序了)。虽然 jQuery 提供了阻止元素基本功能的函数,但可以用其来对 a 元素的 click 事件编写阻止程序。

语法

```
$('a').click(function(evt){
  evt.preventDefault();
}
```

说明

evt 是 jQuery 的保留字,是事件 event 的缩写,用来特指 HTML 事件。jQuery 事件本质上都是基于浏览器的 HTML 事件(具体内容见 6.2 节中的最后部分)。这样,我们就阻止了 a 元素单击事件原有的超级链接的功能,然后我们就可以自定义该事件能触发哪些 Web 网页变化了。按此方式我们可以自行设计 Web 网页的交互,而不是一成不变地按浏览器默认的模式来设计。

案例介绍

本例配套了 12 张肖像图片,图片放在与当前 Web 网页同样的文件夹"tu"中,文件名分别为 wr1. jpg,wr2. jpg,wr3. jpg ,…,wr12. jpg。利用一个 Web 网页实现对图片的一一浏览。本例承接以前的部分案例成果,用 CSS 把 a 元素自定义成了蓝底白字的按钮。仍然使用前面介绍的 addClass 和 removeClass 来为 a 元素增加鼠标互动效果。此外,还使用 evt. prevent-Default( )阻止 a 元素 click 事件超级链接的功能。

在本例中,开始陆续使用 JavaScript 逻辑结构的语法。例如,针对将调用的 12 张图片,向前面翻页使用了:

```
if(i==1){ i=12 }else {i--}; //用变量 i 确定下一张图片的编号
      $('#tu').attr('src','tu/wr'+i+'.jpg');
```

向后面翻页使用了:

```
if(i==12){ i=1 }else {i++}; //用变量 i 确定下一张图片的编号
      $('#tu').attr('src','tu/wr'+i+'.jpg');
```

【示例 6.7-9】

```
<! doctype html >
<html >
<head >
<title >利用超级链接的鼠标感觉,同时取消超级链接的链接能力 </title >
 <style >
  a{
  width:150px;height:50px;
  color:white;background-color:blue;
  font-size:35px;text-align:center;
  display:block;
```

```
        text-decoration:none;
        }
      .mhover{
        background-color:rgb(100,100,255);
        }
</style >
< script src = "jquery-1.12.1.min.js" >
</script >
< script >
$(document).ready(function(){
var i =1;  //这个 i 是网页的全局变量,记录当前显示的是第几张图片
$('a').click(function(evt){
evt.preventDefault();
    }
)  //阻止 a 元素的天生的超级链接功能

  $('a').hover(function(){
    $(this).addClass('mhover');
        }  //鼠标滑过事件结束
         function(){
    $(this).removeClass('mhover');
      }
        )  //hove 事件结束

  $('#pre').click(function(){
    if(i = =1){ i =12 }else { i - -};
        $('#tu').attr('src','tu/wr'+i +'.jpg');
        }
   )  //click 事件结束

  $('#next').click(function(){
    if(i = =12){ i =1 }else { i + +};
        $('#tu').attr('src','tu/wr'+i +'.jpg');
        }
   )  //click 事件结束

 }  //ready 函数结束
 )  //ready 事件结束

  </script >
</head >
< body >
< head >
</head >
< body >
  < a id = "pre" href = "" > Pre </a >
    < img id = "tu" src = "tu/wr1.jpg" >
  < a id = "next" href = "" > Next </a >
</body >
</html >
```

    程序运行、单击 Next 按钮和 Pre 按钮的效果如图 6.64～图 6.66 所示。请注意,鼠标的指针无法被截图,大家需要实际运行案例才可以看到。

图 6.64 程序运行原图

图 6.65 单击 Next 按钮显示效果

图 6.66 单击 Pre 按钮显示效果

2. 解决 Web 网页对图片的首次读取"卡顿"的毛病

示例 6.7-9 在实际应用时有一个很大的缺陷，即实际的 Web 网页环境并不是理想的高速环境，当用户单击按钮时，首次调用某个图片时，图片可能不会立刻显示，而会出现整个网页"卡顿"的现象。这样会让使用者感觉不畅，影响整个 Web 网页的设计和程序的效果。甚至出现图片无法读取的现象，如图 6.67 所示。

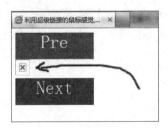

图 6.67 出现图片文件无法读取的现象

为了流畅地访问网页，除了从硬件上提高网速外，浏览器内部还有一种缓存机制。通常，访问过的网页上的文件都会存储本地硬盘上的"某处"，当再次访问时，浏览器会智能地从本地读取该文件。

因此，本例的 Web 网页，需要临时调用 12 个外部图片文件，在 Web 程序设计中就要考虑，不能让用户在单击鼠标时，浏览器临时发起获取图片的工作。解决的方法是，用程序提前读取这些图片,让这些图片先进入浏览器的缓存。

首先,可以创建图像对象来读取每一个图片,让 JavaScript 控制浏览器获取图片文件。我们需要文件被读入浏览器的缓存中,增加的部分代码如下。

【示例 6.7-10】

```
<! doctype html >
<html >
<head >
<title >在上例基础上增加代码,让图片在用户需要前,提前读入浏览器缓存 </title >
 <style >
   .....
   }
 </style >
 <script src ="jquery-1.12.1.min.js">
 </script >

 <script >
 $(document).ready(function(){

var wrimg = new Image();
 for(var i =1;i <12;i + +)
 {
  wrimg.src ='tu/wr'+ i +'.jpg';
 } //为避免在后面的互动程序中用户单击按钮时,浏览器临时调用图片会造成"卡"顿的现象,这个
循环让磁盘上的所有 12 个图片文件提前被访问。读者需要注意,在网速慢的环境下尤其需要提前访问
.....
```

3. 利用 jQuery 产生 Web 网页图片的淡入效果

淡入是电影中经典的切换镜头方式,在程序设计中也可以用来切换画面。因此,jQuery 也实现了淡入的函数,供我们调用。关键代码如下:

```
$('选择器').hide();    //先把本对象隐藏
$('选择器').fadeIn('速度参数');  //调用淡入函数实现对象的淡入效果
```

说明

Web 网页中已经出现的对象是不存在淡入的,一般我们把需要此效果的对象先用 .hide()方法隐藏。然后调用.fadeIn('速度参数')方法,产生该对象从背景中逐渐清晰的效果。淡入的速度可以有 slow、normal、fast 三个等级,当然还可以使用毫秒作为单位的数字,读者可以自行选择和调整数字。

从本质上来看,淡入的 fadeIn 方法是 jQuery 综合使用 JavaScript、DOM 以及 CSS,实现了用时间来动态改变对象 opacity 的属性。现在,用一个函数就可以引用这个效果。

在示例 6.7-10 的基础上,在按钮的 click 事件中又增加了关键代码,用于实现每张图片用淡入方式切换。

【示例 6.7-11】

```
<! doctype html >
<html >
<head >
<title >利用 jQuery 增加淡入淡出的效果 </title >
 <style >
```

```
     a{
     width:150px;height:50px;
     color:white;background-color:blue;
     font-size:35px;text-align:center;
     display:block;
     text-decoration:none;
     }
     .mhover{
     color:white;background-color:rgb(100,100,255);
     }
</style>
<script src="jquery-1.12.1.min.js">
</script>

<script>
$(document).ready(function(){

var wrimg=new Image();
 for(var i=1;i<12;i++)
 {
 wrimg.src='tu/wr'+i+'.jpg';
}//这个循环让磁盘上的所有12个图片文件提前被访问

 $('a')click(function(evt){
  evt.preventDefault();
 }
)//阻止a元素的超级链接功能

  $('a').hover(function(){
    $(this).addClass('mhover');
       },//end mouseover
       function(){
    $(this).removeClass('mhover');
    }
       )

var i=1;
 $('#pre').click(function(){
   if(i==1){ i=12 }else {i--};
   $('#tu').attr('src','tu/wr'+i+'.jpg');
   $('#tu').hide();   //先把本对象隐藏
   $('#tu').fadeIn('slow'); //fadeIn 函数是动态地对 CSS 的 opacity(透明度)参数设定对
象,产生淡入显示
       }
   ) //click 事件结束
 $('#next').click(function(){
   if(i==12){ i=1 }else {i++};
      $('#tu').attr('src','tu/wr'+i+'.jpg');
      $('#tu').hide();
   $('#tu').fadeIn('slow');
      }
   ) //click 事件结束
}//ready 函数结束
```

```
) //ready 事件结束

</script >

</head >
<body >
  <a id ="pre" href =""> Pre </a >
    <img id ="tu" src ="tu/wr1.jpg">
  <a id ="next" href =""> Next </a >
  <br / >
</body >
</html>
```

程序运行时单击切换图片的淡入中间状态,如图6.68、图6.69所示。

图 6.68　淡入函数刚发生时的效果

图 6.69　淡入函数发生大半时的效果

4. 制造 Web 网页图片的先淡出后淡入的效果

淡出效果也是电影中经典的退出镜头方式,在程序设计中也可以用来消失现在的画面。因此,jQuery 也实现了淡出的函数.fadeOut( ),单独使用.fadeOut( )方法与.fadeIn 方法( )完全相同,此处就不再赘述。

在此节专门介绍 jQuery 实现了一种机制,可以控制函数执行时间的先后次序,即第一个函数执行完成后才启动执行后面的函数。下面用先淡出后淡入的两个函数介绍这个机制。

新增的关键代码如下:

```
$('选择器').fadeOut('slow',     //第一个函数启动
            function(){      //第一个函数结束后,立刻触发第二个函数
            .....
            $('选择器').fadeIn('slow');
                         }
            )　//淡出结束
```

说明

上述语法最外层是.fadeOut( )函数,把.fadeOut( )函数当作第一个函数先执行。.fadeOut( )函数的第一个参数是设置慢速淡出,关键是逗号后面的第二个参数,它是一个函数(我们称其为第二个函数)。jQuery 的这种语法实现了函数执行的时间顺序,即完成了第一个函数后,才执行第二个函数。

【示例 6.7-12】

```
<! doctype html >
<html >
<head >
<title >利用 jQuery 增加淡入淡出的效果 </title >
 <style >
   a{
   width:150px;height:50px;
   color:white;background-color:blue;
   font-size:35px;text-align:center;
   display:block;
   text-decoration:none;
   }
   .mhover{
   background-color:rgb(100,100,255);
   }
 </style >
 <script src = "jquery-1.12.1.min.js">
 </script >

 <script >
 $(document).ready(function(){

var wrimg = new Image();
 for(var i =1;i <12;i + +)
 {
 wrimg.src ='tu/wr'+i +'.jpg';
 }//为避免在后面的互动程序中用户单击按钮,浏览器临时调用图片会造成"卡"顿的现象,这个循环
让磁盘上的所有 12 个图片文件提前被访问。读者需要注意,在网速慢的环境下尤其需要提前访问

   $('a').click(function(evt){
   evt.preventDefault();
   }
 )//阻止 a 元素超级链接功能

   $('a').hover(function(){
    $(this).addClass('mhover');
       },//end mouseover
       function(){
    $(this).removeClass('mhover');
     }
       )//end a hover
   $('html').hide();        //打开浏览器先隐藏 HTML 元素,也就是是整个页面
   $('html').fadeIn('slow');//对整个页面设定淡入,为后面的淡入互动保持一致的效果

 var i =1;
  $('#pre').click(function(){
   if(i = =1){ i =12 }else {i - -};
  $('#tu').fadeOut('slow', //第一个函数启动
         function(){ //第一个函数结束后,立刻触发启动第二个函数
           $('#tu').attr('src','tu/wr'+i +'.jpg');//为对象更新图片文件
           $('#tu').fadeIn('slow');
                            }//第二个函数结束
```

```
                    )    //淡出结束
              }//click 函数结束
        ) //click 事件结束

      $('#next').click(function(){
        if(i = =12){ i =1 }else {i + +};
       $('#tu').fadeOut('slow', //第一个函数
                      function(){      //第二个函数
            $('#tu').attr('src','tu/wr'+ i +'.jpg');
            $('#tu').fadeIn('slow');
                                }//第二个函数结束
              ) //淡出结束
              }   //click 函数结束
        ) //click 事件结束

   }//ready 函数结束
) //ready 事件结束

  </script >
</head >
<body >
  <a id ="pre" href ="">Pre</a >
    <img id ="tu" src ="tu/wr1.jpg">
  <a id ="next" href ="">Next</a >
  <br />
</body >
</html >
```

5. 用 JavaScript 动态改变 Web 网页的文字

图片和文字是 Web 网页最常用的两种表示信息的类型。前面通过程序,调用 jQuery 的 .attr 函数,改变图像对象的 src 属性,实现了程序动态调入图片文件。那么,读者可以很自然地认为 jQuery 应该也有类似改变文字的函数,满足我们对文字动态变化的需要。

的确,jQuery 提供了 .text( )的方法用于对 Web 网页内的对象输出文字。但与我们使用 .attr 函数调入图片有所不同,因为以前我们是利用设置 URL 地址信息获取来源于 Web 网页之外的图片文件,而文字我们暂时(本书讨论范围)无法从 Web 文件之外获取,只能把文字先放在 Web 网页内。当然,即使几千个文字,对于今天 Web 网页也算是很小的信息而已。在本例中,我们利用 JavaScript 数组的形式存放文字。

新增加关键代码如下:

定义文字存放的数组,同时输入文字:

```
var 数组名 =['第 0 号文字', '第 1 号文字', '第 2 号文字',…]
```

说明

JavaScript 的数组定义和使用请参考前面的章节,注意数组的第一个元素下标是 0。

为 Web 网页对象输出文字:

```
$(选择器).text(数组名[i]);
```

说明

给具有文字承载能力的对象内,输入数组文字信息。

注意

　　i 是一个从 0 开始的整数。对于选择器所选择的 Web 网页内的对象而言,改变的仅仅是内部文字信息,而文字的格式(如 HTML 元素、CSS 信息)并没有改变。

【示例 6.7-13】

```
<! doctype html >
<html >
<head >
<title >用 div 和 CSS 设计版面以及增加对应图片的文字说明</title >
<style >
  a{
  color:white;background-color:blue;
  font-size:35px;text-align:center;
  text-decoration:none;
  margin-right:2em;
  padding:10px;
  }
  .mhover{
  color:white;background-color:rgb(100,100,255);
  }
  #main{
  width:500px;
  background-color:black;
  }
  #title{
  color:white;
  font-size:30px;text-align:center;
  height:50px;
  }
  #pic{
  width:480px;
  text-align:center;
  }
  #info{
  text-indent:2em;
  color:white;
  font-size:26px;
  font-family:黑体;
  height:130px;
  line-height:1.2em;
  }
  #menu{
  margin:10px;
  text-align:center;
  }
</style >

<script src ="jquery-1.12.1.min.js">
</script >
<script >
$(document).ready(function(){
var txtinfo =['没有第 0 个人','微软创始人,比尔·盖茨,美国人,净资产:750 亿美元,年龄:60',
时装品牌 Zara 创办人,奥尔特加,年龄:79,净资产:670 亿美元','伯克希尔·哈撒韦公司董事长兼首席
```

执行官,沃伦·巴菲特(美国),净资产:608 亿美元,年龄:85','墨西哥电信大亨,斯利姆,年龄:76,净资产:506 亿美元','亚马孙创办人,贝索斯,年龄:52,净资产:452 亿美元','Facebook 创始人,扎克伯格,年龄:31,净资产:446 亿美元','甲骨文软件公司 CEO,埃里森,年龄:71,净资产:436 亿美元','彭博社创始人,布隆伯格,年龄:74,净资产:400 亿美元','能源巨头科氏工业集团老板科赫兄弟,查尔斯·科赫,年龄:80,净资产:396 亿美元','能源巨头科氏工业集团老板科赫兄弟,大卫·科赫,年龄:80,净资产:396 亿美元','中国未来最有可能第一个入榜者,马云,当年净资产283 亿美元,阿里巴巴集团主要创始人 ','中国第二个可能入榜者,马化腾,当年净资产249 亿美元,腾讯公司主要创办人之一'];

```javascript
 var wrimg = new Image();
  for(var i =1;i <12;i ++)
  {
   wrimg.src ='tu/wr'+i +'.jpg';
```
}//为避免在后面的互动程序中用户单击按钮时,浏览器临时调用图片会造成"卡顿"的现象,这个循环让磁盘上的所有 12 个图片文件提前被访问。读者需要注意,在网速慢的环境下尤其需要提前访问
```javascript
  $('a').click(function(evt){
  evt.preventDefault();
   }
```
)//阻止 a 元素的超级链接功能

```javascript
  $('a').hover(function(){
     $(this).addClass('mhover');
        },// 鼠标滑过事件结束
         function(){
     $(this).removeClass('mhover');
      }
```
)//结束一个 hover 事件。这里针对 a 元素合并了以前的 Pre 和 Next 的鼠标 hover 代码

```javascript
      $('html').hide();      //打开浏览器先隐藏 HTML 元素,也就是是整个页面
    $('html').fadeIn('slow');//对整个页面设定淡入,为后面的淡入互动保持一致效果

     var i =1; //这个全局变量很重要,标明当前网页引用的图片的序号,编号从 1 到 12
    $('#pre').click(function(){
     if(i = =1){ i =12 }else {i - -};
     $('#tu').fadeOut('slow', //第一个函数启动
               function(){ //第一函数结束后,立刻触发启动第二个函数
               $('#tu').attr('src','tu/wr'+i +'.jpg');
               $('#tu').fadeIn('slow');
                              } //第二个函数结束
            )   //淡出结束
      $('#info').text(txtinfo[i]);//利用 jQuery 对元素的 text 输出能力,改变对应图片
```
的文字说明
```javascript
        }//click 函数结束
    ) //click 事件结束


   }//第二个函数结束
   ) //淡出结束


   </script >
  </head >
  <body >
   <div id ="main" >
    <div id ="title" >
```
世界福布斯 2016 十大富豪榜

```
    </div>

    <div id="pic">
      <img id="tu" src="tu/wr1.jpg">
    </div>
    <div id="info">
          微软创始人,比尔·盖茨,美国人,净资产:750亿美元,年龄:60
    </div>

    <div id="menu">
      <a id="pre" href="">Prev</a>
      <a id="next" href="">Next</a>
    </div>
  </div>

</body>
</html>
```

运行程序,单击 Next 按钮,运行效果分别如图 6.70、图 6.71 所示。

图 6.70　程序进入效果

图 6.71　程序单击 Next 按钮后的效果

注意

由于加入文字信息的需要,整个 Web 网页的版面需要调整规范。因此,在 body 元素中,增加了一些 div 元素,将整个 Web 网页划分为一个主区域 main。主区域内从上到下划成 4 个区域,分别是 titile、pic、info、menu。在 CSS 定义中重新对界面的颜色、字体、间距等外观信息做了设置。此排版方式读者可以自由修改,对于本章而言此非重点,对此并不做高的要求。

6. 用 jQuery 制造文字对象的切换效果

示例 6.7-13 的切换太突然,缺乏生气。jQuery 提供了一些模拟幻灯片切换的函数,可用于做动画效果改善。分析其切换过程,其对象也是先被隐藏,然后被 slideDown( ) 函数从上到下逐渐表露出来。

增加的关键代码如下:

```
$(选择器).hide(); //先隐藏文字内容
$(选择器).slideDown();
```
和
```
$(选择器).slideUp();
```

说明

对于 Web 网页而言,在隐藏元素的同时,其在页面中的空间会被浏览器"没收",其他周边的对象会立刻进入该隐藏元素的空间内。这样,Web 网页已经排好的版面会因为这个原因,自动重新排版而发生版面上的混乱。

以前的案例的图片在淡出时(属性 opacity =0),又会迅速调入另一张图片;同时,图片又进入淡入过程。只有对象的属性 opacity 为 0 这一刻,对象才处于隐藏状态,因此感觉不到版面的任何变化。

而 slideDown() 函数却非以上情况,对本例而言,slideDown() 函数可让文字对象产生从上到下逐渐显示的效果,整个文字对象的隐藏状态会处于动态之中。因此,整个 Web 网页自动排版也是动态的,效果非常突兀。

而 slideUp() 函数是 slideDown() 函数的相反过程,前者让已经出现的对象逐渐向上消失。也会造成整个 Web 网页自动排版。

为解决上述自动排版效果突兀的问题,我们为动态出现的文字对象增加一个可以一直保持版面大小不变的父亲 div 元素,id 为 infobox。

【示例 6.7-14】

```html
<! doctype html >
<html >
<head >
<title >增加文字切入和切出特效</title >
 <style >
 a{
 color:white;background-color:blue;
 font-size:35px;text-align:center;
 text-decoration:none;
 margin-right:2em;
 padding:10px;
 }
 .mhover{
 color:white;background-color:rgb(100,100,255);
 }
 #main{
 Vwidth:500px;
 background-color:black;
 }
 #title{
 color:white;
 font-size:30px;text-align:center;
 height:50px;
 }
 #pic{
 width:480px;
 text-align:center;
 }
```

```
#infobox{
height:130px;
}
```
/* 可以为了避免文字在实现 jQuery 的 slide 效果时,对其他对象的排版造成影响, */
```
#info{
text-indent:2em;
color:white;
font-size:26px;
font-family:黑体;
line-height:1.2em;
}
#menu{
margin:10px;
text-align:center;
}
</style>

<script src ="jquery-1.12.1.min.js">
</script>

<script >
$(document).ready(function(){
var txtinfo =['没有第 0 个人',……];
var wrimg =new Image();
for(var i =1;i <12;i + +)
{
 wrimg.src ='tu/wr'+i +'.jpg';
```
}//为避免在后面的互动程序中用户单击按钮时,浏览器临时调用图片会造成"卡顿"的现象,这个循环让磁盘上的所有 12 个图片文件提前被访问。读者需要注意,在网速慢的环境下尤其需要提前访问
```
 $('a').click(function(evt){
evt.preventDefault();
 }
)//阻止 a 元素的超级链接功能
  $('a').hover(function(){
   $(this).addClass('mhover');
       },//end mouseover
        function(){
   $(this).removeClass('mhover');
    }
```
)//end a hover 这里针对 a 元素合并了以前的 Pre 和 Next 的鼠标 hover 代码
```
      $('html').hide();      //打开浏览器先隐藏 HTML 元素,也就是是整个页面
   $('html').fadeIn('slow'); //对整个页面设定淡入,为后面的淡入互动保持一致的效果
var i =1; //这个全局变量很重要,标明当前网页引用的图片的序号,编号从 1 到 12
  $('#pre').click(function(){
   if(i = =1){ i =12 }else {i - -};
  $('#tu').fadeOut('slow', //第一个函数启动
        function(){ //第一函数结束后,立刻触发启动第二个函数
        $('#tu').attr('src','tu/wr'+i +'.jpg');
        $('#tu').fadeIn('slow');
                   } //第二个函数结束
        )   //淡出结束
```

```
    $('#info').text(txtinfo[i]);      //利用 jQuery 的对元素的 text 输出能力,改变对应
图片的文字说明
    $('#info').hide();
    //先隐藏文字内容,若没有设定一个新的父亲 infobox,操作画面会乱
    $('#info').slideDown();//把隐藏的文字内容切入
        }//click 函数结束
) //click 事件结束


$('#next').click(function(){
  if(i = =12){ i =1 }else {i + +};
    $('#tu').fadeOut('slow', //参数为第二个函数
                function(){        //第二个函数
        $('#tu').attr('src','tu/wr'+i +'.jpg');
        $('#tu').fadeIn('slow');
                }// end function2
    ) //end fadeout


    $('#info').slideUp('slow',//参数为第二个函数 ,这里先把旧的文字切出
                function(){//第二个函数
                    $('#info').text(txtinfo[i]);
    //旧文字切出后,再发生下面的新文字的切入
        $('#info').slideDown('slow');
                }//第二个函数结束
        )//切入结束,这个先切出旧文字,再切入新文字的处理效果与 Pre 按钮不同。
这种安排是让读者先了解简单的"先隐藏,再切入",然后再理解更难一些的方式

        }   //click 函数结束
    ) //click 事件结束


}//ready 函数结束
) //ready 事件结束


</script>
</head>
<body>
<div id ="main">
 <div id ="title">
世界福布斯 2016 十大富豪榜
 </div>

<div id ="pic">
  <img id ="tu" src ="tu/wr1.jpg">
</div>
<div id ="infobox">
  <span id ="info">
        微软创始人,比尔·盖茨,美国人,净资产:750 亿美元,年龄:60
  </span>
</div>
<div id ="menu">
 <a id ="pre" href ="">Prev</a>
 <a id ="next" href ="">Next</a>
</div>
```

```
</div>
</body>
</html>
```

程序运行中的效果和结束效果分别如图 6.72 和图 6.73 所示。

图 6.72　文字和图像切换到一半的效果

图 6.73　文字和图像切换完成的效果

7. 把案例按 Web 网页前端标准划分为 3 个文件

案例逐步搭建到此,Web 网页的功能上已经基本完成。还有最后一件事情亟待完善,即把 Web 网页分为 HTML 框架部分、CSS 外观部分、JS 互动程序部分三大块,应该分别为它们建立文件存储。

以前的案例只有 HTML 文件,所有的 CSS 和 JS 内容也全部集中在此文件中。本节把 CSS 内容单独提取出来,建立"jq-img-9. css"文件;再把 JS 互动程序内容也取出来,建立 "jq-img-9. js"文件。最后,在 HTML 文件中,使用 link 和 script 元素把上述两个文件引入。

HTML 文件代码如下。

【示例 6.7-15】

```
<! doctype html >
<html >
<head >
 <title >把文件分为 HTML 框架、CSS 外观、JS 互动程序三大部分</title >
 <link rel ="stylesheet" = type ="text/css" href ="jq-img-9.css">
 <script src ="jquery-1.12.1.min.js">
 </script >

 <script src ="jq-img-9.js">
 </script >

</head >

<body >
 <div id ="main">
  <div id ="title">
```

```
世界福布斯 2016 十大富豪榜
  </div >

  <div id ="pic">
    <img id ="tu" src ="tu/wr1.jpg">
  </div >
  <div id ="infobox">
    <span id ="info">
      微软创始人,比尔·盖茨,美国人,净资产:750 亿美元,年龄:60
    </span >
  </div >

  <div id ="menu">
   <a id ="pre" href ="">Prev </a >
   <a id ="next" href ="">Next </a >
  </div >
 </div >

</body >
</html>
```

CSS 文件代码如下。

【示例 6.7-16】

```
a{
  color:white;background-color:rgb(100,0,0);
  font-size:35px;text-align:center;
  text-decoration:none;
  margin-right:2em;
  padding:10px;
  }
  .mhover{
  background-color:rgb(255,0,0);
  }
  #main{
  width:500px;
  background-color:black;
  padding:10px;
  border:10px solid rgb(80,0,0)
  }
  #title{
  color:white;
  font-size:30px;text-align:center;
  height:50px;
  }
  #pic{
  width:480px;
  text-align:center;
  }

  #infobox{
  height:130px;
  }
/* 为文字外围增加一个盒子,固定盒子的高度为 130 像素 */
```

```
#info{
text-indent:2em;
color:white;
font-size:26px;
font-family:黑体;
line-height:1.2em;
}
#menu{
margin:10px;
text-align:center;
}
```

JS 文件代码如下。

【示例 6.7-17】

```
$(document).ready(function(){
var txtinfo=['没有第 0 个人',……];
var wrimg=new Image();
 for(var i=1;i<12;i++)
 {
 wrimg.src='tu/wr'+i+'.jpg';
}//为避免在后面的互动程序中用户单击按钮,浏览器临时调用图片会造成"卡顿"的现象,这个循环
让磁盘上的所有 12 个图片文件提前被访问。读者需要注意,在网速慢的环境下尤其需要提前访问

    $('a').click(function(evt){
    evt.preventDefault();
    }
    )//阻止 a 元素的超级链接功能

    $('a').hover(function(){
      $(this).addClass('mhover');
        },//end mouseover
          function(){
      $(this).removeClass('mhover');
      }
        )//end a hover 这里针对 a 元素合并了以前的 Pre 和 Next 的鼠标 hover 代码

    $('html').hide();       //打开浏览器先隐藏 HTML 元素,也就是整个页面
    $('html').fadeIn('slow'); //对整个页面设定淡入,为后面的淡入互动保持一致的效果

  var i=1; //这个全局变量很重要,标明当前网页引用的图片的序号,编号从 1 到 12
  $('#pre').click(function(){
   if(i==1){ i=12 }else { i--};
   $('#tu').fadeOut('slow', //启动第一个函数
          function(){ //第一个函数结束后,立刻触发启动第二个函数
           $('#Lu').attr('src','tu/wr'+i+'.jpg');
           $('#tu').fadeIn('slow');
                             }//函数结束
       )   //淡出结束

    $('#info').text(txtinfo[i]);    //改变对应图片的文字说明
    $('#info').hide(); //先隐藏文字内容
    $('#info').slideDown();//把隐藏的文字内容切入
       }//click 函数结束
```

```
                ) //pre click 事件结束

    $('#next').click(function(){
     if(i = =12){ i =1 }else {i + +};
     $('#tu').fadeOut('slow', //参数为第二个函数
                       function(){        //第二个函数
        $('#tu').attr('src','tu/wr'+ i +'.jpg');
        $('#tu').fadeIn('slow');
                              }//end function2
               ) //end fadeout

     $('#info').slideUp('slow',//这里先把旧的文字切出
                   function(){//第二个函数
        $('#info').text(txtinfo[i]); //赋予新文字信息
        $('#info').slideDown('slow'); //再发生下面的新文字切入
              }//第二个函数结束
                 )//切入结束,先切出旧文字,再切入新文字
       }  //click 函数结束
    ) //下一个 click 事件结束

  }//ready 函数结束
) //ready 事件结束
```

本例最后完善了外观,将 CSS 文件的外观做了颜色和边框的少许改动。示例运行和察看源文件如图 6.74 和图 6.75 所示。

图 6.74　划分框架、外观、程序后运行效果　　　图 6.75　打开源码查看 HTML 框架

本案例综合性较强,建议读者在学习时,在处理微观程序的同时,还需要理清案例解决方法的宏观思路。思路总结如下,一是运用了简单的 HTML 构建页面的元素和框架,二是结合 CSS 处理了页面元素的外观,三是难度较大的核心内容,即运用 JavaScript 和 jQuery 实现了页面的交互性。最后,把这三个技术内容独立各自归纳成为一个文件,既方便了管理,也提高了运行效率。通过本例,读者不仅能够较好地理解在编写 Web 程序时,用到的不同技术及其分工以及构建 Web 程序的过程,而且也能领略 jQuery 的短小精悍和 JavaScript 的强大潜力。如果你是一名初学者,现在只需要积累一些编写程序的经验,结合创作需求,即可利用 Web 平台,启动属于你自己的 Web 创作之旅!

附录 1　Web 网页中的特殊字符

在 Web 网页中用 Entity Name 的字符表示时，必须用小写英文字母，具体的特殊字符见附表 1.1。

附表 1.1　Web 网页中的特殊字符

特殊字符	描　　述	字符表示	用十六进制表示
	不导致换行的空格		
<	小于	&lt;	&#60;
>	大于	&gt;	&#62;
&	与	&amp;	&#38;
¢	分	&cent;	&#162;
£	英镑	&pound;	&#163;
¥	日元	&yen;	&#165;
€	欧元	&euro;	&#364;
©	版权	&copy;	&#169;
®	注册商标	&reg;	&#174;
∀	基于所有	&forall;	&#8704;
∂	不同部分	&part;	&#8706;
∃	存在	&exist;	&#8707;
Ø	空集	&empty;	&#8709;
∇	劈形算符	&nabla;	&#8711;
∈	是子集	&isin;	&#8712;
∉	不是子集	&notin;	&#8713;
∋	包含一个	&ni;	&#8715;
∏	N 元	&prod;	&#8719;
Σ	N 元求和	&sum;	&#8721;
™	贸易商标	&trade;	&#8482;
←	左箭头	&larr;	&#8592;
↑	上箭头	&uarr;	&#8593;
→	右箭头	&rarr;	&#8594;

续表

特殊字符	描　述	字符表示	用十六进制表示
↓	下箭头	&darr;	&#8595;
♠	黑桃	&spades;	&#9824;
♣	梅花	&clubs;	&#9827;
♥	黑心	&hearts;	&#9829;
♦	方块	&diams;	&#9830;

附录 2 Web 网页中嵌入的音频、视频媒体文件

Web 网页中的多媒体包括声音、音乐、视频和动画。Web 网页中的多媒体也是以文件的形式出现，这种体现声音和视频的多媒体文件有许多不同格式，文件的标准一直有待商榷（不像图片早已明确了国际标准）。尽管最近的 HTML 5 也只建议了统一标准，但各类厂家浏览器很早就通过各种插件，为 Web 网页提供了丰富的视听功能。

最早的 Web 浏览器从仅仅支持文字显示开始，逐渐开始增加对图片的支持。现在浏览器可以支持各种声音、视频、动画等，当前的浏览器很多采用的是安装额外的插件方式，才能支持对这些媒体的播放，这种方式不在本书所探讨的国际标准范围。

一、Web 音频

HTML 5 提供了一个标准播放声音的建议。在 HTML 5 标准之前，Web 网页上并没有标准的声音文件的播放方式，不同浏览器采用不同的插件来播放声音媒体，这无疑给网页代码标准化带来困扰。在 HTML 5 建议标准中，定义了一个新的元素 < audio >，这样大家就可以使用一个标准的方式在 Web 网页中嵌入声音文件。现在已经有 Internet Explorer 9、Firefox、Opera、Chrome、Safari 等主流浏览器支持 HTML 5 的 < audio > 标签。但是 Internet Explorer 8 和之前版本的浏览器，并不支持 < audio > 标签。

例如，可以这样在 HTML 5 的标准网页中播放声音文件：

```
< audio controls >
  < source src = "声音文件名.ogg"type = "audio/ogg">
  < source src = "声音文件名.mp3"type = "audio/mpeg">
  你的浏览器不支持新标准的声音播放
< /audio >
```

说明

书写 < audio > 标签的 controls 属性可以为声音播放增加控制面板，这样就可以控制声音文件的播放、暂停、设置音量。

< audio > 内的 < source > 标签可以链接到不同的资源文件，但浏览器只播放第一个被识别的音频格式，这样网页设计者可以设定多种格式，以适应浏览者的不同浏览器。当前对于声音媒体文件，HTML 5 仅仅支持以下三种音频格式：*.mp3、*.wav、*.ogg。

二、Web 视频

如果把计算机音频文件看作一个数字化的声音信息通道，那么计算机视频文件也可以看作在音频文件的基础上，又增加了一个数字化视觉的输出信息通道而已。因此，计算机视频可以仅仅包含音频信息，也可以既包括音频信息，又包括视频信息。

在 HTML 5 推荐 Web 视频标准之前，事实上 Web 网页上并没有播放视频的标准。因

此,多数浏览器为了解决视频播放的问题,都必须安装不同的播放插件,这给上网者带来了困扰。HTML 5 定义了一个新的元素 < video >,建议浏览器采用一种标准的方式在 Web 网页内嵌入和播放视频。

.mp4 视频格式是最近几年流行的广泛在互联网使用的格式标准。.mp4 视频格式还是国际著名视频网站 YouTube(油管)的推荐标准;同时,也被著名的 Flash Players 支持。.mp4 格式是随着互联网发展而诞生的新星,它在 HTML 5 标准中被推荐,且主流浏览器都支持这个标准。.mp4 格式现在已经广泛地使用在手机、数码照相机等视频硬件中。

其他的数字视频格式还有:.avi、.wmv、.mov、.rm、.rmvb、.swf、.flv、.mpg、.mpeg、.ogg、.webm。

(1).avi 和.wmv 格式由微软公司推广,此类视频可以在 Windows 系统的机器上播放,也可以广泛地在数码照相机和电视机上播放,但缺点是在非 Windows 系统的计算机上不被支持。

(2).mov 是由著名的苹果公司推广,也能广泛地在数码照相机和数码电视机上播放,但在非苹果的计算机上不被支持。

(3).rm 和.rmvb 格式是著名的流媒体格式,由 Real Networks 公司推广,这种媒体格式能使用很小的带宽播放较高质量的视频,是网络上大量的视频点播视频库的首选。

(4).swf 和.flv 在近十几年在 PC 的视频和动画播放平台上风靡一时,大多浏览器中都需要安装 Flash 插件。

(5).mpg、.mpeg 是最初的数字视频标准,由 Moving Pictures Expert Group 推广,在 VCD 和 DVD 上广泛使用,也被一些主流浏览器支持,但因为其不太适合在 Web 网页播放,所以在最近的 HTML5 标准中不被支持。

(6).ogg 和.webm 格式是近期较新的行业标准,.ogg 是完全免费、开放和没有专利限制的,由 Xiph.Org 基金创立推广的一种算法优秀的数字媒体格式。.webm 是由互联网行业巨头 Google、Adobe、Mozilla 等提出的一个 Web 媒体的标准。

尽管数字视频的标准很多,但最新的 HTML 5 标准,只支持.mp4、.webm、和.ogg 视频格式。

例如,可以这样以 HTML 5 的标准编写的网页,可以嵌入如下代码播放视频文件:

```
< video width = "320" height = "240" controls 等属性 >
  < source src = "视频文件名.mp4" type = "video/mp4" >
  < source src = "视频文件名.ogg" type = "video/ogg" >
  你的浏览器不支持 HTML 5 的 Video 标记。
</video >
```

说明

control 属性可以为视频播放增加控制面板,用以控制视频的播放、暂停、设置音量。如果出现 autoplay 属性,则视频在就绪后马上播放;如果出现 loop 属性,则当媒介文件完成播放后再次开始播放;如果出现 preload 属性,则视频在页面加载时进行加载,并预备播放,但若已经使用 autoplay,则忽略 preload 属性。

因为视频文件的读入比网页的其他元素晚,因此浏览器无法预知其在 Web 网页的大小,通过用 width 和 height 属性来设置视频的高和宽,可以让网页在视频调入、播放过程中令 Web 网页的界面稳定,效果不会突兀。

< video > 内的 < source > 标签可以链接到不同的资源文件,但浏览器只播放第一个被识别的音频格式,这样网页设计者可以设定多种格式,以适应浏览者的不同浏览器。

　　<video>元素内也可以有多条<source>标记,每个<source>标记链接到不同的视频文件,浏览器也仅仅对第一个可以识别的视频格式的文件进行播放。采用这种方式,也许需要网页制作者多准备一种格式的视频,但这样可以最大限度地保证网页浏览端正常播放视频。

　　HTML 5 的 DOM 模型对<video>元素提供了一些方法和属性,结合 JavaScript 程序后,可用于对视频的交互操作。例如,对<video>元素的对象可以提供 play( ) 和 pause( ) 的方法用于视频的播放和暂停,用 width 属性可以设定视频播放的窗口大小。

三、Web 视频控制示例

```
<! DOCTYPE html >
<html >
 <head >
  <style >
  div{text-align:center;}
  </style >
  <script >
   function playPause(){
   if(myVideo.paused)
     myVideo.play();
    else
    myVideo.pause();
    }
```
　　//利用 HTML 5 的 DOM 提供的"对象名.paused"的属性(请注意 paused 和 pause 的拼写区别)。该属性为 true,则表示该视频暂停播放;为 false,则表示该视频正在播放。
　　//利用 HTML 5 的 DOM 提供的"对象名.play( )"和"对象名.pause( )"两种方法控制视频的播放和暂停。
```
function makeBig()
{
myVideo.width =800;
}

function makeSmall()
{
myVideo.width =320;
}
function makeNormal()
{
myVideo.width =640;
}
```
　　//利用 HTML 5 的 DOM 提供的"对象名.width"属性设置视频对象的宽度,视频会根据前者自动调整高度,实现视频播放尺寸的变化。
```
  </script >
 </head >

<body >

<div >
  <button onclick ="playPause()" >播放/暂停 </button >
  <button onclick ="makeBig()" >放大 </button >
  <button onclick ="makeNormal()" >中等 </button >
```

```
<button onclick = "makeSmall()" >缩小</button>
<br/>
<video id = "tv" width = "320" >
  <source src = "julia.mp4" type = "video/mp4" />
  <source src = "julia.ogg" type = "video/ogg" />
    你的浏览器不支持 HTML5 的 Video 标记。
</video>
</div>
<script >
  var myVideo = document.getElementById("tv");
//获取 HTML 的视频元素对象,若本句不写在 <video >元素后面,则本句可能无法获取 video 对
象的 id,造成程序无效。
</script >

</body >
</html >
```

在 Firefox 浏览器中运行上例效果如附图 2.1 所示。

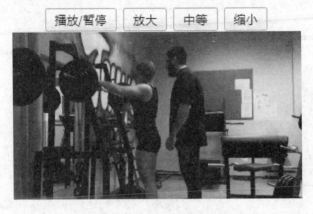

附图 2.1　示例的运行效果